Heinrich Holland / Doris Holland

Mathematik im Betrieb

Heinrich Holland / Doris Holland

Mathematik im Betrieb

Praxisbezogene Einführung
mit Beispielen

10., ergänzte Auflage

Bibliografische Information der Deutschen Nationalbibliothek
Die Deutsche Nationalbibliothek verzeichnet diese Publikation in der
Deutschen Nationalbibliografie; detaillierte bibliografische Daten sind im Internet über
<http://dnb.d-nb.de> abrufbar.

Professor Dr. Heinrich Holland lehrt Quantitative Methoden der Betriebswirtschaftslehre und Marketing an der University of Applied Sciences in Mainz.

Doris Holland ist Dozentin für Wirtschaftsmathematik und Operations Research an den Fachhochschulen Mainz und Worms sowie Unternehmensberaterin.

1. Auflage 1989
.
.
8. Auflage 2006
9., Auflage 2008
10., ergänzte Auflage 2012

Lektorat: Irene Buttkus

Gabler Verlag ist eine Marke von Springer Fachmedien.
Springer Fachmedien ist Teil der Fachverlagsgruppe Springer Science+Business Media.
www.gabler.de

Umschlaggestaltung: KünkelLopka Medienentwicklung, Heidelberg
Druck und buchbinderische Verarbeitung: Ten Brink, Meppel
Gedruckt auf säurefreiem und chlorfrei gebleichtem Papier
Printed in the Netherlands

ISBN 978-3-8349-3188-7

Vorwort

Das vorliegende Buch deckt den Stoff der Vorlesung Wirtschaftsmathematik ab. Es legt damit die Grundlagen, die im weiteren Verlauf eines wirtschaftswissenschaftlichen Studiums benötigt werden.

Nach dem Motto „Warum kompliziert, wenn es auch einfach geht?", werden komplexe Bereiche der Wirtschaftsmathematik übersichtlich Schritt für Schritt auch für mathematisch unerfahrene Studierende erläutert.

Die mathematischen Verfahren werden mit ihren Anwendungsmöglichkeiten in der betrieblichen Praxis dargestellt. Dabei wird bewusst weitestgehend auf eine mathematisch-wissenschaftliche Fachsprache verzichtet. Nicht die mathematische Eleganz steht im Vordergrund, sondern die praktische Umsetzung der Verfahren. Mathematische Beweise und Herleitungen sind an den Stellen enthalten, an denen sie zum Verständnis des Stoffes beitragen.

Das Buch hat das Ziel, dem Leser durch diese pragmatische Darstellungsweise die Anwendungsmöglichkeiten der Mathematik nahe zu bringen. Übersichtlich strukturierte Schemata geben dabei eine Hilfestellung.

Aus diesem Grund wird ein besonderer Wert darauf gelegt, in jedem Kapitel den Stoff anhand von Beispielaufgaben, die aus dem Bereich der Wirtschaft stammen, zu erläutern und zu vertiefen. Weitere Aufgaben mit Musterlösungen machen es möglich, den Stoff eigenständig zu erarbeiten. Sie können zur Selbstkontrolle und zur Prüfungsvorbereitung genutzt werden.

Ergänzend haben wir eine Fallstudie in das Buch aufgenommen, die den behandelten Stoff anhand einer betriebswirtschaftlichen Unternehmenssituation wiederholt. Die Fallstudie zeigt die Verbindung zwischen der Wirtschaftsmathematik und der Betriebswirtschaftslehre auf und wird durch eine ausführliche Lösung im Anhang vervollständigt.

Die jetzt vorliegende zehnte Auflage wurde durchgesehen und aktualisiert und um zwei Musterklausuren mit Lösungen ergänzt.

Doris und Heinrich Holland

Inhaltsverzeichnis

Vorwort V

Inhaltsverzeichnis VII

1 Mathematische Grundlagen 1
- 1.1 Zahlbegriffe 1
- 1.2 Potenzen 2
- 1.3 Wurzeln 5
- 1.4 Logarithmen 7
- 1.5 Exponentialgleichungen 8
- 1.6 Summenzeichen 9

2 Funktionen mit einer unabhängigen Variablen 15
- 2.1 Funktionsbegriff 15
- 2.2 Darstellungsformen 17
- 2.3 Umkehrfunktionen 20
- 2.4 Lineare Funktionen 23
- 2.5 Ökonomische lineare Funktionen 27
- 2.6 Nichtlineare Funktionen und ihre ökonomische Anwendung 38
  - 2.6.1 Problemstellung 38
  - 2.6.2 Parabeln 38
  - 2.6.3 Hyperbeln 43
  - 2.6.4 Wurzelfunktionen 44
  - 2.6.5 Exponentialfunktionen 46
  - 2.6.6 Logarithmusfunktionen 47

3 Funktionen mit mehreren unabhängigen Variablen 49
- 3.1 Begriff 49
- 3.2 Analytische Darstellung 50
- 3.3 Tabellarische Darstellung 50
- 3.4 Grafische Darstellung 51
  - 3.4.1 Grundlagen 51
  - 3.4.2 Lineare Funktionen mit zwei unabhängigen Variablen 53
  - 3.4.3 Nichtlineare Funktionen mit zwei unabhängigen Variablen 55
- 3.5 Ökonomische Anwendung 59

4 Eigenschaften von Funktionen ... 65
4.1 Nullstellen, Extrema, Steigung, Krümmung, Symmetrie ... 65
4.2 Grenzwerte ... 71
4.3 Stetigkeit ... 75

5 Differentialrechnung bei Funktionen mit einer unabhängigen Variablen ... 81
5.1 Problemstellung ... 81
5.2 Die Steigung von Funktionen und der Differentialquotient ... 82
5.3 Differenzierungsregeln ... 85
5.3.1 Ableitung elementarer Funktionen ... 85
5.3.2 Differentiation verknüpfter Funktionen ... 86
5.3.3 Höhere Ableitungen ... 91
5.4 Anwendungen der Differentialrechnung ... 93
5.4.1 Extrema ... 93
5.4.2 Steigung einer Funktion ... 98
5.4.3 Krümmung einer Funktion ... 100
5.4.4 Wendepunkte ... 101
5.5 Kurvendiskussion ... 102
5.6 Newtonsches Näherungsverfahren ... 106
5.7 Wirtschaftswissenschaftliche Anwendungen der Differentialrechnung ... 109
5.7.1 Bedeutung der Differentialrechnung für die Wirtschaftswissenschaften ... 109
5.7.2 Differentiation wichtiger wirtschaftlicher Funktionen ... 111
5.7.2.1 Kostenfunktion ... 111
5.7.2.2 Umsatzfunktion ... 113
5.7.2.3 Gewinnfunktion ... 114
5.7.2.4 Gewinnmaximierung ... 115
5.7.2.5 Cournotscher Punkt ... 117
5.7.2.6 Optimale Bestellmenge ... 121
5.7.2.7 Elastizitäten ... 124

6 Differentialrechnung bei Funktionen mit mehreren unabhängigen Variablen ... 131
6.1 Partielle erste Ableitung ... 131
6.2 Partielle Ableitungen höherer Ordnung ... 134
6.3 Extremwertbestimmung ... 135
6.4 Extremwertbestimmung unter Nebenbedingungen ... 138
6.4.1 Problemstellung ... 138
6.4.2 Variablensubstitution ... 140
6.4.3 Multiplikatorregel nach Lagrange ... 141

7 **Grundlagen der Integralrechnung** ... 147
7.1 Unbestimmtes Integral ... 147
7.2 Bestimmtes Integral ... 150
7.3 Wirtschaftswissenschaftliche Anwendungen ... 154

8 **Matrizenrechnung** ... 161
8.1 Bedeutung der Matrizenrechnung ... 161
8.2 Begriff der Matrix ... 161
8.3 Spezielle Matrizen ... 163
8.4 Matrizenoperationen ... 165
8.4.1 Gleichheit von Matrizen ... 165
8.4.2 Transponierte von Matrizen ... 165
8.4.3 Addition von Matrizen ... 166
8.4.4 Multiplikation einer Matrix mit einem Skalar ... 167
8.4.5 Skalarprodukt von Vektoren ... 168
8.4.6 Multiplikation von Matrizen ... 169
8.4.7 Inverse einer Matrix ... 176
8.4.8 Input-Output-Analyse ... 177
8.5 Lineare Gleichungssysteme ... 186
8.5.1 Problemstellung und ökonomische Bedeutung ... 186
8.5.2 Lineare Gleichungssysteme in Matrizenschreibweise ... 187
8.5.3 Lineare Abhängigkeit von Vektoren ... 189
8.5.4 Rang einer Matrix ... 191
8.5.5 Lösung linearer Gleichungssysteme ... 191
8.5.6 Lösbarkeit eines linearen Gleichungssystems ... 197
8.5.7 Innerbetriebliche Leistungsverrechnung ... 200

9 **Lineare Optimierung** ... 205
9.1 Ungleichungen ... 205
9.2 Grafische Methode der linearen Optimierung ... 209
9.3 Analytische Methode der linearen Optimierung ... 219
9.3.1 Problemstellung ... 219
9.3.2 Simplex-Methode ... 222
9.3.3 Verkürztes Simplex-Tableau ... 228

10 **Finanzmathematik** ... 239
10.1 Grundlagen der Finanzmathematik ... 239
10.1.1 Folgen ... 239
10.1.2 Reihen ... 244
10.1.3 Grenzwerte von Folgen ... 248
10.1.4 Grenzwerte von Reihen ... 251
10.2 Finanzmathematische Verfahren ... 252
10.2.1 Abschreibungen ... 252

10.2.2 Zinsrechnung ... 258
10.2.2.1 Begriffe der Zinsrechnung ... 258
10.2.2.2 Einfache Verzinsung ... 259
10.2.2.3 Zinseszinsrechnung ... 260
10.2.2.4 Unterjährige Verzinsung ... 263
10.2.2.5 Stetige Verzinsung ... 265
10.2.3 Rentenrechnung ... 268
10.2.4 Tilgungsrechnung ... 271
10.2.5 Investitionsrechnung ... 274
10.2.5.1 Dynamische Verfahren der Investitionsrechnung ... 274
10.2.5.2 Kapitalwertmethode (NPV Net Present Value-Methode) ... 274
10.2.5.3 Annuitätenmethode ... 278
10.2.5.4 Interne Zinsfußmethode ... 278
10.2.5.5 Kritische Werte-Rechnung (Break-Even-Analyse) ... 282

11 Kombinatorik ... 285
11.1 Grundlagen ... 285
11.2 Permutationen ... 287
11.3 Kombinationen ... 289
11.4 Die Formeln zur Kombinatorik ... 297

12 Fallstudie ... 301
12.1 Unternehmenssituation ... 301
12.2 Produktionsbereich I ... 302
12.3 Produktionsbereich II ... 303
12.4 Produktionsbereich III ... 305
12.5 Tochterunternehmen Frankreich ... 307

13 Lösungen der Übungsaufgaben ... 309
13.1 Lösungen zu Kapitel 2 ... 309
13.2 Lösungen zu Kapitel 3 ... 312
13.3 Lösungen zu Kapitel 4 ... 314
13.4 Lösungen zu Kapitel 5 ... 315
13.5 Lösungen zu Kapitel 6 ... 322
13.6 Lösungen zu Kapitel 7 ... 325
13.7 Lösungen zu Kapitel 8 ... 328
13.8 Lösungen zu Kapitel 9 ... 330
13.9 Lösungen zu Kapitel 10 ... 333
13.10 Lösungen zu Kapitel 11 ... 337

14 Lösungen zur Fallstudie ... 341
14.1 Lösungen zu Produktionsbereich I ... 341
14.2 Lösungen zu Produktionsbereich II ... 343
14.3 Lösungen zu Produktionsbereich III ... 345
14.4 Lösungen zu Tochterunternehmen Frankreich ... 349

15 Musterklausuren ... 353
15.1 Musterklausur 1 ... 353
15.2 Musterklausur 2 ... 357
15.3 Lösungen zu Musterklausur 1 ... 361
15.4 Lösungen zu Musterklausur 2 ... 372

Stichwortverzeichnis ... 383

1 Mathematische Grundlagen

1.1 Zahlbegriffe

Die wichtigsten Zahlbegriffe, deren Kenntnis zum Verständnis der mathematischen Methoden notwendig ist, sind im Folgenden in einem Überblick zusammengestellt:

Natürliche Zahlen

Die Natürlichen Zahlen sind die Zahlen, mit deren Hilfe beliebige Objekte gezählt werden: 1, 2, 3, 4, 5, …

Sie lassen sich beispielsweise unterteilen in:

- Gerade Zahlen, die ohne Rest durch 2 teilbar sind, 2, 4, … oder allgemein 2n, wobei n eine beliebige Natürliche Zahl ist
- Ungerade Zahlen, 1, 3, 5, … oder entsprechend 2n + 1

Ganze Zahlen

Wenn die Natürlichen Zahlen um die Zahl 0 und die Ganzen negativen Zahlen erweitert werden, erhält man die Menge der Ganzen Zahlen:

$$\ldots, -3, -2, -1, 0, 1, 2, 3, \ldots$$

Auch die Ganzen Zahlen lassen sich in gerade und ungerade Zahlen aufteilen, wobei allerdings die Einordnung der 0 Probleme bereitet.

Rationale Zahlen

Die Rationalen Zahlen umfassen die Ganzen Zahlen und zusätzlich solche Zahlen, die sich als Quotient zweier Ganzer Zahlen ausdrücken lassen: $\frac{p}{q}$ wobei q ungleich 0 sein muss, da die Division durch 0 nicht definiert ist.

Jede Rationale Zahl kann auch als Dezimalzahl geschrieben werden, die entweder endlich (z. B. $\frac{5}{16} = 0{,}3125$) oder unendlich aber dann periodisch ist.

(z. B. $\frac{1}{3} = 0{,}3333333\ldots = 0{,}\overline{3}$ oder $\frac{2}{7} = 0{,}285714285714285714\ \ldots = 0{,}\overline{285714}$)

Die Ganzen Zahlen sind in der Menge der Rationalen Zahlen enthalten, denn auch sie lassen sich als Bruch schreiben (z. B. $\frac{6}{3} = 2$ oder $\frac{32}{8} = 4$)

Reelle Zahlen

Auch bei den Reellen Zahlen setzt sich der hierarchische Aufbau des Zahlensystems fort, denn auch sie beinhalten wieder als Teilmenge die zuvor genannten Rationalen Zahlen. Zusätzlich treten hier die Irrationalen Zahlen hinzu, die sich nicht als Quotient zweier Ganzer Zahlen darstellen lassen. Wenn man Irrationale Zahlen als Dezimalzahl ausdrückt, erhält man eine unendliche und nicht periodische Zahl z. B. $\sqrt{2} = 1{,}41421356\ \ldots$. Weitere neben den Wurzeln häufig verwandte Irrationale Zahlen sind e und π.

Komplexe und Imaginäre Zahlen

In der Mathematik wurden die Komplexen und Imaginären Zahlen eingeführt, mit deren Hilfe beispielsweise die Wurzel aus negativen Zahlen gezogen werden kann. Sie haben in den Wirtschaftswissenschaften keine Bedeutung.

1.2 Potenzen

Wie sich aus der Addition von gleichen Summanden die Multiplikation ergibt ($a + a + a + \ldots + a = n \cdot a$), so lässt sich die Multiplikation gleicher Faktoren durch das Potenzieren verkürzt darstellen.

$$a \cdot a \cdot a \cdot a \cdot \ldots \cdot a = a^n$$

Das n-fache Produkt einer Zahl mit sich selbst entspricht der n-ten Potenz dieser Zahl (a^n).

Basis und Exponent

Dabei wird a als Basis (oder Grundzahl) und n als Exponent (oder Hochzahl) bezeichnet.

Für das Studium der Wirtschaftswissenschaften sind einige Regeln für den Umgang mit Potenzen wichtig, auf die in den folgenden Kapiteln häufig zurück gegriffen wird:

Addition und Subtraktion von Potenzen

Gleiche Basis und gleicher Exponent

$$c \cdot a^n + d \cdot a^n = (c + d) \cdot a^n$$

Beispiele

$2a^4 + 5a^4 - 3a^4 = 4a^4$

$3x^3 - 7x^3 + 5x^3 = x^3$

Weder bei Potenzen mit nur gleicher Basis $a^n \pm a^m$ noch bei solchen mit nur gleichem Exponenten $a^n \pm b^n$ lassen sich Addition oder Subtraktion durchführen.

Nur mit konkreten Zahlen lassen sich diese Potenzen zusammenfassen.

Beispiele

$2^4 + 2^3 = 16 + 8 = 24$

$3^2 + 5^2 = 9 + 25 = 34$

Multiplikation von Potenzen

Gleiche Basis

$$a^n \cdot a^m = a^{n+m}$$

Beispiele

$3^3 \cdot 3^4 = (3 \cdot 3 \cdot 3) \cdot (3 \cdot 3 \cdot 3 \cdot 3) = 3^{3+4} = 3^7$

$x^2 \cdot x^5 = x^7$

Gleicher Exponent

$$a^n \cdot b^n = (a \cdot b)^n$$

Beispiel

$3^3 \cdot 7^3 = (3 \cdot 3 \cdot 3) \cdot (7 \cdot 7 \cdot 7) = (3 \cdot 7) \cdot (3 \cdot 7) \cdot (3 \cdot 7)$

$= (3 \cdot 7)^3 = 21^3$

Potenzieren von Potenzen

$$(a^n)^m = a^{n \cdot m}$$

Beispiel

$(4^2)^3 = (4^2) \cdot (4^2) \cdot (4^2) = (4 \cdot 4) \cdot (4 \cdot 4) \cdot (4 \cdot 4) = 4^{2 \cdot 3} = 4^6$

Die Schreibweise ist zu beachten, denn auf die Klammer kann nicht verzichtet werden, wie das folgende Beispiel zeigt:

Beispiel

$3^{2^3} = 3^{(2^3)} = 3^8 = 6.561 \neq (3^2)^3 = 3^6 = 729$

Division von Potenzen

Gleiche Basis

$$\frac{a^n}{a^m} = a^{n-m} \quad \text{mit } a \neq 0$$

Beispiele

$$\frac{3^4}{3^2} = \frac{3 \cdot 3 \cdot 3 \cdot 3}{3 \cdot 3} = 3^{4-2} = 3^2$$

$$\frac{2^3}{2^5} = \frac{2 \cdot 2 \cdot 2}{2 \cdot 2 \cdot 2 \cdot 2 \cdot 2} = 2^{3-5} = 2^{-2} = \frac{1}{2^2} = \frac{1}{4}$$

$$\frac{4x^4}{x^2} = 4x^{4-2} = 4x^2$$

Gleiche Exponenten

$$\frac{a^n}{b^n} = \left(\frac{a}{b}\right)^n \quad \text{mit } b \neq 0$$

Beispiele

$$\frac{3^4}{5^4} = \frac{3 \cdot 3 \cdot 3 \cdot 3}{5 \cdot 5 \cdot 5 \cdot 5} = \frac{3}{5} \cdot \frac{3}{5} \cdot \frac{3}{5} \cdot \frac{3}{5} = \left(\frac{3}{5}\right)^4$$

$$\frac{2{,}37^5}{1{,}58^5} = 1{,}5^5 = 7{,}59375$$

Sonstige Regeln

$$a^{-n} = \frac{1}{a^n} \quad \text{mit } a \neq 0$$

$$a^0 = 1 \quad \text{(Definition)}$$

$$a^{\frac{n}{m}} = \sqrt[m]{a^n}$$

1.3 Wurzeln

Die Wurzelrechnung ergibt sich als eine der beiden Umkehrungen der Potenzrechnung. Wenn die Funktion $x^n = y$ ($y \geq 0$ und n ist eine Natürliche Zahl) nach x aufgelöst wird, ergibt sich $x = \sqrt[n]{y}$.

Quadratische Gleichungen

Quadratische Gleichungen

Quadratische Gleichungen können mit Hilfe von Quadratwurzeln gelöst werden.

$$ax^2 = b$$

$$x^2 = \frac{b}{a}$$

$$x = \sqrt{\frac{b}{a}}$$

Beispiel

$$3x^2 = 12 \quad x^2 = 4 \qquad x = \sqrt{4} = \pm 2$$

Man erhält zwei Lösungen, da die Quadratwurzel aus 4 sowohl + 2 als auch – 2 als Lösungen hat.

Regel

$$\sqrt{a} \cdot \sqrt{b} = \sqrt{a \cdot b} \quad \text{für } a \geq 0 \text{ und } b \geq 0$$

Diese Regel für das Rechnen mit Wurzeln ergibt sich - wie auch die folgenden - aus den Potenzregeln, da

$$\sqrt{a} \cdot \sqrt{b} = a^{\frac{1}{2}} \cdot b^{\frac{1}{2}} = (a \cdot b)^{\frac{1}{2}} = \sqrt{a \cdot b}$$

Beispiel

$$\sqrt{4} \cdot \sqrt{9} = \sqrt{36} = \pm 6$$

Regel

$$\frac{\sqrt{a}}{\sqrt{b}} = \sqrt{\frac{a}{b}} \qquad \text{für} \quad a \geq 0 \text{ und } b > 0$$

$$\text{denn:} \quad \frac{a^{\frac{1}{2}}}{b^{\frac{1}{2}}} = \left(\frac{a}{b}\right)^{\frac{1}{2}} = \sqrt{\frac{a}{b}}$$

Beispiel

$$\frac{\sqrt{72}}{\sqrt{2}} = \sqrt{36} = \pm 6$$

Regel

$$\sqrt{a} = \sqrt[2]{a} = a^{\frac{1}{2}}$$

Beispiel

$$\sqrt{5} = 5^{\frac{1}{2}}$$

Quadratische Gleichungen

Mit Hilfe der p-q-Formel lassen sich quadratische Gleichungen leicht lösen.

Normalform einer quadratischen Gleichung: $x^2 + px + q = 0$

Es ergeben sich die Lösungen x_1 und x_2:

p-q-Formel

$$x_{1,2} = -\frac{p}{2} \pm \sqrt{\left(\frac{p}{2}\right)^2 - q}$$

Beispiel

$$3x^2 + 9x + 6 = 0$$

$$x^2 + 3x + 2 = 0$$

$$x_{1,2} = -\frac{3}{2} \pm \sqrt{\frac{9}{4} - \frac{8}{4}}$$

$$= -\frac{3}{2} \pm \sqrt{\frac{1}{4}} = -\frac{3}{2} \pm \frac{1}{2}$$

$$x_1 = -1 \quad x_2 = -2$$

Eine andere Möglichkeit zur Lösung von quadratischen Gleichungen ist die a-b-c-Formel, bei der die Lösung ohne Umwandlung in die Normalform berechnet werden kann: $ax^2 + bx + c = 0$.

Es ergeben sich die Lösungen x_1 und x_2:

a-b-c-Formel

$$x_{1,2} = \frac{-b \pm \sqrt{b^2 - 4ac}}{2a}$$

Wurzeln höheren Grades

Wurzeln höheren Grades

Aus der Auflösung der Gleichung $x^n = b$ nach der Variablen x ergibt sich

$x = \sqrt[n]{b}$ (lies: x ist die n-te Wurzel oder Wurzel n-ten Grades aus b).

Beispiele

$x^3 = 27 \quad x = \sqrt[3]{27} = 3$

$x^3 = -27 \quad x = \sqrt[3]{-27} = -3$, denn $(-3) \cdot (-3) \cdot (-3) = -27$

Dieses Beispiel zeigt, dass für ungerade n auch die n-te Wurzel aus negativen Zahlen definiert sein kann.

$x^4 = -16$ ist dagegen nicht lösbar, da die 4. Potenz einer Zahl nie negativ sein kann.

Regel

$$\sqrt[n]{a} \cdot \sqrt[m]{a} = \sqrt[nm]{a^{m+n}}$$

Beweis

$$\sqrt[n]{a} \cdot \sqrt[m]{a} = a^{\frac{1}{n}} \cdot a^{\frac{1}{m}} = a^{\frac{m+n}{nm}} = \sqrt[nm]{a^{m+n}}$$

Regel

$$\frac{\sqrt[n]{a}}{\sqrt[m]{a}} = \sqrt[nm]{a^{m-n}}$$

Beweis

$$\frac{\sqrt[n]{a}}{\sqrt[m]{a}} = \frac{a^{\frac{1}{n}}}{a^{\frac{1}{m}}} = a^{\frac{1}{n}-\frac{1}{m}} = a^{\frac{m-n}{nm}} = \sqrt[nm]{a^{m-n}}$$

1.4 Logarithmen

Auch in dem Kapitel über die Logarithmen wird wieder von der Gleichung $x^n = y$ ausgegangen. Während bei der Potenzrechnung aus gegebenem x (Basis) und n (Exponent) der Wert für y bestimmt wird, kann mit Hilfe der Wurzeln x berechnet werden, wenn n und y bekannt sind.

Wenn dagegen x und y bekannt sind, und der Exponent n berechnet werden soll, führt dies mit der zweiten Umkehrung der Potenzfunktion zum Logarithmieren.

Logarithmus

$n = \log_x y$ (lies: Logarithmus y zur Basis x)

Der Logarithmus von y zur Basis x ist die Zahl, mit der x zu potenzieren ist, um y zu erhalten.

Für die Wirtschaftswissenschaften sind zwei Logarithmen wichtig:

Dekadischer und Natürlicher Logarithmus

- Der dekadische Logarithmus (Basis 10): $\log x$
- Der Natürliche Logarithmus (Basis e): $\ln x$

  e = 2,71828 … ist die Eulersche Zahl

Regeln

$$\log_a 1 = 0 \qquad \text{denn } a^0 = 1$$

$$\log x + \log y = \log (x \cdot y) \quad \text{mit } (x > 0, y > 0)$$

Beispiel

$$\log 4 + \log 7 = \log (4 \cdot 7) = \log (28)$$

$$\log x - \log y = \log \left(\frac{x}{y}\right) \quad \text{mit } (x > 0, y > 0)$$

Beispiel

$$\log 4 - \log 3 = \log \left(\frac{4}{3}\right)$$

$$\log (x^n) = n \cdot \log x \quad \text{mit } (x > 0)$$

Beispiel

$$\log 1.000 = \log (10^3) = 3 \cdot \log 10$$

$$\log (\sqrt[n]{x}) = \frac{1}{n} \log x \qquad \text{denn } \sqrt[n]{x} = x^{\frac{1}{n}}$$

1.5 Exponentialgleichungen

Bei einer Exponentialgleichung tritt die Unbekannte x im Exponenten auf.

$$a^x = b \qquad (a > 0, b > 0)$$

Durch Logarithmieren beider Gleichungsseiten kann eine Exponentialgleichung gelöst werden. Dabei kann zu jeder beliebigen Basis logarithmiert werden; aus praktischen Gründen verwendet man den dekadischen Logarithmus, da dieser in Formelsammlungen verzeichnet und auf Taschenrechnern implementiert ist.

$$\log a^x = \log b$$

$$x \log a = \log b \quad \text{(laut Rechenregeln für Logarithmus)}$$

$$x = \frac{\log b}{\log a}$$

Beispiel

$3^x = 2.187$

$\log 3^x = \log 2.187$

$x \log 3 = \log 2.187$

$$x = \frac{\log 2.187}{\log 3} = \frac{3,33980}{4771} = 7$$

Beispiel

$$\left(\frac{4}{3}\right)^{3x+2} = \left(\frac{6}{5}\right)^{4x-1}$$

$$\log \left(\frac{4}{3}\right)^{3x+2} = \log \left(\frac{6}{5}\right)^{4x-1}$$

$$(3x + 2) \log \frac{4}{3} = (4x - 1) \log \frac{6}{5}$$

$(3x + 2)\ (0{,}1249) = (4x - 1)\ (0{,}0792)$

$0{,}3478x + 0{,}2499 = 0{,}3167x - 0{,}0792$

$0{,}0581x = -\ 0{,}3291$

$x = -\ 5{,}6645$

1.6 Summenzeichen

Das Summenzeichen dient der vereinfachenden und verkürzten Schreibweise von Summen. Dadurch lassen sich Summen mit beliebig vielen oder unendlich vielen Summanden, wie man sie z. B. in der Finanzmathematik benötigt, ohne große Schreibarbeit darstellen.

$$a_1 + a_2 + a_3 + \ldots + a_n = \sum_{i=1}^{n} a_i$$

Symbole

Dabei bedeuten:

Σ = Summenzeichen, Σ ist das große griechische S (Sigma)
a_i = allgemeines Summenglied
i = Summationsindex
1,n = untere u. obere Summationsgrenze (Summationsanfang und -ende) a_i steht für beliebige zu summierende Werte, die auch gleich sein können (Konstante).

Beispiel

$a_1 = 4 \; a_2 = 7 \; a_3 = 12 \; a_4 = 18$

$$\sum_{i=1}^{4} a_i = a_1 + a_2 + a_3 + a_4 = 4 + 7 + 12 + 18 = 41$$

Eine größere Bedeutung hat das Summenzeichen jedoch dann, wenn es möglich ist, die zu summierende Größe a_i explizit als eine Funktion des Summationsindex i darzustellen: $a_i = f(i)$

Beispiel

$a_1 = 2, a_2 = 4, a_3 = 6, a_4 = 8, a_5 = 10$

Das Bildungsgesetz lautet also: $a_i = 2i$

$$\sum_{i=1}^{5} a_i = \sum_{i=1}^{5} 2i = 2 + 4 + 6 + 8 + 10 = 30$$

$a_i = 4i + 2$

$$\sum_{i=1}^{6} a_i = \sum_{i=1}^{6} (4i + 2) = 6 + 10 + 14 + 18 + 22 + 26 = 96$$

$$\sum_{i=-2}^{3} (4i + 2) = -6 - 2 + 2 + 6 + 10 + 14 = 24$$

Regeln für das Rechnen mit Summen

Wenn die Summe aus n gleichen Summanden besteht, lässt sie sich dadurch berechnen, dass man n mit a multipliziert.

Gleiche Summanden

$$\sum_{i=1}^{n} a = n \cdot a$$

Beispiel

$$\sum_{i=1}^{4} 5 = 5 + 5 + 5 + 5 = 4 \cdot 5 = 20$$

Wenn jedes Glied einer Summe einen konstanten Faktor c enthält, kann dieser Faktor vor das Summenzeichen gezogen werden.

Konstanter Faktor

$$\sum_{i=1}^{n} c \cdot a_i = c \cdot \sum_{i=1}^{n} a_i$$

$$ca_1 + ca_2 + \ldots + ca_n = c\,(a_1 + a_2 + \ldots + a_n) = c \cdot \sum_{i=1}^{n} a_i$$

Beispiel

Ein Unternehmen, das in den 12 Monaten des letzten Jahres von seinem Produkt die Mengen $x_1, x_2, \ldots, x_{12}$ zum gleichen Preis verkauft hat, kann den Jahresumsatz auf zwei Arten berechnen:

- Durch Addition der Monatsumsätze $\sum_{i=1}^{12} p \cdot x_i$
- Durch Bestimmung der Jahresverkaufsmenge, die mit dem Preis multipliziert wird $p \cdot \sum_{i=1}^{12} \cdot x_i$

Wenn jedes Glied einer Summe aus mehreren Summanden besteht, kann über jeden Summanden getrennt summiert werden.

Mehrere Summanden

$$\sum_{i=1}^{n}(a_i + b_i) = \sum_{i=1}^{n} a_i + \sum_{i=1}^{n} b_i$$

Beispiel

Ein Handelsunternehmen hat fünf Filialen a, b, c, d, e und erzielte dort in einem Jahr die monatlichen Umsätze $a_i, \ldots e_i$, wobei i der Monatsindex ist (i = 1, 2,.. 12).

Der gesamte Jahresumsatz kann berechnet werden durch:

- Die Summation der Monatsumsätze

$$\sum_{i=1}^{12}(a_i + b_i + c_i + d_i + e_i)$$

- Die Addition der Jahresumsätze der Filialen

$$\sum_{i=1}^{12} a_i + \sum_{i=1}^{12} b_i + \sum_{i=1}^{12} c_i + \sum_{i=1}^{12} d_i + \sum_{i=1}^{12} e_i$$

Abtrennung von Summanden aus der Summe

Abtrennung

$$\sum_{i=1}^{n} a_i = a_k + \sum_{\substack{i=1 \\ i \neq k}}^{n} a_i$$

Aufteilung der Summe

Aufteilung

$$\sum_{i=1}^{n} a_i = \sum_{i=1}^{m} a_i + \sum_{i=m+1}^{n} a_i$$

Beispiel

Ein Unternehmen kann seinen jährlichen Gesamtumsatz bestimmen als:

- Addition der Monatsumsätze $\sum_{i=1}^{12} a_i$
- Addition der Umsätze der beiden Halbjahre $\sum_{i=1}^{6} a_i + \sum_{i=7}^{12} a_i$

Doppelsummen

Doppelsummen

Wenn nicht nur über einen, sondern über zwei oder mehr Indizes summiert wird, lässt sich dies durch Doppel- bzw. Mehrfachsummen ausdrücken.

Im Laufe des Wirtschaftstudiums werden fast ausschließlich ein- oder zweidimensionale Tabellen besprochen, so dass sich die Ausführungen dieses Kapitels auf die Behandlung von einfachen bzw. Doppelsummen beschränken. Eine Übertragung der Aussagen über die Doppelsummen auf mehr als zwei Summationsindizes ist leicht möglich.

Beispiel

Ein Unternehmen produziert drei verschiedene Varianten eines Farbfernsehgerätes. Die nachfolgende Tabelle gibt die Umsätze (in Mio. €) pro Monat für jede Produktvariante in einem Jahr an.

Variante	Monat j												Gesamtumsatz
i	1	2	3	4	5	6	7	8	9	10	11	12	je Variante
1	2	5	4	6	2	3	3	4	3	5	7	7	51
2	4	6	8	3	4	5	6	2	5	8	8	6	65
3	3	2	5	5	3	2	1	0	1	0	2	2	26
Monatl. Gesamtumsatz	9	13	17	14	9	10	10	6	9	13	17	15	142

Allgemeine Symbole für dieses Beispiel:

Symbole

u_{ij} = Umsatz des Gutes i im Monat j

i bezeichnet die Zeile, in der dieser Wert steht, der zweite Index j die Spalte
$u_{27} = 6$

Zeilensumme

$$\sum_{j=1}^{m} u_{1j} = u_{11} + u_{12} + u_{13} + \ldots + u_{1m}$$

Gesamtumsatz der Produktvariante 1 summiert über alle zwölf Monate

$$\sum_{j=1}^{12} u_{1,j} = 51$$

Spaltensumme

$$\sum_{i=1}^{n} u_{i1} = u_{11} + u_{21} + u_{31} + \ldots + u_{n1}$$

Gesamtumsatz des Monats 1 summiert über alle Produktvarianten

$$\sum_{i=1}^{3} u_{i1} = 9$$

Gesamtsumme

Die Berechnung der Gesamtsumme entspricht einer Summation über zwei Indizes.

Zunächst wird der Gesamtumsatz über alle Produkte je Monat (Spaltensumme) bestimmt; anschließend werden diese Umsatzzahlen über alle zwölf Monate summiert:

$$\sum_{j=1}^{m} \left(\sum_{i=1}^{n} u_{ij} \right)$$

Oder man berechnet zunächst die Gesamtumsätze für jedes Produkt (Zeilensumme) und dann deren Summe.

$$\sum_{i=1}^{n} \left(\sum_{j=1}^{m} u_{ij} \right)$$

In beiden Fällen errechnet sich das gleiche Ergebnis.

Die Reihenfolge der Summation bei einer Doppelsumme spielt keine Rolle.

$$\sum_{i=1}^{n} \sum_{j=1}^{m} u_{ij} = \sum_{j=1}^{m} \sum_{i=1}^{n} u_{ij}$$

Doppelsumme

$$\sum_{i=1}^{n} \sum_{j=1}^{m} u_{ij}$$ heißt **Doppelsumme** (Summe von Summen)

(n und m sind Natürliche Zahlen)

$$
\begin{aligned}
= \; & u_{11} + u_{12} + u_{13} + \ldots + u_{1j} + \ldots + u_{1m} + \\
& u_{21} + u_{22} + u_{23} + \ldots + u_{2j} + \ldots + u_{2m} + \\
& . \quad . \quad . \quad . \quad . \quad . \quad . \\
& . \quad . \quad . \quad \ldots + u_{ij} + \ldots . \\
& . \quad . \quad . \quad . \quad . \quad . \quad . \\
& u_{n1} + u_{n2} + u_{n3} + \ldots + u_{nj} + \ldots + u_{nm}
\end{aligned}
$$

2 Funktionen mit einer unabhängigen Variablen

2.1 Funktionsbegriff

Eine Funktion dient der Beschreibung von Zusammenhängen zwischen mehreren verschiedenen Faktoren.

Funktionen in den Wirtschaftswissenschaften

In den Wirtschaftswissenschaften beschäftigen sich viele Fragestellungen mit der Untersuchung von Zusammenhängen zwischen wirtschaftlichen Größen. So ist es beispielsweise möglich, mit Hilfe mathematischer Verfahren Aussagen über den Zusammenhang zwischen dem Preis eines Gutes und der Nachfrage (Preisabsatzfunktion) oder über den Zusammenhang zwischen Volkseinkommen und Konsumausgaben (Konsumfunktion) zu machen.

Die Lehre von den Funktionen - die Analysis - ist der wohl wichtigste Bereich der Mathematik, der für wirtschaftliche Fragestellungen benötigt wird.

Zunächst müssen einige Begriffe bestimmt werden, deren Kenntnis für die folgenden Kapitel unerlässlich ist.

Variable und Konstante

Funktionen zeigen die gegenseitigen Abhängigkeiten von mehreren Größen. Diese Größen werden Variable (Veränderliche) genannt, wenn sie unterschiedliche Werte annehmen. Sie werden als Konstante bezeichnet, wenn sie nur einen festen Wert annehmen.

Beispiel

Ein Unternehmen, das nur ein Produkt herstellt (Einproduktunternehmen), ist in der Lage, der Produktionsmenge x in einer bestimmten Periode einen Wert K für die Kosten dieser Periode zuzuordnen.

Es existiert ein Zusammenhang zwischen Produktionsmenge und Kosten.

Die meisten Beziehungen zwischen ökonomischen Faktoren sind so gestaltet, dass man jedem Wert einer Größe (x) den Wert einer anderen Größe (y) zuordnen kann. In dem obigen Beispiel ist es möglich, jeder Produktionsmenge die zugehörigen Gesamtkosten zuzuweisen.

Die Zuordnung von Elementen der einen Menge zu denen einer anderen wird Relation genannt.

Relation und Funktion

Nur eine Relation mit einer eindeutigen Zuordnung ist eine Funktion.

Bei einer eindeutigen Zuordnung wird jedem Element der einen Menge genau ein Element der anderen zugewiesen; jedem x wird genau ein y zugeordnet und nicht mehrere.

Beispiel

Jeder Ware in einem Supermarkt wird genau ein Preis zugeordnet. Es handelt sich um eine Relation mit eindeutiger Zuordnung, also um eine Funktion. Diese Aussage lässt sich jedoch nicht umkehren. Es ist nicht möglich, jedem Preis genau eine Ware zuzuordnen, da durchaus mehrere Waren zum gleichen Preis angeboten werden. Diese Art der Relation ist keine Funktion.

Eine eineindeutige Funktion liegt dann vor, wenn jedem Element der Menge X genau ein Element der Menge Y zugeordnet werden kann (eindeutig) und umgekehrt. Zu jedem x gehört genau ein y, und zu jedem y gehört ebenfalls genau ein x.

Definition

Eine Funktion ist eine Beziehung zwischen zwei Mengen, die jedem Element x der einen Menge eindeutig ein Element y einer anderen Menge zuordnet.

Eine Funktion schreibt man:

$$y = f(x)$$

(y ist eine Funktion von x; y gleich f von x)

Dabei wird y als die abhängige Variable und x als die unabhängige Variable bezeichnet.

Definitions- und Wertebereich

Der Definitionsbereich ist der Gesamtbereich der Werte, die für die unabhängige Variable zugelassen sind. Der Wertebereich ist die Menge der Funktionswerte, die die abhängige Variable y annimmt.

Beispiel

In einer Fabrik, die Farbfernseher produziert, fallen monatliche fixe Kosten in Höhe von 1 Mio. € an. Die variablen Kosten betragen für jeden produzierten Fernseher 400 €. Maximal können 5.000 Fernsehgeräte im Monat produziert werden.

- Gibt es einen Zusammenhang zwischen Produktionsmenge und Kosten?

  Ja, bedingt durch die variablen Kosten.

- Handelt es sich um eine Funktion?

  Ja, es besteht ein eindeutiger Zusammenhang.

- Was ist die unabhängige Variable x?

  Die Produktionsmenge

- Was ist die abhängige Variable y?

  Die Gesamtkosten

- Wie lautet die Funktion $K = f(x)$?

  Funktionsgleichung

  $K = 1.000.000 + 400\,x$ (Summe der fixen und variablen Kosten)

- Welchen Definitions- und Wertebereich hat die Funktion?

  Definitionsbereich von 0 bis 5.000, da die Produktionsmenge einen Wert zwischen 0 und der Kapazitätsgrenze 5.000 annehmen kann.

  Wertebereich von 1 Mio. bis 3 Mio. €, da bei einer Produktion von Null die Fixkosten in Höhe von 1 Mio. € anfallen, und bei einer Produktion von 5.000 die variablen Kosten in Höhe von $5.000 \cdot 400$ hinzukommen.

2.2 Darstellungsformen

Es gibt drei Möglichkeiten, Funktionen darzustellen:

- Tabellarische Darstellung (Wertetabelle)
- Analytische Darstellung (Funktionsgleichung)
- Grafische Darstellung

Bei der Untersuchung konkreter Fragestellungen ist es nicht immer möglich, unter allen drei Darstellungsformen zu wählen, die alle verschiedenen Zwecken dienen und mit unterschiedlichen Vor- und Nachteilen verbunden sind.

Tabellarische Darstellung

Die tabellarische Darstellung ist die einfachste Form, die Abhängigkeit zwischen zwei Variablen anzugeben.

Beispiel

Für das Beispiel der Kostenfunktion K = 1.000.000 + 400x aus dem letzten Kapitel ergibt sich folgende Wertetabelle:

Produktionsmenge	0	1.000	2.000	3.000	4.000	5.000
Gesamtkosten (Mio. €)	1	1,4	1,8	2,2	2,6	3

Zwar lässt sich die Tabelle um beliebig viele Werte erweitern, aber es bleibt der Nachteil, dass keine Aussagen über Zwischenwerte gemacht werden können.

Tabellarische Darstellungen werden eingesetzt, wenn die Funktionsgleichung nicht bekannt ist, sondern nur eine empirisch ermittelte Anzahl von Wertepaaren.

Beispiel

Bruttonationaleinkommen (in Mrd. €) der Bundesrepublik Deutschland in den Jahren 1999 - 2005

Jahr	1999	2000	2001	2002	2003	2004	2005
Bruttonational-einkommen	1990	2043	2092	2121	2147	2216	2249

Diese Darstellungsform ist auch bei mathematisch komplizierten Funktionen vorteilhaft, um die Anwendung zu vereinfachen (z. B. Einkommensteuertabelle).

Häufig verwendete mathematische Funktionen werden tabellarisch dargestellt (z. B. Logarithmentafeln, Tafeln für $\sqrt{x}$, x^2, x^3, sin x, ...).

Der Nutzen mathematischer Tabellenwerke hat allerdings in den letzten Jahren durch die Verbreitung preisgünstiger, leistungsfähiger Taschenrechner stark abgenommen.

Analytische Darstellung

Die analytische Darstellung als Funktionsgleichung y = f(x) erlaubt es, aus beliebigen Werten der unabhängigen Variablen x den zugehörigen Wert der abhängigen Variablen y exakt zu berechnen.

Beispiele für Funktionsgleichungen

$$K = 1.000.000 + 400x \quad (\text{für } 0 \leq x \leq 5.000)$$

$$y = 3x^2 + 2x + e^x - 17$$

$$y = \ln(3x + 7) - \sqrt{x}$$

Bei vielen ökonomischen Fragestellungen ist der Definitionsbereich beschränkt; dies muss mit der Funktionsgleichung angegeben werden.

Die mathematisch-analytische Funktionsgleichung ist bei ökonomischen Beziehungen häufig unbekannt, oder sie kann nur in einer groben Annäherung angegeben werden. So lässt sich zum Beispiel die zeitliche Entwicklung des Bruttonationaleinkommens in einem Land nicht exakt durch eine Funktionsgleichung beschreiben.

Grafische Darstellung

Das Einzeichnen von Wertepaaren (x; y) der Funktion $y = f(x)$ in ein (rechtwinkliges kartesisches) Koordinatensystem bedeutet eine Reduktion auf die wesentlichen Merkmale. Aus dem Schaubild lassen sich zwar die Werte nicht exakt ablesen, aber diese Darstellungsform ist visuell gut aufzunehmen, da sie es erlaubt, die relevanten Informationen sehr schnell zu erfassen.

Eine grafische Darstellung eignet sich gut für Funktionen mit einer unabhängigen Variablen; bei zwei Unabhängigen ist sie schon problematisch, da hierfür ein dreidimensionaler Raum modellhaft in der Ebene abgebildet werden muss (s. Kap. 3.4). Funktionen mit drei und mehr Unabhängigen sind praktisch nicht mehr grafisch darstellbar.

Abszisse und Ordinate

Das Koordinatensystem besteht für Funktionen mit einer abhängigen und einer unabhängigen Variablen aus zwei senkrecht aufeinander stehenden Achsen. An der horizontalen Achse - der Abszisse - wird im Allgemeinen die unabhängige Variable x abgetragen (x-Achse) und an der Ordinate die abhängige Variable y (y-Achse).

Beispiel

Die Kostenfunktion $K(x) = 1.000.000 + 400x$ für $0 \leq x \leq 5.000$ hat folgende grafische Abbildung (K in Mio €):

Abbildung 2.2-1 *Kostenfunktion*

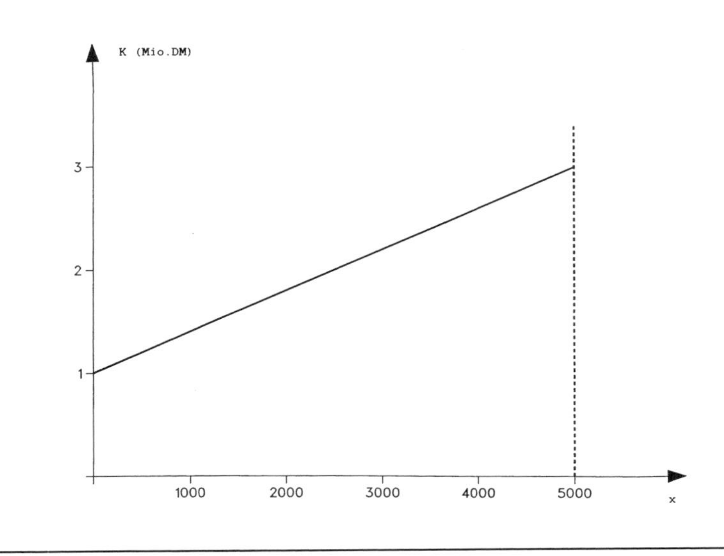

Aufgaben

Stellen Sie die folgenden Funktionen grafisch dar:

2.2.1. $f(x) = y = 50 + 10x$

2.2.2. $f(x) = y = 20 - x$

2.2.3. $f(x) = y = x^2 + 3$

2.3 Umkehrfunktionen

Da bei einer eineindeutigen Funktion jedem x genau ein y und jedem y genau ein x zugeordnet wird, ist eine Umkehrung der Zuordnungsvorschrift möglich.

Wenn man die Funktionsgleichung $y = 4x$ nach der unabhängigen Variablen auflöst, erhält man die Umkehrfunktion $x = \frac{1}{4} y$

Die Funktion, die man durch Umkehrung der Zuordnungsvorschrift aus einer eineindeutigen Funktion ableiten kann, heißt Umkehrfunktion oder Inverse.

Definition

Man schreibt:

$$x = f^{-1}(y)$$

Beispiele

$y = 2x + 4 \quad 2x = y - 4 \qquad x = \frac{1}{2} \cdot y - 2$

$y = ax + b \qquad x = \frac{1}{a}\, y - \frac{b}{a} \quad$ (für $a \neq 0$)

$y = x^2 \quad (x \geq 0) \qquad x = \sqrt{y}$

Die Funktion $y = x^2$ ist nicht eineindeutig, da jedem y zwei Werte für x zugeordnet sind (vgl. Abb. 2.3-1).

Funktion $y = x^2$

Abbildung 2.3-1

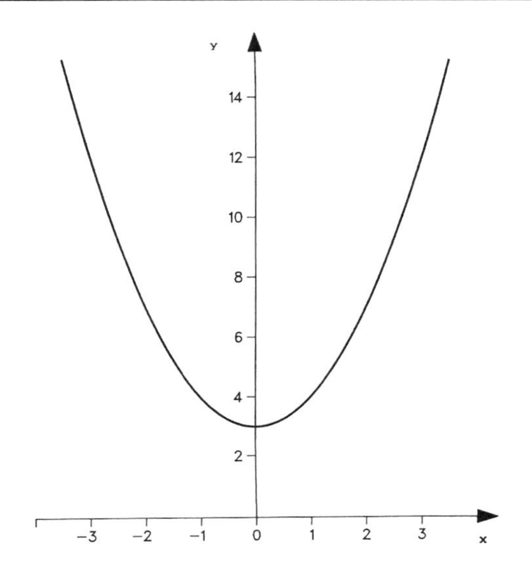

Zu $y = 4$ gehören die Werte 2 und −2 für x, da $y = x^2$ eine Parabel darstellt, bei der x-Werten, die sich nur durch ihr Vorzeichen unterscheiden, der gleiche y-Wert zugeordnet wird.

Einschränkung des Definitionsbereiches

Somit ist die Umkehrung der Funktion keine Funktion mehr ($x = \sqrt{y}$), da sie keine eindeutige Zuordnungsvorschrift enthält. Jedem Wert der unabhängigen Variablen (jetzt y) werden zwei Werte der abhängigen (x) zugeordnet (s. Kap. 1.3). Durch die Einschränkung des Definitionsbereiches ($x \geq 0$) der ursprünglichen Funktion $y = x^2$ entsteht eine eineindeutige Funktion, die sich auch umkehren lässt.

Aus dem Definitionsbereich der Ursprungsfunktion wird der Wertebereich der Umkehrfunktion, und aus dem Wertebereich wird der neue Definitionsbereich.

Zur Bestimmung der Umkehrfunktion muss die Funktionsgleichung nach der unabhängigen Variablen aufgelöst werden.

In vielen Büchern findet man die Anweisung, dass neben der Auflösung der Funktion nach der Unabhängigen auch die Variablen vertauscht werden müssen.

Zu $y = 4x$ würde die Umkehrfunktion dann $y = \frac{1}{4}x$ sein.

Keine Vertauschung der Variablen

Im Bereich der Wirtschaftswissenschaften darf diese Vertauschung der Variablen nicht erfolgen, da die Variablen hier ökonomische Größen repräsentieren. Eine Vertauschung würde zu Fehlinterpretationen führen.

Grafische Bestimmung

Grafisch lässt sich eine Umkehrfunktion durch die Spiegelung der Funktion und des Koordinatensystems an der 45°- Linie bestimmen.

Abbildung 2.3-2 + 2.3-3

Umkehrfunktion grafische Bestimmung

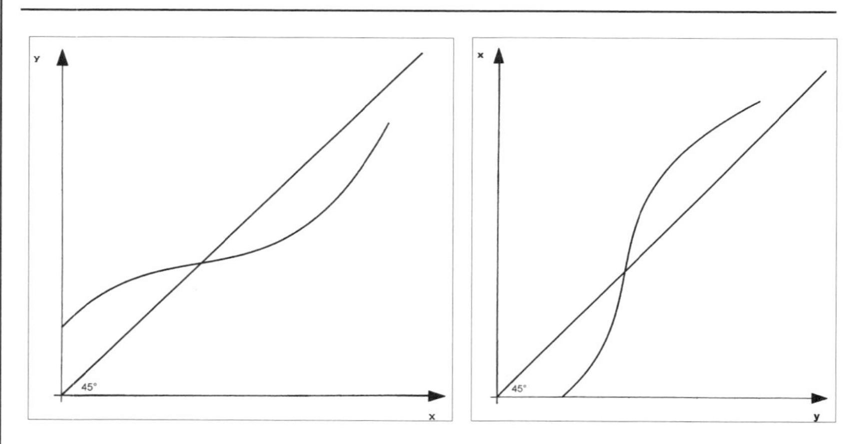

2.4 Lineare Funktionen

Zur Vereinfachung der Berechnung werden sehr viele ökonomische Zusammenhänge durch lineare Funktionen beschrieben.

Allgemeine Funktionsgleichung

Die grafische Darstellung einer linearen Funktion ergibt eine Gerade. Die allgemeine Funktionsgleichung einer linearen Funktion lautet:

$$y = mx + b$$

Symbole

x – unabhängige Variable
y – abhängige Variable
m – Steigung
b – Schnittpunkt mit der Ordinate, Ordinatenabschnitt

Beispiel

$$y = \frac{1}{2}x + 5$$

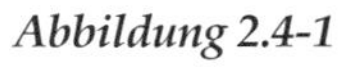

Abbildung 2.4-1

Funktion $y = \frac{1}{2}x + 5$

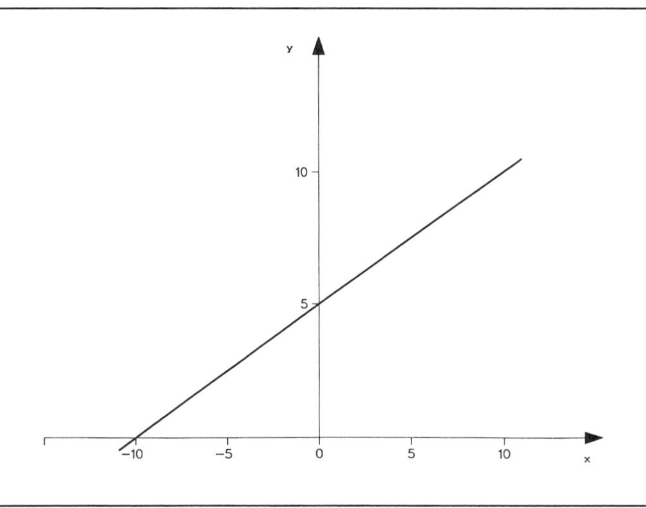

Ordinatenabschnitt

Dadurch, dass man x = 0 setzt, erhält man den Schnittpunkt einer Funktion mit der Ordinate.

Bei linearen Funktionen kann der Ordinatenabschnitt b direkt aus der Funktionsgleichung abgelesen werden.

Für das obige Beispiel ergibt sich:

$$x = 0 \qquad y = \frac{1}{2} \cdot 0 + 5 \qquad y = 5 = b$$

Steigung

Die Steigung m beträgt in der Beispielsfunktion $\frac{1}{2}$.

Wenn x um eine Einheit steigt, steigt y um eine halbe Einheit ($m = \frac{1}{2}$).

Die Steigung gibt das Verhältnis der Änderung der abhängigen Variablen zu der der unabhängigen an.

$$m = \frac{\Delta y}{\Delta x} = \frac{\text{Änderung der abhängigen Variable}}{\text{Änderung der unabhängigen Variable}}$$

Die Steigung einer Geraden ist während ihres gesamten Verlaufes konstant.

$m > 0$ bedeutet eine steigende Gerade

$m < 0$ bedeutet eine fallende Gerade

$m = 0$ Parallele zur Abszisse

Je größer $|m|$, desto steiler ist die Gerade.

Durch zwei Punkte ist eine Gerade hinreichend beschrieben, da es nur eine Gerade gibt, die durch zwei Punkte gezeichnet werden kann.

Um eine lineare Funktion zu zeichnen, genügt es also zwei Punkte zu bestimmen. Der erste Punkt könnte zweckmäßigerweise der Ordinatenabschnitt sein, der sich direkt ablesen lässt. Durch Einsetzen eines weiteren x-Wertes in die Funktionsgleichung werden die Koordinaten eines zweiten Punktes ermittelt, der wegen der Zeichengenauigkeit nicht zu nahe am ersten liegen sollte. Mit der Verbindung beider Punkte durch eine Gerade ist die lineare Funktionsgleichung dargestellt.

Aufgaben

Bestimmen Sie Steigung und Ordinatenabschnitt der folgenden Funktionen und zeichnen Sie diese.

2.4.1. $y = x + 4$
2.4.2. $y = 2x - 1$
2.4.3. $y = x$
2.4.4. $y = 4$

Aufstellung von Funktionsgleichungen

Lineare Funktionen sind eindeutig durch zwei Punkte oder durch einen Punkt und die Steigung bestimmt, so dass eine Ermittlung der Funktionsgleichung aus sehr wenigen Informationen möglich ist.

Wenn eine lineare Funktion zu bestimmen ist, von der nur die Steigung und die Koordinaten eines Punktes (x_1; y_1) bekannt sind, so lässt sich die Funktionsgleichung über die Formel für die Steigung nach der Punktsteigungsform berechnen.

Punktsteigungsform

$$m = \frac{y_1 - y}{x_1 - x}$$

Beispiel

Von einer linearen Kostenfunktion ist die Steigung m = 50 und der Punkt (100; 10.000) bekannt.

Wie lautet die Kostenfunktion?
Die abhängige Variable ist hier nicht y, sondern K als Symbol für die Kosten.

$$K = mx + b$$

$$m = 50$$

Koordinaten eines Punktes: $x_1 = 100$, $K_1 = 10.000$

Punktsteigungsform $m = \frac{y_1 - y}{x_1 - x}$

$$50 = \frac{10.000 - K}{100 - x}$$

$$5.000 - 50x = 10.000 - K$$

Die Kostenfunktion lautet: $K = 5.000 + 50x$

Die fixen Kosten betragen 5.000 € und die variablen 50 € pro Stück.
Durch die 2-Punkteform, die auf der Tatsache aufbaut, dass die Steigung einer Geraden überall gleich ist, lässt sich die Funktionsgleichung bestimmen, wenn zwei Punkte bekannt sind.

2-Punkteform

$$\frac{y_2 - y_1}{x_2 - x_1} = \frac{y_1 - y}{x_1 - x}$$

Beispiel

Bei der Produktion von 1.000 Einheiten eines Produktes sind Kosten in Höhe von 15.000 € angefallen. Eine Verminderung der Produktion um 100 Stück verursachte eine Kostenreduktion auf 13.800 €.

Wie lautet die Kostenfunktion, die als linear angesehen wird?

2 Punkte sind bekannt: $x_1 = 1.000$ $K_1 = 15.000$

$x_2 = 900$ $K_2 = 13.800$

2-Punkteform

$$\frac{13.800 - 15.000}{900 - 1.000} = \frac{15.000 - K}{1.000 - x}$$

$$\frac{-1.200}{-100} = \frac{15.000 - K}{1.000 - x}$$

$$12 \cdot (1.000 - x) = 15.000 - K$$

Die Kostenfunktion lautet: $K = 12x + 3.000$

Welcher der beiden Punkte als Punkt 1 und Punkt 2 definiert wird, spielt für die Berechnung keine Rolle.

Nullstelle

Die Nullstelle x_0 einer Funktion erhält man durch Nullsetzen der Funktion ($y = 0$) und Auflösen nach x.

Für das Beispiel $y = \frac{1}{2}x + 5$ bedeutet das:

$$y = 0 \qquad 0 = \frac{1}{2}x + 5 \qquad x_0 = -10$$

Schnittpunktbestimmung

Der Schnittpunkt von zwei Funktionen lässt sich durch Gleichsetzen der Funktionsgleichungen berechnen, da die x- und y-Werte beider Funktionen in diesem Punkt identisch sein müssen.

Den Wert für die unabhängige Variable erhält man durch Auflösen nach x. Der zugehörige y-Wert ergibt sich durch Einsetzen des gefundenen x-Wertes in eine der beiden Funktionsgleichungen.

Beispiel

Welche Koordinaten hat der Schnittpunkt von den Funktionen $y = 20 + 2x$ und $y = 5 + 5x$

$$20 + 2x = 5 + 5x$$
$$3x = 15$$
$$x = 5$$
$$y = 20 + 2 \cdot 5 = 30$$

Die Geraden schneiden sich im Punkt (5; 30).

2.5 Ökonomische lineare Funktionen

Zusammenhänge zwischen wirtschaftlichen Größen lassen sich im Allgemeinen durch Funktionen beschreiben. In der Praxis tritt häufig das Problem auf, dass diese Funktionen nicht bekannt sind und sich zudem nur sehr schwer abschätzen lassen.

Beispielsweise weiß ein Unternehmen, dass die Nachfrage steigt, wenn der Preis gesenkt wird, doch der genaue Verlauf der Nachfragefunktion ist nicht bekannt. Er kann auch nicht exakt ermittelt werden, da dazu Experimente mit verschiedenen Preisen notwendig wären, die in der Realität nicht durchzuführen sind.

Eigenschaften von Funktionen

Häufig kennt man aber einige Eigenschaften der Funktion, aus denen sich Folgerungen für wirtschaftliche Entscheidungen ableiten lassen.

Zusammenhänge zwischen ökonomischen Variablen sind in der Realität sehr komplex und werden von vielen Einflussgrößen mitbestimmt. Zur Beschreibung dieser Zusammenhänge sind Funktionen mit mehreren Unabhängigen heranzuziehen.

Mehrere Unabhängige

So ist zum Beispiel die Nachfrage nach einem Produkt nicht nur von dessen Preis abhängig, sondern auch von den Preisen der konkurrierenden Güter und aller anderen Güter, die ein Wirtschaftssubjekt konsumiert. Außerdem spielen das Einkommen und viele weitere Faktoren eine Rolle.

Zur Lösung wirtschaftlicher Fragestellungen durch mathematische Methoden ist es nicht möglich, die Realität in ihrer umfassenden Komplexität zu berücksichtigen. Deshalb wird ein Modell (ein vereinfachtes Abbild der Wirklichkeit) erstellt, das die realen Zusammenhänge auf das Wesentliche reduziert.

Ceteris paribus Bedingung

Häufig unterstellt man für die Bestimmung der Nachfragefunktion, dass alle Faktoren bis auf den Preis des Produktes konstant bleiben (ceteris paribus Bedingung), so dass nur noch eine unabhängige Variable in die Berechnung eingeht.

Eine weitere Vereinfachung erfolgt dadurch, dass häufig lineare Funktionen verwendet werden, auch wenn die Beziehungen zwischen zwei wirtschaftlichen Größen nur annähernd linear verlaufen oder nur in einem bestimmten Intervall eine konstante Steigung haben.

In diesem Kapitel werden ökonomische Funktionen untersucht, bei denen zwei Vereinfachungen zugrunde liegen:

1. Reduktion auf eine unabhängige Variable
2. Unterstellung eines linearen Kurvenverlaufes.

Definitions- und Wertebereich

Insbesondere bei wirtschaftlichen Funktionen ist es wichtig, Definitions- und Wertebereich zu beachten, da diese in vielen Fällen eingeschränkt sind.

Beispielsweise haben alle Kostenfunktionen K(x) einen beschränkten Definitionsbereich, da die Produktionsmenge durch Kapazitätsbegrenzungen eingeschränkt ist, und K nur die Werte annehmen kann, die sich durch Einsetzen der x-Werte in die Funktion ergeben. Kosten und Produktionsmengen können zudem nicht negativ werden.

- Nachfrage- und Angebotsfunktion

Nachfragefunktion

Die Nachfragefunktion gibt die Abhängigkeit zwischen der nachgefragten Menge eines bestimmten Gutes und allen Faktoren an, die sie beeinflussen.

Wie oben beschrieben, wird diese Beziehung häufig vereinfacht. Die nachgefragte Menge x eines Haushaltes wird nur noch als abhängig von dem Preis p des entsprechenden Gutes angesehen.

$$x = f(p)$$

Preisabsatzfunktion

Wenn man die Abhängigkeit zwischen Preis und nachgefragter Menge eines Gutes aus der Sicht des anbietenden Unternehmens betrachtet, bezeichnet man die Nachfragefunktion als Preisabsatzfunktion. Dabei ändern sich die Zusammenhänge und die Funktionsgleichung nicht, lediglich die Fragestellung ist eine andere. Bei der Preisabsatzfunktion fragt sich der Unternehmer, welche Mengen er bei welchen Preisen absetzen kann.

Wenn man von einigen Besonderheiten absieht (Preis-Qualitäts-Effekt bei Luxusgütern mit Prestige vermittelndem Preis), bei denen die Preisabsatzfunktion von ihrem typischen Verlauf abweicht, ist es plausibel, dass die nachgefragte Menge steigt, wenn der Preis sinkt, und umgekehrt. Die Preisabsatzfunktion hat demnach eine negative Steigung.

Vereinfachend wird in der Praxis häufig ein linearer Verlauf unterstellt, obwohl die Funktion in der Realität vor allem in der Nähe der Achsen ihre Steigung ändern und sich an die Achsen anschmiegen wird (vgl. Abb. 2.5-1).

Umkehrfunktion

In den Wirtschaftswissenschaften ist es üblich, den Preis an der Ordinate und die Menge an der Abszisse abzutragen. Die Nachfragefunktion wird dem gemäß so dargestellt, dass der Preis der abhängigen und die Menge der unabhängigen Variablen entsprechen. Man betrachtet also die Umkehrfunktion, welche die Abhängigkeit des Preises von der Nachfragemenge angibt:

$$p = f(x)$$

Allgemeine Funktionsgleichung

Allgemeine Funktionsgleichung einer linearen Nachfragefunktion:

$$p(x) = mx + b$$

Symbole

p = Preis

m = Steigung (negativ)

x = nachgefragte bzw. abgesetzte Menge

b = Ordinatenabschnitt

Nachfragefunktion $x = f(p)$ und $p = f(x)$ — **Abbildung 2.5-1 + 2.5-2**

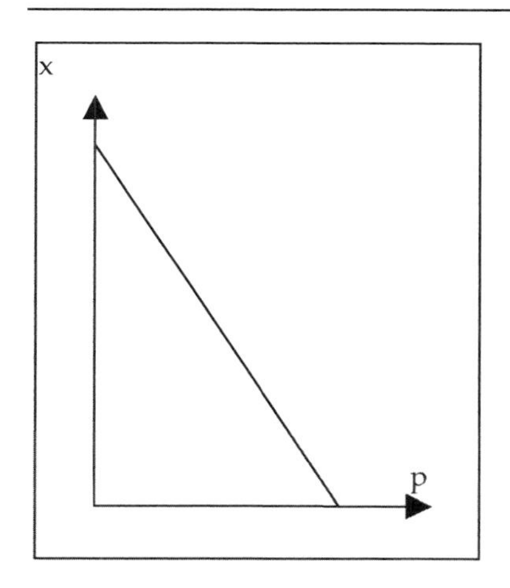

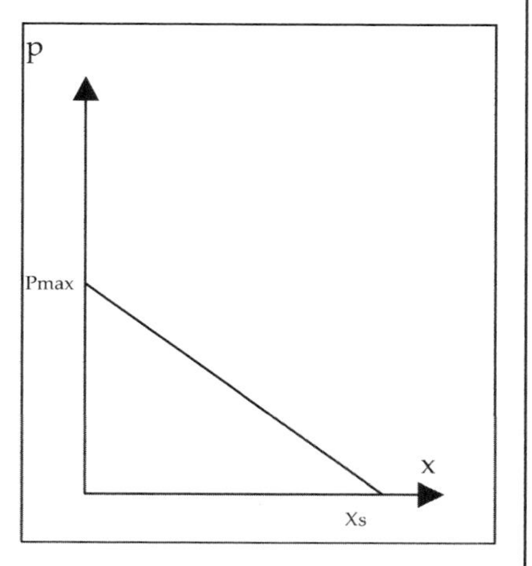

Maximalpreis

Der Ordinatenabschnitt b - der Schnittpunkt mit der Ordinate - gibt den maximalen Preis p_{max} für das Gut an, bei dem die Nachfrage Null wird.

Sättigungsmenge

Die Nullstelle x_s zeigt die Sättigungsgrenze an. Selbst wenn der Preis des Produktes auf Null gesenkt wird, überschreitet die nachgefragte Menge nicht den Wert x_s.

Angebotsfunktion

Die Angebotsfunktion gibt die Abhängigkeit der angebotenen Menge eines Gutes von dem dafür verlangten Preis an. Je höher der Verkaufspreis, desto mehr sind die Hersteller bereit zu produzieren. Mit steigenden Preisen wird also auch die angebotene Menge zunehmen. Die Angebotsfunktion hat eine positive Steigung.

Allgemeine Funktionsgleichung

Allgemeine Funktionsgleichung einer linearen Angebotsfunktion:

$$p = mx + b$$

Symbole

P = Preis

m = Steigung (positiv)

x = Angebotsmenge

b = Ordinatenabschnitt

Abbildung 2.5-3 *Angebotsfunktion*

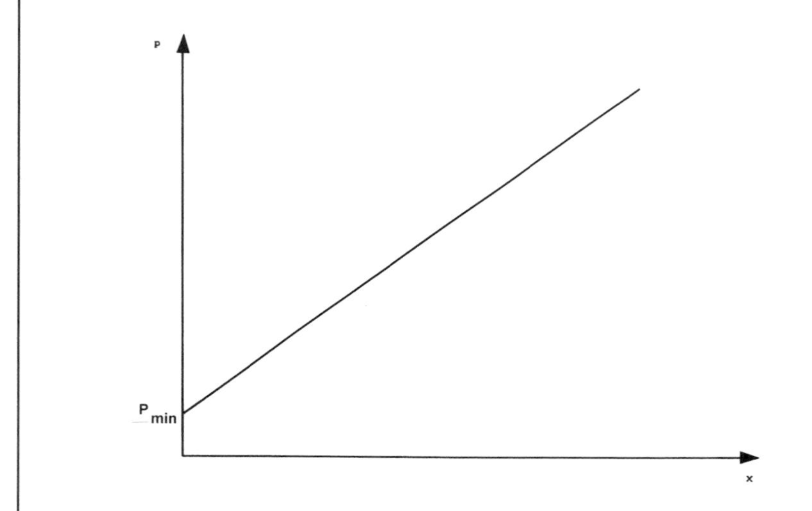

Der Ordinatenabschnitt b gibt hier den minimalen Preis p_{min} an. Bei diesem Preis ist das Angebot gleich Null. Erst bei steigenden Preisen sind die Produzenten bereit, mehr und mehr Produkte anzubieten.

Marktgleichgewicht

Marktgleichgewicht

Das Marktgleichgewicht, bei dem sich Angebot und Nachfrage ausgleichen, lässt sich grafisch ermitteln, wenn Nachfrage- und Angebotsfunktion in ein Koordinatensystem gezeichnet werden.

Das Marktgleichgewicht ist erreicht, wenn das Angebot mit der Nachfrage übereinstimmt. Grafisch entspricht das Gleichgewicht dem Schnittpunkt der beiden Funktionen (vgl. Abb. 2.5-4).

p_g = Gleichgewichtspreis

x_g = Gleichgewichtsmenge

Abbildung 2.5-4

Marktgleichgewicht

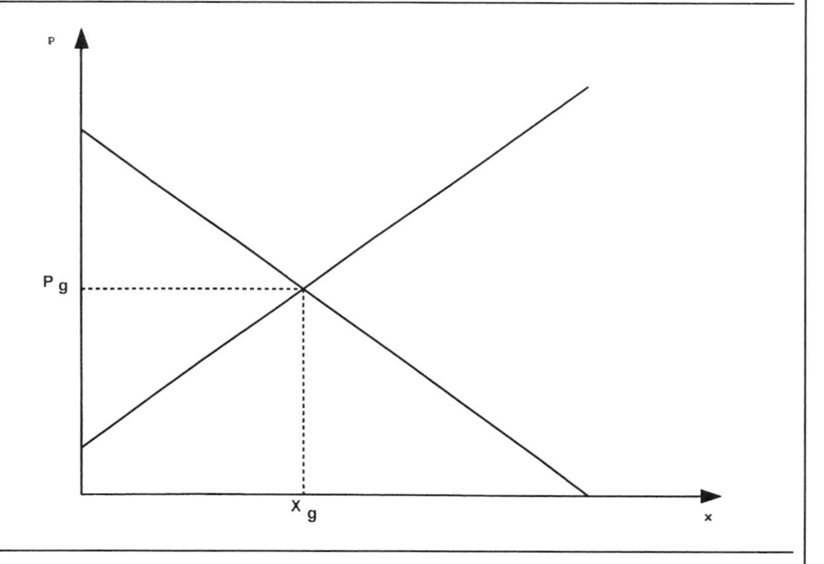

Aufgabe

2.5.1. Auf dem Markt für ein bestimmtes Produkt gilt ein Maximalpreis von 500 € und eine Sättigungsmenge von 200 Stück. Der Mindestpreis ist 100 € und die Steigung der Angebotsfunktion beträgt 1,5.

a) Bestimmen Sie die Nachfrage- und Angebotsfunktion, die beide einen linearen Verlauf haben sollen.

b) Bestimmen Sie Gleichgewichtspreis und -menge grafisch und analytisch.

c) Welche Folge hat eine staatliche Festlegung des Preises auf 200 € für Nachfrage und Angebot?

Kostenfunktion

Kostenfunktion

Die Kostenfunktion eines Unternehmens zeigt den Zusammenhang zwischen den gesamten Kosten K einer Periode und der in dieser Zeit produzierten Menge x eines Produktes auf. Die Produktionsmenge ist die unabhängige Variable, deren Einfluss auf die abhängige mit Hilfe der Kostenfunktion analysiert wird.

Im Allgemeinen kann man davon ausgehen, dass Kostenfunktionen eine steigende Tendenz haben. Mit zunehmender Produktionsmenge werden auch die Kosten zunehmen. Der Funktionsverlauf hängt von dem zugrunde liegenden Produktionsverfahren ab, so dass sich im konkreten Fall verschiedene Kurvenformen ergeben.

Lineare Kostenfunktion

Im einfachsten Fall wird eine lineare Kostenfunktion den Zusammenhang gut beschreiben. Bei linearen Funktionen ist die Steigung konstant, das heißt die Zusatzkosten für die Produktion einer zusätzlichen Einheit sind immer gleich (vgl. Abb. 2.2-1).

Progressive Kostenfunktion

Bei einem progressiven Verlauf der Kostenfunktion wächst die Steigung mit zunehmendem x. Die Kosten für die Produktion einer zusätzlichen Einheit werden immer größer (vgl. Abb.2.5-5).

Abbildung 2.5-5 *Progressive Kostenfunktion*

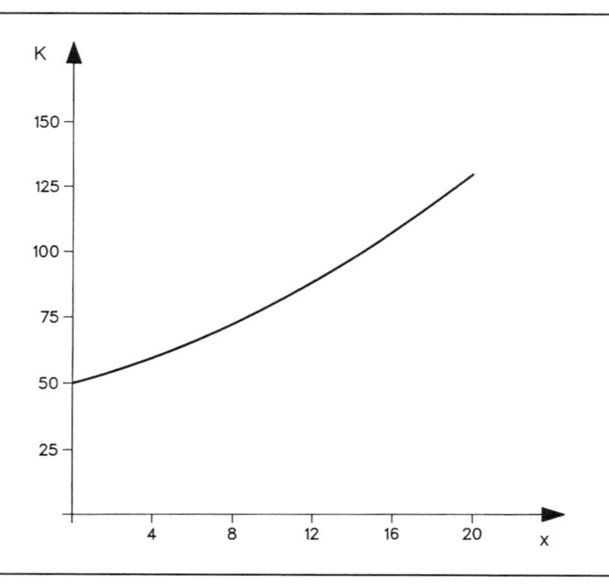

Degressive Kostenfunktion

Eine Kostenfunktion mit degressivem Verlauf liegt vor, wenn durch Massenproduktion die Stückkosten gesenkt werden können. Die Steigung nimmt ab, und die Zusatzkosten für weitere Einheiten werden mit größer werdender Stückzahl geringer (vgl. Abb. 2.5-6).

Degressive Kostenfunktion **Abbildung 2.5-6**

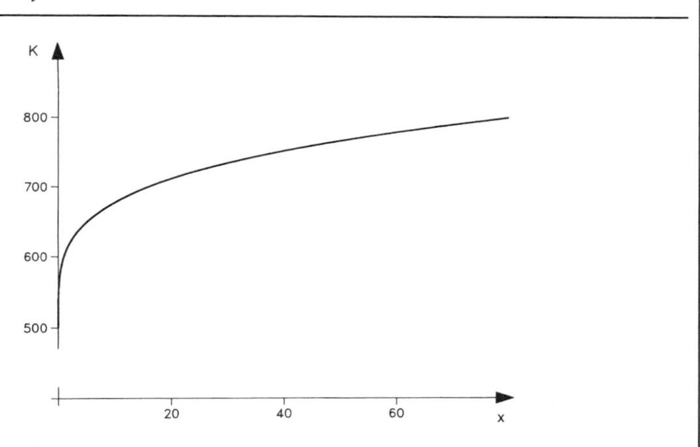

S-förmige Kostenfunktion

Besonders häufig wird in den Wirtschaftswissenschaften die S-förmige Kostenfunktion diskutiert (vgl. Abb. 2.5-7).

S-förmige Kostenfunktion **Abbildung 2.5-7**

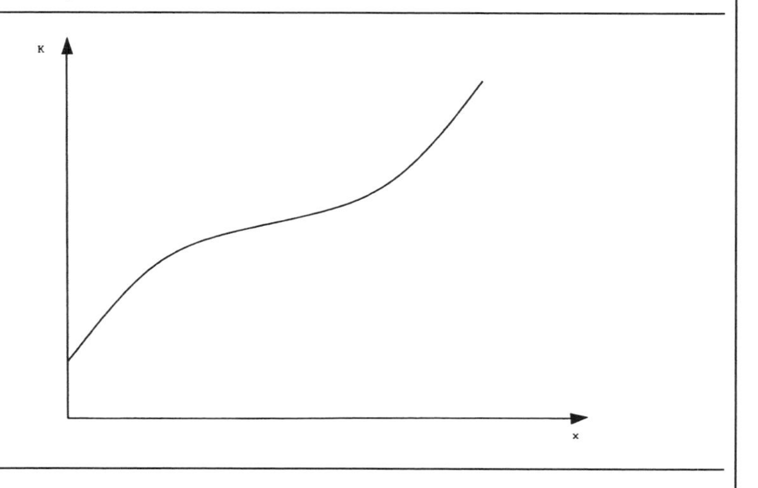

Diese S-förmige Kostenfunktion hat zunächst einen degressiven, später aber einen progressiven Verlauf.

Wird beispielsweise ein landwirtschaftliches Gut (z. B. Weizen oder Kartoffeln) auf einer bestimmten Fläche produziert, so ist der Ertrag pro Hektar die Produktionsmenge. Die zusätzlichen Kosten für Saatgut, Dünger etc. werden von einem bestimmten Hektarertrag an immer größer, wenn der Hektarertrag noch weiter gesteigert werden soll.

Da die Funktionsgleichung einer Kostenfunktion in der Praxis im Allgemeinen nicht bekannt ist, wird vereinfachend ein linearer Verlauf unterstellt. Aus einigen Eigenschaften der Kostenfunktion, die aus der Erfahrung abgeleitet werden, lässt sich dann eine lineare Funktion aufstellen, die den tatsächlichen Verlauf annähernd wiedergibt.

Fixe und variable Kosten

Die Gesamtkosten K(x) setzen sich zusammen aus den Fixkosten K_f und den variablen Kosten K_v, die sich durch Multiplikation der variablen Stückkosten k_v mit der Produktionsmenge x errechnen (vgl. Abb. 2.5-8).

Abbildung 2.5-8 *Kostenfunktion*

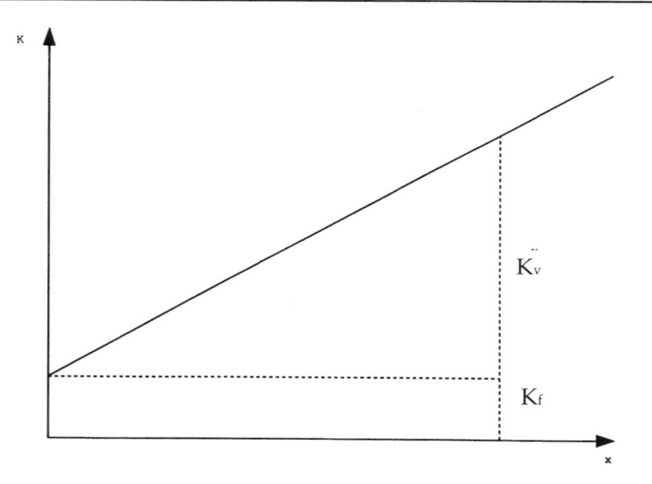

Die Funktionsgleichung in ihrer allgemeinen Form lautet für die lineare Kostenfunktion:

$$K(x) = K_f + K_v = K_f + k_v \cdot x$$

Symbole

$K(x)$ = Gesamtkosten, abhängig von der Produktionsmenge x
K_f = Fixkosten, unabhängig von der Produktionsmenge x
K_v = variable Kosten, abhängig von x
k_v = variable Stückkosten, Steigung der Geraden
x = Produktionsmenge, unabhängige Variable

Da die Steigung konstant ist, sind auch die zusätzlichen Kosten für die Produktion einer weiteren Einheit - die Grenzkosten - konstant. Sie betragen k_v.

Beispiel

In einem Unternehmen gilt die Kostenfunktion

$$K(x) = 700 + 3x$$

Zeichnen Sie die Funktion.

Wie hoch sind die Fixkosten und die variablen Kosten pro Stück?

Welche Kosten entstehen bei der Produktion von 150 Mengeneinheiten?

Abbildung 2.5-9

Kostenfunktion $K(x) = 700 + 3x$

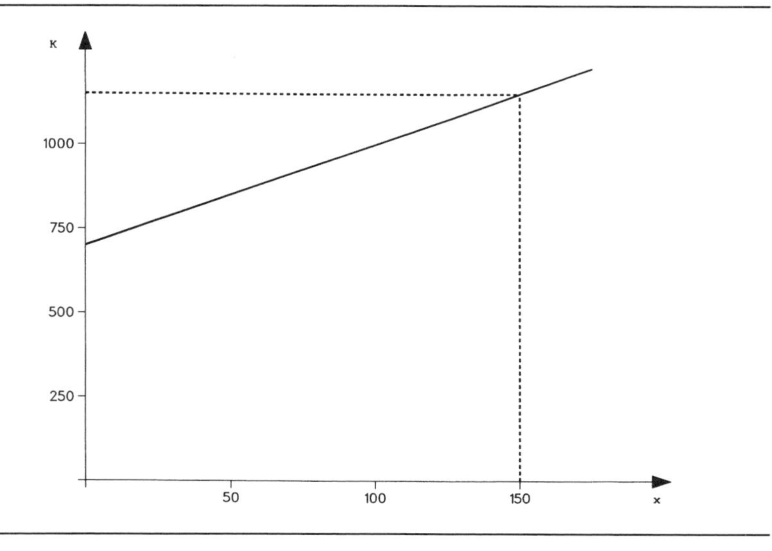

$K_f = 700 \quad k_v = 3$

$K(150) = 700 + 3 \cdot 150 = 1.150$

Umsatzfunktion

Umsatzfunktion

Durch Multiplikation von Preis und Menge ergibt sich der Umsatz, der somit von zwei unabhängigen Variablen abhängt.

$$U(x; p) = p \cdot x$$

Mengenanpasser

Für viele Unternehmen ist der Preis jedoch eine konstante Größe. Sie haben einen zu geringen Marktanteil, um den Preis beeinflussen zu können. Diese Unternehmen werden Mengenanpasser genannt, da sie ihren Umsatz nicht durch den Preis, sondern nur durch die abgesetzte Menge verändern können. Der Umsatz ist für sie nur von der Menge x abhängig.

$$U(x) = p \cdot x \qquad p = const$$

Der Preis entspricht der Steigung einer Geraden, die durch den Koordinatenursprung verläuft (vgl. Abb. 2.5-10).

Abbildung 2.5-10 *Umsatzfunktion*

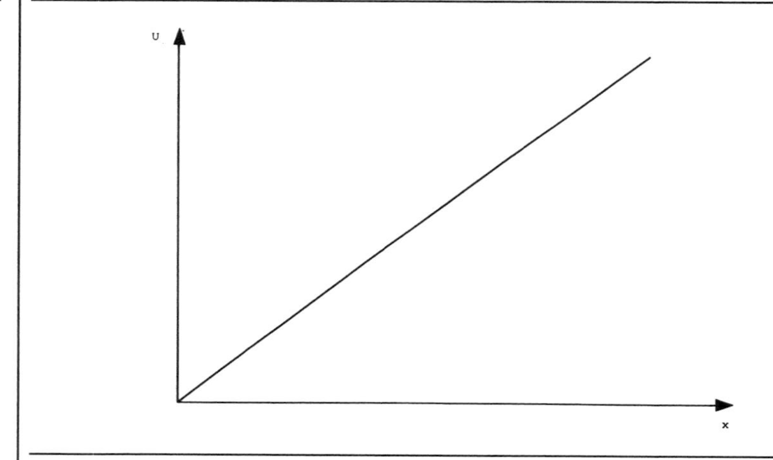

Gewinnfunktion

Gewinnfunktion

Die Differenz von Umsatz und Kosten stellt den Gewinn eines Unternehmens dar.

$$G = U - K$$

Mengenanpasser

Bei einem Mengenanpasser ist der Gewinn nur von der Menge abhängig.

$$G(x) = U(x) - K(x)$$

Durch Einsetzen der Umsatz- und Kostenfunktion ergibt sich

$$G(x) = p \cdot x - K_f - k_v \cdot x$$
$$= - K_f + (p - k_v) \cdot x$$

Der Gewinn errechnet sich durch Multiplikation des Überschusses des Preises über die variablen Stückkosten ($p - k_v$, Stückdeckungsbeitrag) mit der Menge x, wovon noch die Fixkosten subtrahiert werden müssen.

Gewinnfunktion

Abbildung 2.5-11

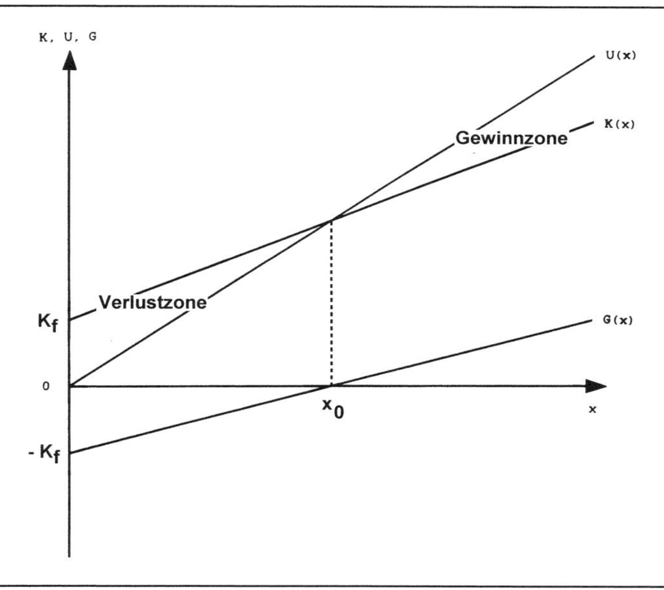

Grafisch lässt sich die Gewinnfunktion ebenfalls durch die Differenz der Umsatz- und Kostenfunktion darstellen (vgl. Abb. 2.5-11).

Wenn die Kosten größer als der Umsatz sind, ist der Gewinn negativ. Das Unternehmen befindet sich in der Verlustzone.

Gewinnzone

Bei höheren Stückzahlen wird ein positiver Gewinn erzielt (Gewinnzone).

Die Gewinnfunktion kann durch die Subtraktion der Kosten- von der Umsatzfunktion grafisch dargestellt werden. Bei der Produktion von Null Einheiten entsteht ein Verlust in Höhe der Fixkosten; die Gewinnfunktion schneidet die Ordinate bei $-K_f$. An der Gewinnschwelle x_0 schneidet sie die Abszisse und erreicht den positiven Bereich.

Aufgabe

2.5.2. Ein Unternehmen hat Fixkosten in Höhe von 1.000 € und variable Stückkosten in Höhe von 1,50 €. Maximal können 1.500 Einheiten produziert werden. Der Marktpreis beträgt 2,50 €.

a) Ermitteln Sie grafisch und analytisch die Gewinnschwelle.
b) Welche Folgen hat eine Senkung des erzielten Preises auf die Hälfte?

2.6 Nichtlineare Funktionen und ihre ökonomische Anwendung

2.6.1 Problemstellung

In diesem Kapitel sollen die wichtigsten elementaren Funktionstypen besprochen werden, die in den Wirtschaftswissenschaften von Bedeutung sind.

Ihr charakteristischer Funktionsverlauf wird umrissen, und ihre ökonomische Relevanz wird anhand von Beispielen aufgezeigt.

2.6.2 Parabeln

Parabel 2. Grades

In einer Parabel 2. Grades ist die unabhängige Variable in der 2. Potenz enthalten.

Beispiele

$y = x^2$ ist die Normalparabel. Sie verläuft im I. und II. Quadranten und ist achsensymmetrisch zur Ordinate.

$y = -x^2$ ist eine nach unten geöffnete Parabel. Sie entspricht der an der Abszisse gespiegelten Normalparabel.

$y = a \cdot x^2$ ist für $|a| > 1$ eine gegenüber der Normalparabel gestreckte, d. h. weniger stark geöffnete Parabel. Für $|a| < 1$ ist sie gestaucht, also stärker geöffnet.

$y = x^2 + a$ ist eine auf der y-Achse verschobene Normalparabel ($a > 0$: Verschiebung nach oben)

$y = (x - a)^2$ ist eine auf der x-Achse verschobene Normalparabel ($a > 0$: Verschiebung nach rechts)

Parabeln 2. Grades

Abbildung 2.6.2-1

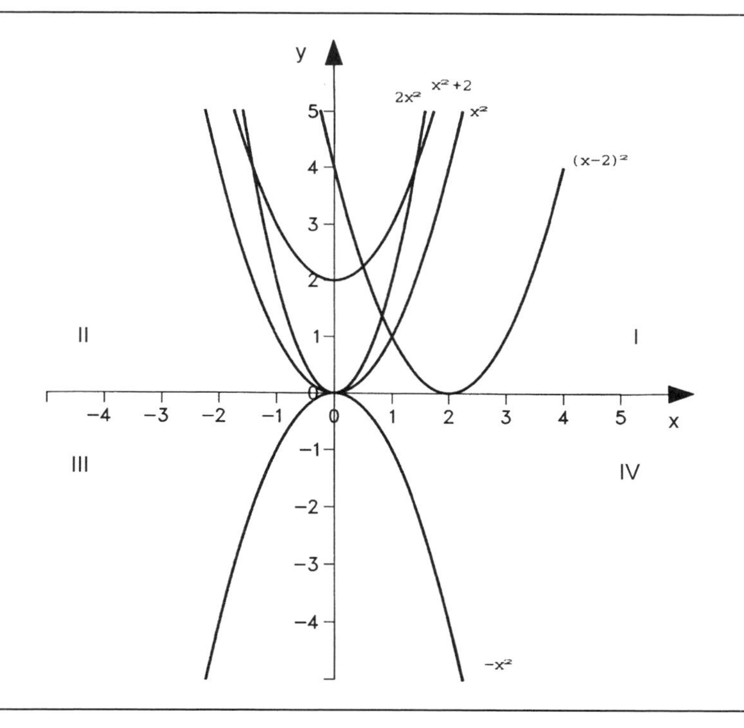

Parabel 3. Grades

In einer Parabel 3. Grades ist die unabhängige Variable in der 3. Potenz enthalten.

Das Bild von $y = x^3$ verläuft durch den I. und III. Quadranten. Für negative/positive x ist auch y negativ/positiv. Die Funktion verläuft punktsymmetrisch zum Ursprung.

Abbildung 2.6.2-2 Parabel 3. Grades

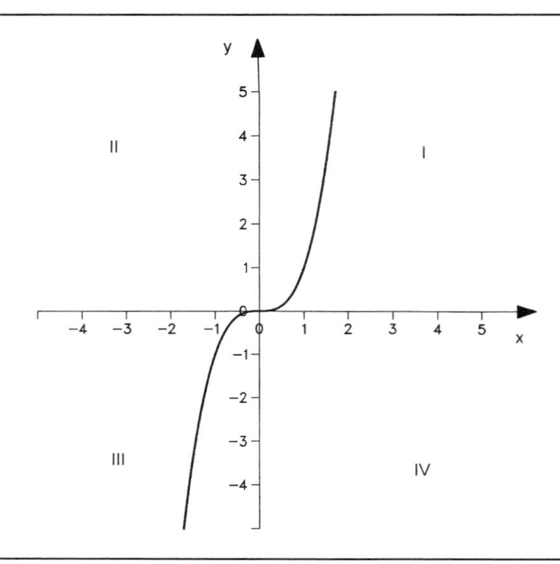

Parabeln höherer Ordnung

Parabeln höherer Ordnung verlaufen ähnlich den Parabeln 2. Grades, wenn sie eine gerade Hochzahl haben, und ähnlich den Parabeln 3. Grades, wenn die Hochzahl ungerade ist.

Vor allem zur Darstellung von Umsatzfunktionen, die von Preis und Menge abhängig sind, ist die Kenntnis der Parabeln wichtig.

Umsatzfunktion

Die Umsatzfunktion eines Unternehmens, dessen Marktstellung es erlaubt, den Preis für sein Produkt zu beeinflussen, hängt von zwei Variablen (Preis und Menge) ab.

Der Preis ist durch die Preisabsatzfunktion aber wieder eine Funktion der Menge, so dass in der Umsatzfunktion letztlich nur die Menge enthalten ist.

Beispiel

Einem Unternehmen ist die Preisabsatzfunktion für sein Produkt bekannt:

$$p(x) = 80 - 4x$$

Die Umsatzfunktion lässt sich durch Multiplikation der Preisabsatzfunktion mit x ermitteln.

$$\begin{aligned} U(x) &= p \cdot x \\ &= (80 - 4x) \cdot x \\ &= 80x - 4x^2 \end{aligned}$$

Preisabsatz- und Umsatzfunktion

Abbildung 2.6.2-3

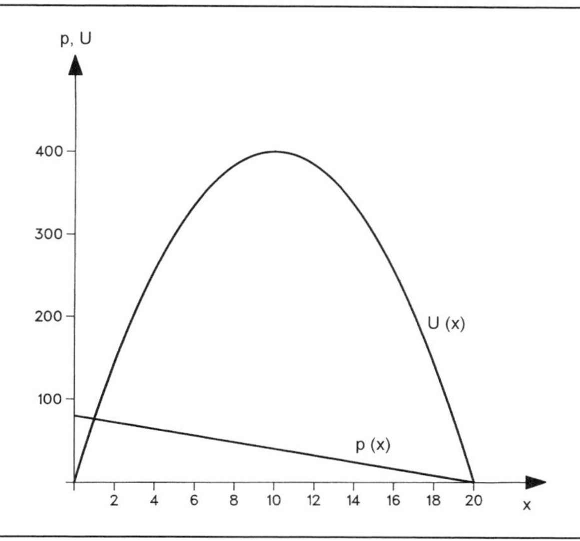

Die Preisabsatzfunktion zeigt, dass der Höchstpreis 80 € beträgt. Die nachgefragte Menge und damit der Umsatz ist bei einem Preis von 80 € oder mehr gleich Null. Wenn der Preis sinkt, steigt die nachgefragte Menge bis zur Sättigungsmenge von 20, die bei einem Preis von Null erreicht wird. Da der Preis beim Erreichen der Sättigungsmenge Null ist, wird an dieser Stelle der Umsatz wiederum Null.

Nach unten geöffnete Parabel

Die Umsatzfunktion ist eine nach unten geöffnete Parabel 2. Grades. Der Umsatz steigt zunächst mit steigender Absatzmenge und sinkenden Preisen an. Er erreicht sein Maximum genau in der Mitte zwischen den Nullstellen bei der Menge von 10 Einheiten, da die Parabel symmetrisch zur Senkrechten durch $x = 10$ verläuft. Mit weiter zunehmendem Absatz aber sinkendem Preis geht der Umsatz dann wieder zurück.

S-förmige Kostenfunktion

Die in der Praxis häufig anzutreffende S-förmige Kostenfunktion entspricht mathematisch einer Variante von Parabeln 3. Grades.

Beispiel

Grafische Darstellung der Kostenfunktion: $K(x) = x^3 - 25x^2 + 250x + 1000$

Wertetabelle:

X	0	2	4	6	8	10	12	14	16	18	20
K	1000	1408	1664	1816	1912	2000	2128	2344	2696	3232	4000

Abbildung 2.6.2-4 Kostenfunktion

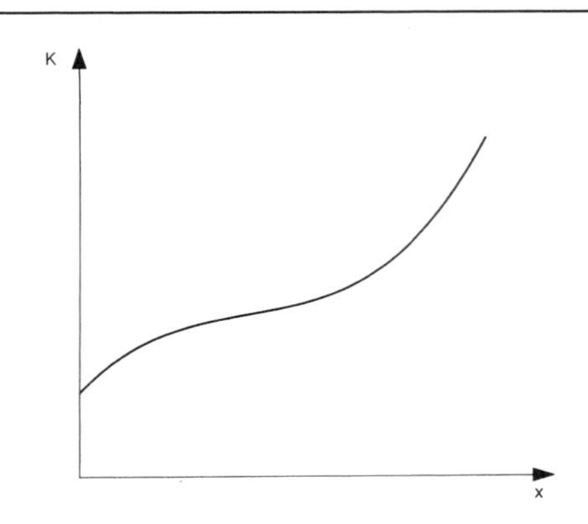

Wie ändern sich die Kosten, wenn die Produktion um eine Einheit ausgeweitet wird, ausgehend von 2, 9, 19 Einheiten?

Produktionssteigerung		Zusatzkosten
Von	auf	
2	3	144
9	10	46
19	20	416

Bei niedrigen Produktionsmengen fallen die Zusatzkosten (Grenzkosten) bei zunehmender Produktion, die Kostenfunktion verläuft degressiv steigend.

Für höheres x ist die Kostenfunktion progressiv steigend, d.h. die Zusatzkosten werden immer größer, wie die Abb. 2.6.2-4 zeigt.

Aufgabe

2.6.2. Ein Unternehmen hat für die Herstellung seines Produktes eine Kostenfunktion mit progressiver Steigung ermittelt:

$$K(x) = \frac{1}{4}x^2 + 20x + 3255$$

Die Preisabsatzfunktion lautet: $p(x) = 590 - 14{,}75\,x$

a) Ermitteln Sie die Umsatz- und Gewinnfunktion und zeichnen Sie beide mit der Kostenfunktion in ein Koordinatensystem.

b) Bei welcher Stückzahl wird die Gewinnschwelle erreicht, und welcher Preis muss dafür verlangt werden?

c) Bei welcher Absatzmenge wird ein maximaler Gewinn erzielt, und wie hoch ist er?

2.6.3 Hyperbeln

Die einfachste Form einer Hyperbel ist die Funktion

Hyperbel

$$f(x) = y = \frac{1}{x} = x^{-1}$$

Diese Funktion ist an der Stelle x = 0 nicht definiert, da die Division durch Null nicht erlaubt ist.

Durch das Einsetzen einiger Werte ist sehr schnell zu erkennen, dass y gegen Null geht, wenn x gegen Unendlich strebt. Wenn x immer kleiner wird und sich von rechts der Null nähert, geht der Funktionswert gegen Unendlich.

Wie Abb. 2.6.3-1 verdeutlicht, ist der Verlauf im negativen Bereich ähnlich.

Hyperbel — ***Abbildung 2.6.3-1***

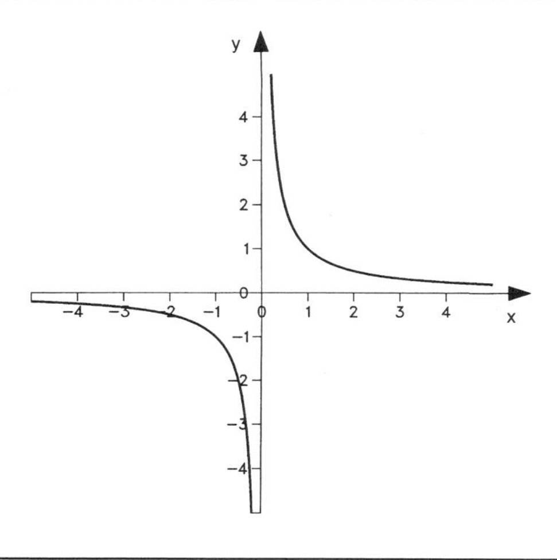

Die Funktion besteht aus zwei Teilen, die im 1. und 3. Quadranten verlaufen.

Stückkosten

Hyperbeln werden in den Wirtschaftswissenschaften beispielsweise benötigt, wenn neben den Gesamtkosten auch die Stückkosten einer Produktion analysiert werden. Die Stückkosten k (oder Durchschnittskosten) werden durch Division der Gesamtkosten K durch die Stückzahl x errechnet.

$$k = \frac{K}{x}$$

Beispiel

Ein Unternehmen hat folgende lineare Kostenfunktion für seine Produktion festgestellt:

$$K(x) = 1.000 + 250 \cdot x$$

Die Stückkostenfunktion stellt eine Hyperbel dar und lautet:

$$k(x) = \frac{1.000}{x} + 250$$

Abbildung 2.6.3-2 *Stückkostenfunktion*

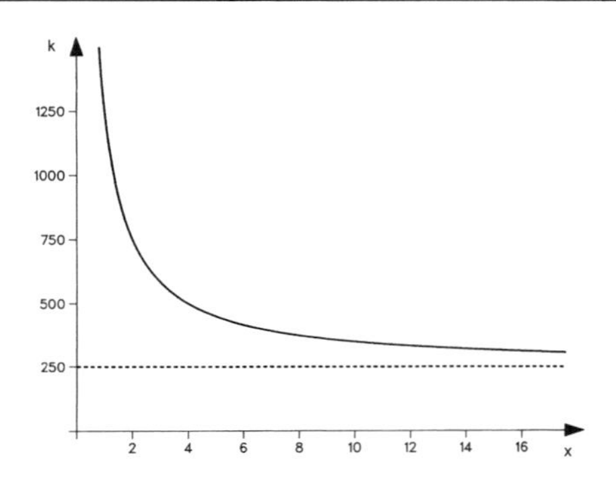

Die Kostenfunktion besteht aus den Fixkosten $K_f = 1000$ und den variablen Kosten $(k_v \cdot x)$.

In der Stückkostenfunktion sind die variablen Stückkosten unabhängig von x. Der Fixkostenblock dagegen kann mit zunehmendem x auf immer mehr Einheiten verteilt werden, und die fixen Stückkosten sinken somit.

Die Stückkosten werden dadurch immer geringer und nähern sich asymptotisch der Parallelen zur x-Achse im Abstand 250, der den variablen Stückkosten entspricht.

2.6.4 Wurzelfunktionen

Wurzelfunktionen

Funktionen, in denen die unabhängige Variable x unter einem Wurzelzeichen steht, werden Wurzelfunktionen genannt.

$$f(x) = \sqrt[n]{x} = x^{\frac{1}{n}}$$

Wurzelfunktionen ergeben sich durch die Berechnung von Umkehrfunktionen aus Potenzfunktionen, wobei der zulässige Bereich für x häufig eingeschränkt werden muss, damit eine eindeutige Zuordnungsvorschrift gegeben ist (vgl. Kap. 2.3).

In den Wirtschaftswissenschaften eignen sich Wurzelfunktionen häufig zur Darstellung von Kostenfunktionen mit einer degressiven Steigung. Die Steigung solcher Funktionen ist positiv mit abnehmenden Steigerungsraten.

Beispiel

Ein Unternehmen, das nur ein Produkt herstellt, hat aufgrund seines Produktionsverfahrens folgende Kostenfunktion ermittelt:

$$K(x) = 500 + 100 \cdot \sqrt[4]{x}$$

Wertetabelle

x	0	20	40	60	80	100
K(x)	500	711,47	751,49	778,07	799,32	816,23

Die Abbildung 2.6.4-1 zeigt, dass die Steigung der Kostenfunktion mit zunehmendem x abnimmt. Die Kostenzuwächse für die Produktion einer zusätzlichen Einheit (Grenzkosten) werden immer geringer.
Diese Funktion zeigt den Vorteil der Massenproduktion.

Abbildung 2.6.4-1

Wurzelfunktion

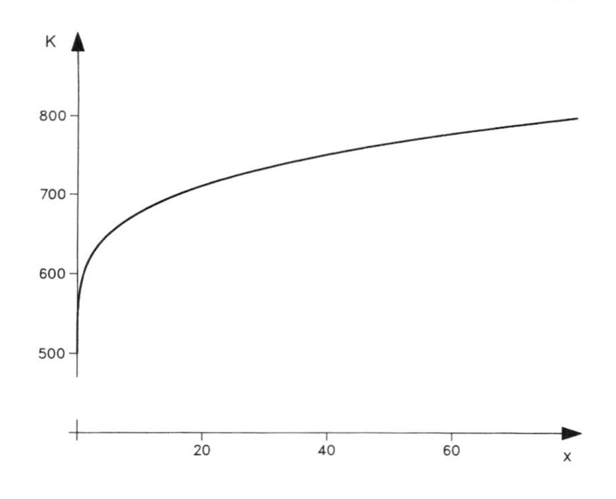

2.6.5 Exponentialfunktionen

Exponential-funktion

Exponentialfunktionen sind dadurch gekennzeichnet, dass die unabhängige Variable im Exponenten steht.

Allgemein hat eine Exponentialfunktion die Funktionsform:

$$a^x \quad \text{und} \quad a > 0$$

Aus der Bedingung $a > 0$ folgt, dass die Exponentialfunktion oberhalb der x-Achse verläuft, wobei alle Exponentialfunktionen die y-Achse bei $y = 1$ schneiden. Der Ordinatenabschnitt ist immer 1, da $a^0 = 1$ definiert ist.

$a > 1$: Die Funktion nähert sich asymptotisch der x-Achse im negativen Bereich, während im positiven Bereich die Funktionswerte mit wachsendem x immer größer werden.

$a < 1$: Die Funktion nähert sich asymptotisch der x-Achse im positiven Bereich, während hier im negativen Bereich die y-Werte mit abnehmendem x ansteigen.

$a = 1$: Die Funktion stellt eine Parallele zur x-Achse im Abstand 1 dar.

Wie die Abb. 2.6.5-1 zeigt, verlaufen die Funktionen $y = a^x$ und $y = \left(\frac{1}{a}\right)^x$ spiegelsymmetrisch zueinander.

Abbildung 26.5-1 *Exponentialfunktionen*

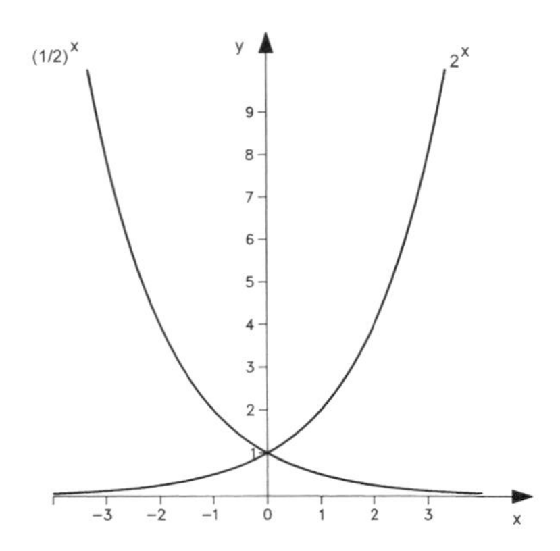

Wachstumsfunktionen

Exponentialfunktionen werden in den Wirtschaftswissenschaften vor allem als Wachstumsfunktionen verwendet. In der Statistik spielt die exponentielle Trendfunktion für die Beschreibung volkswirtschaftlicher und demografischer Prozesse eine wichtige Rolle.

Ein weiteres, wichtiges Anwendungsgebiet stellt die Finanzmathematik dar, wenn das Wachstum eines zu stetigen Zinsen angelegten Kapitals analysiert wird (vgl. Kap. 10.2.2.5).

2.6.6 Logarithmusfunktionen

Logarithmusfunktion

Durch die Umkehrung der Exponentialfunktion ergibt sich die Logarithmusfunktion, die nur für positives x definiert ist (vgl. Kap. 1.4).

$$y = a^x \qquad (a > 0)$$

$$x = \log_a y$$

Der grafische Verlauf lässt sich durch die Spiegelung der Exponentialfunktion an der 45°-Linie verdeutlichen.

Die Logarithmusfunktionen verlaufen im 1. und 4. Quadranten, da sie nur für $x > 0$ definiert sind; sie schneiden die x-Achse im Punkt (1; 0).

Logarithmusfunktionen — **Abbildung 2.6.6-1**

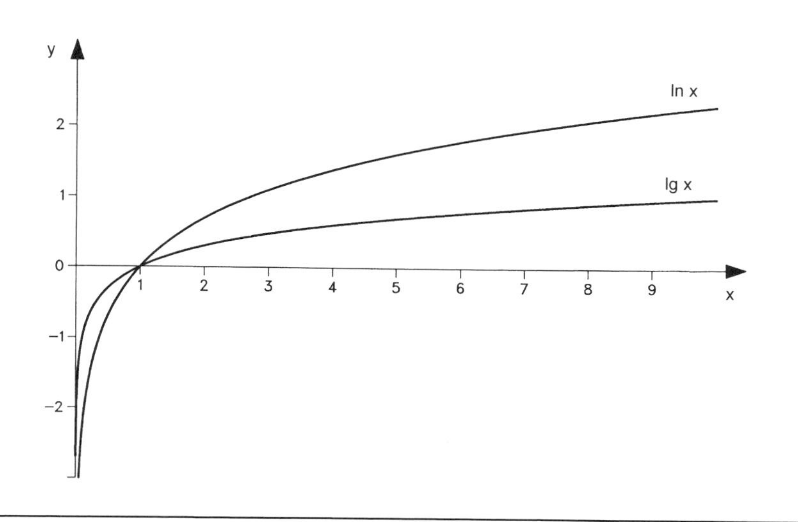

Für die praktische Anwendung sind zwei Logarithmusfunktionen relevant

Zehner- und Natürlicher Logarithmus

- Der Logarithmus zur Basis 10 $f(x) = \log_{10}x = \lg x$ (Zehnerlogarithmus)
- Der Logarithmus zur Basis e $f(x) = \log_{e}x = \ln x$ (Natürlicher Logarithmus)

Die ökonomische Anwendung der Logarithmusfunktionen liegt vor allem in der Umformung von Exponentialfunktionen, wie sie beispielsweise in der Finanzmathematik benötigt werden.

3 Funktionen mit mehreren unabhängigen Variablen

3.1 Begriff

In dem letzten Kapitel wurden Zusammenhänge zwischen ökonomischen Größen vereinfachend durch Funktionen mit nur einer unabhängigen Variablen beschrieben. Bei der Nachfragefunktion wurde nur die Abhängigkeit der nachgefragten Menge vom Preis berücksichtigt. Dabei wurde vorausgesetzt, dass alle anderen beeinflussenden Faktoren (z. B. Einkommen, Preise von Konkurrenzprodukten, Verbrauchsgewohnheiten) konstant bleiben.

Ceteris-paribus-Bedingung

Diese ceteris-paribus-Bedingung erlaubt die Reduktion einer komplexen Problemstellung auf einen vereinfachten Zusammenhang.

Um einen ökonomischen Prozess, der durch Interdependenzen zwischen mehreren Größen gekennzeichnet ist, realistischer beschreiben zu können, sind Funktionen mit mehreren Veränderlichen heranzuziehen.

Eine wirklichkeitsgetreue Abbildung von ökonomischen Beziehungen durch ein mathematisches Modell ist wegen der vielfältigen und oftmals nicht messbaren Wirkungszusammenhänge nicht möglich. Zwangsläufig wird man sich auf die einflussreichsten wirtschaftlichen Größen (unabhängige Variablen) beschränken müssen, die zu einer ausreichend genauen Beschreibung der Problemstellung notwendig sind.

Regressionsanalyse

Die Statistik bietet mit der Regressionsanalyse ein Verfahren zur Ermittlung von beeinflussenden Variablen, die einen starken Einfluss auf die zu berechnende Größe haben.

Allgemeine Darstellung einer Funktion mit mehreren Variablen:

Allgemeine Funktionsgleichung

$$y = f(x_1, x_2, \dots, x_n)$$

y ist die abhängige Variable

$x_1, x_2, \dots, x_n$ sind die unabhängigen Variablen

3.2 Analytische Darstellung

Der Umgang mit Funktionsgleichungen von Funktionen mit mehreren Veränderlichen ist problemlos. Er erfolgt im wesentlichen nach den gleichen Regeln, die auch für Funktionen mit nur einer unabhängigen Variablen gelten.

Beispiele

$$y = f(x_1, x_2, x_3) = 2x_1^2 + 5x_2^2 - x_1x_3 - 5x_3$$

$$y = f(x_1, x_2) = \ln (x_1^3 + \sqrt{3x_2})$$

Die Aufstellung von Funktionen für komplexe Zusammenhänge, die durch das Zusammenspiel von vielen Faktoren beeinflusst werden, ist mit Hilfe der multiplen Regressionsanalyse möglich.

3.3 Tabellarische Darstellung

Es lassen sich Wertetabellen für Funktionen mit mehreren Veränderlichen aufstellen, wobei der Umfang und die Unübersichtlichkeit mit zunehmender Anzahl von Variablen sehr schnell wachsen. Bei zwei unabhängigen Veränderlichen lässt sich die Funktion durch eine zweidimensionale Wertetabelle darstellen.

Beispiel

$$y = f(x_1, x_2) = 2x_1^2 - 2x_1x_2 + 4x_2^2 + 7$$

		x_1			
		1	2	3	4
	1	11	15	23	35
x_2	2	21	23	29	39
	3	39	39	43	51
	4	65	63	65	71

Wenn eine dritte Veränderliche x_3 in die Funktion aufgenommen und in der Tabelle dargestellt wird, so enthält die Wertetabelle bereits $4 \cdot 4 \cdot 4 = 64$ Funktionswerte bei Betrachtung von jeweils vier Werten für die unabhängigen Variablen.

Beispiel

$$y = f(x_1, x_2, x_3) = 2x_1^2 - 2x_1x_2 + 4x_2^2 + x_3 + 7$$

$x_3 = 1$	x_1			
x_2	1	2	3	4
1	12	16	24	36
2	22	24	30	40
3	40	40	44	52
4	66	64	66	72

$x_3 = 2$	x_1			
x_2	1	2	3	4
1	13	17	25	37
2	23	25	31	41
3	41	41	45	53
4	67	65	67	73

$x_3 = 3$	x_1			
x_2	1	2	3	4
1	14	18	26	38
2	24	26	32	42
3	42	42	46	54
4	68	66	68	74

$x_3 = 4$	x_1			
x_2	1	2	3	4
1	15	19	27	39
2	25	27	33	43
3	43	43	47	55
4	69	67	69	75

Die Darstellung einer Funktion mit mehreren Variablen in einer Wertetabelle ist somit nur bei wenigen Variablen und wenigen zu betrachtenden Werten übersichtlich.

3.4 Grafische Darstellung

3.4.1 Grundlagen

Die grafische Darstellung von Funktionen mit zwei unabhängigen Variablen wird in den Wirtschaftswissenschaften häufig genutzt, um eine anschauliche Übersicht über die Form von ökonomischen Zusammenhängen zu gewinnen. Mehr als drei Veränderliche lassen sich grafisch nicht darstellen.

Eine Funktion mit einer Unabhängigen $y = f(x)$ lässt sich als eine Kurve in einem (zweidimensionalen) x-y-Koordinatensystem darstellen. Dabei wird jedem x der entsprechende Funktionswert y zugeordnet. Die Punkte (x; y) können dann in das Koordinatensystem eingetragen werden; es ergibt sich eine Kurve in einer Ebene.

Koordinatensystem mit drei Achsen

Zur grafischen Darstellung einer Funktion mit zwei unabhängigen Variablen (x und y) und einer Abhängigen (z) mit z = f(x; y) bedarf es bereits eines Koordinatensystems mit drei Achsen. Jeder Punkt der Funktion z = f(x; y) ist durch drei Koordinaten (x; y; z) festgelegt. Die x-, y- und z-Achse stehen senkrecht aufeinander und stellen somit einen (dreidimensionalen) Raum dar, der durch die Koordinaten Länge, Breite und Höhe bestimmt wird.

Fläche im Raum

Die grafische Darstellung einer Funktion z = f(x; y) ergibt eine Fläche im Raum. Eine Fläche im Raum ist nicht zu zeichnen; es ist lediglich möglich, einen Raum perspektivisch in der Ebene darzustellen. Eine solche Abbildung ist nicht verzerrungsfrei, aber durch geschickte Anordnung der Achsen lassen sich Funktionen so skizzieren, dass der Zusammenhang anschaulich wiedergegeben wird. Wenn weitere Variablen hinzukommen, versagt das menschliche Vorstellungsvermögen.

Beispiel

Grafische Darstellung des Punktes (4;3;2) im x-y-z-Koordinatensystem

Abbildung 3.4.1-1

Punkt im dreidimensionalen Koordinatensystem

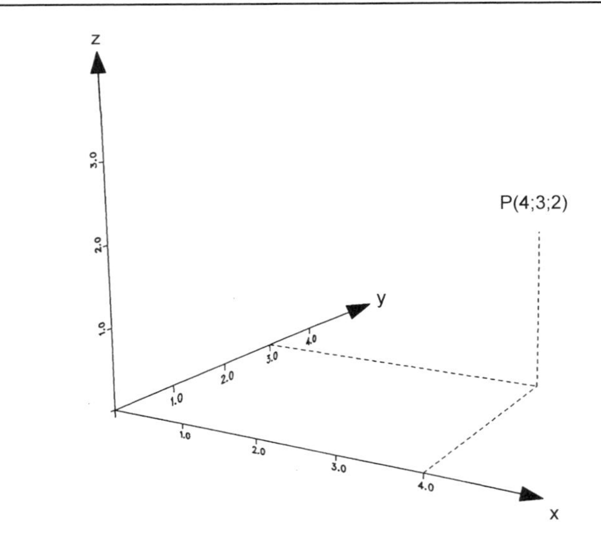

Der Punkt (4; 3; 2) wird gezeichnet, indem man bei x = 4 eine Parallele zur y-Achse und bei y = 3 eine Parallele zur x-Achse zeichnet und deren Schnittpunkt bestimmt. Von diesem Schnittpunkt aus wird eine Parallele zur z-Achse mit der Höhe z = 2 abgetragen. Dadurch ist der Punkt im dreidimensionalen Raum perspektivisch dargestellt.

3.4.2 Lineare Funktionen mit zwei unabhängigen Variablen

Die linearen Funktionen mit drei Veränderlichen lassen sich relativ leicht zeichnen und rechnerisch handhaben, so dass sie in der praktischen Anwendung besonders häufig herangezogen werden. Viele ökonomische Zusammenhänge lassen sich durch lineare Funktionen hinreichend genau beschreiben.

Allgemeine Funktionsgleichung

Allgemeine Funktionsgleichung einer linearen Funktion mit drei Veränderlichen:

$$z = f(x, y) = ax + by + c$$

Die Variablen treten nur in der ersten Potenz auf, und sie werden nicht miteinander multipliziert. Das Bild dieser Funktion stellt eine Ebene im Raum dar.

Beispiel

Grafische Darstellung der Funktion $z = 6 - 2x - y$

Eine Ebene im Raum ist durch drei Punkte festgelegt. Diese drei Punkte sollten zweckmäßigerweise die Schnittpunkte mit den drei Koordinatenachsen sein.

Schnittpunkte mit den Achsen

In den Schnittpunkten mit den Achsen nehmen zwei Variablen den Wert Null an; nur die Variable, deren Achse geschnitten wird, hat einen anderen Wert.

Schnittpunkt mit z-Achse: $x = 0$, $y = 0$, $z = 6$

Schnittpunkt mit x-Achse: $y = 0$, $z = 0$, $x = 3$

Schnittpunkt mit y-Achse: $x = 0$, $z = 0$, $y = 6$

Die Schnittpunkte werden in das Koordinatensystem eingetragen und durch Geraden verbunden.

Schraffierte Fläche

Durch eine Schraffur lässt sich die Funktionsfläche hervorheben. Diese schraffierte Fläche stellt nur einen Teil der Funktionsebene dar, die sich in alle Richtungen unendlich fortsetzt. Man sieht hier nur den Teil der Fläche, für den alle drei Variablen positive Werte annehmen.

Abbildung 3.4.2-1 *Lineare Funktion, zwei unabhängige Variablen*

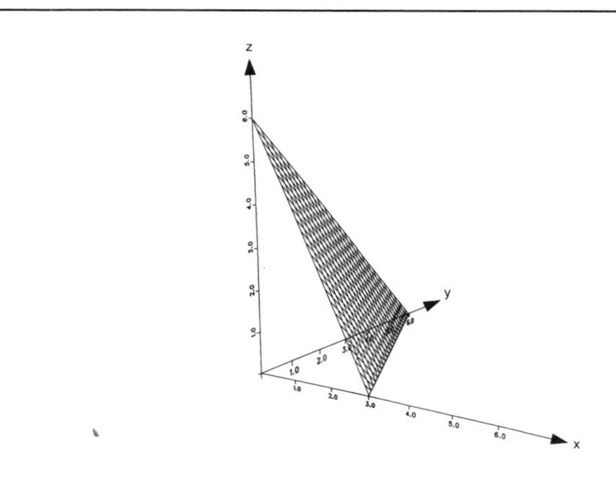

Schnittgeraden mit den Koordinatenebenen

Die Geraden, welche die Schnittpunkte verbinden, sind die Schnittgeraden der Funktionsebene mit den Koordinatenebenen, die aus jeweils zwei Achsen gebildet werden. Die Gerade durch die Schnittpunkte von x- und y-Achse stellt alle Punkte der Fläche dar, für welche die dritte Koordinate den Wert Null annimmt ($z = 0$). Es handelt sich um die Schnittgerade mit der x-y-Ebene.

$z = 0$: Schnittgerade mit der x-y-Ebene $0 = 6 - 2x - y, \quad y = 6 - 2x$

$x = 0$: Schnittgerade mit der z-y-Ebene $z = 6 - y$

$y = 0$: Schnittgerade mit der z-x-Ebene $z = 6 - 2x$

Abbildungen 3.4.2-2, 3.4.2-3, 3.4.2-4 *Schnittgeraden*

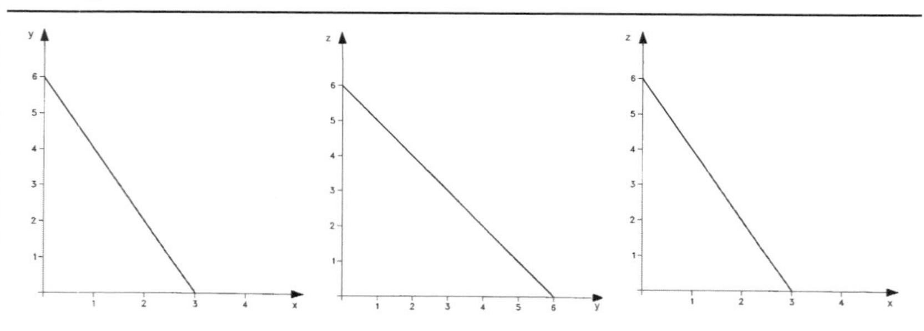

3.4.3 Nichtlineare Funktionen mit zwei unabhängigen Variablen

Gekrümmte Flächen

Die grafische Darstellung nichtlinearer Funktionen ist erheblich komplizierter, da sich gekrümmte Flächen im dreidimensionalen Raum ergeben, die sich nur mit Hilfslinien veranschaulichen lassen.

Neben den Schnittkurven der Funktionsfläche mit den drei Koordinatenebenen werden weitere Schnittkurven mit verschiedenen Parallelflächen zu den Koordinatenebenen gezeichnet. Bei geschickter Wahl der gezeichneten Schnittkurven kann eine sehr anschauliche perspektivische Darstellung entstehen.

Beispiel

An einem konkreten Beispiel $z = f(x; y) = 1 + x^2 + 2y^2$ soll das Verfahren der grafischen Darstellung nichtlinearer Funktionen erläutert werden.

Grafische Darstellung der Funktion

$$z = 1 + x^2 + 2y^2$$

Schnittkurven mit den Koordinatenebenen:

x-y-Ebene: $z = 0 \quad x^2 + 2y^2 = -1$

keine Lösung; es gibt keinen Schnittpunkt der Fläche mit der x-y-Ebene, da die Fläche die z-Achse erst bei $z = 1$ schneidet.

z-x-Ebene: $y = 0 \quad z = 1 + x^2$ Parabel

z-y-Ebene: $x = 0 \quad z = 1 + 2y^2$ Parabel

Schnittkurven mit x-z- und y-z-Ebene

Abbildungen 3.4.3-1 + 3.4.3-2

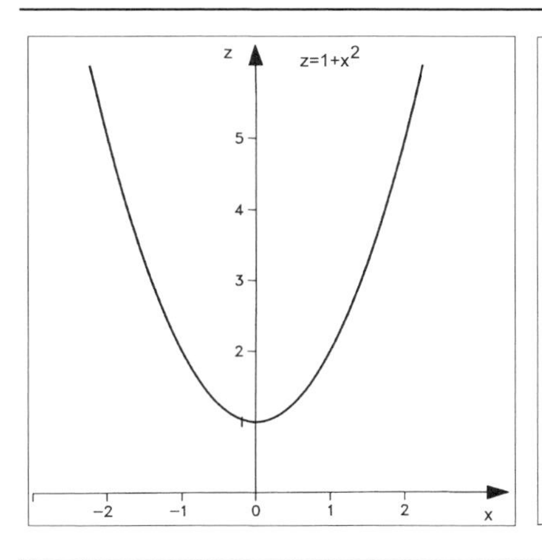

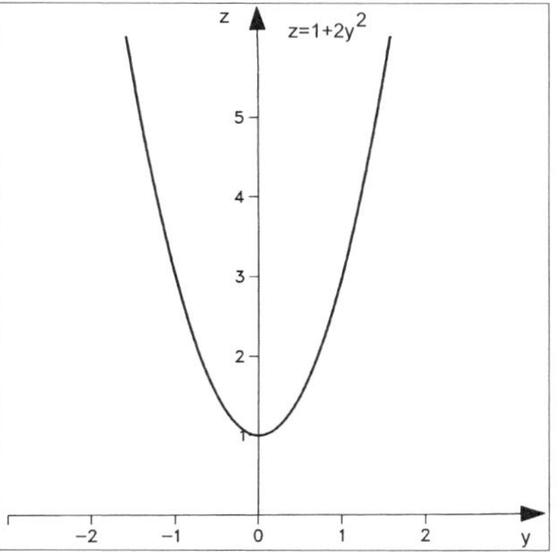

Eine Eintragung der Schnittkurven in ein dreidimensionales Koordinatensystem lässt die Form der Funktionsfläche erahnen.

Abbildung 3.4.3-3 *Dreidimensionale Funktionsfläche*

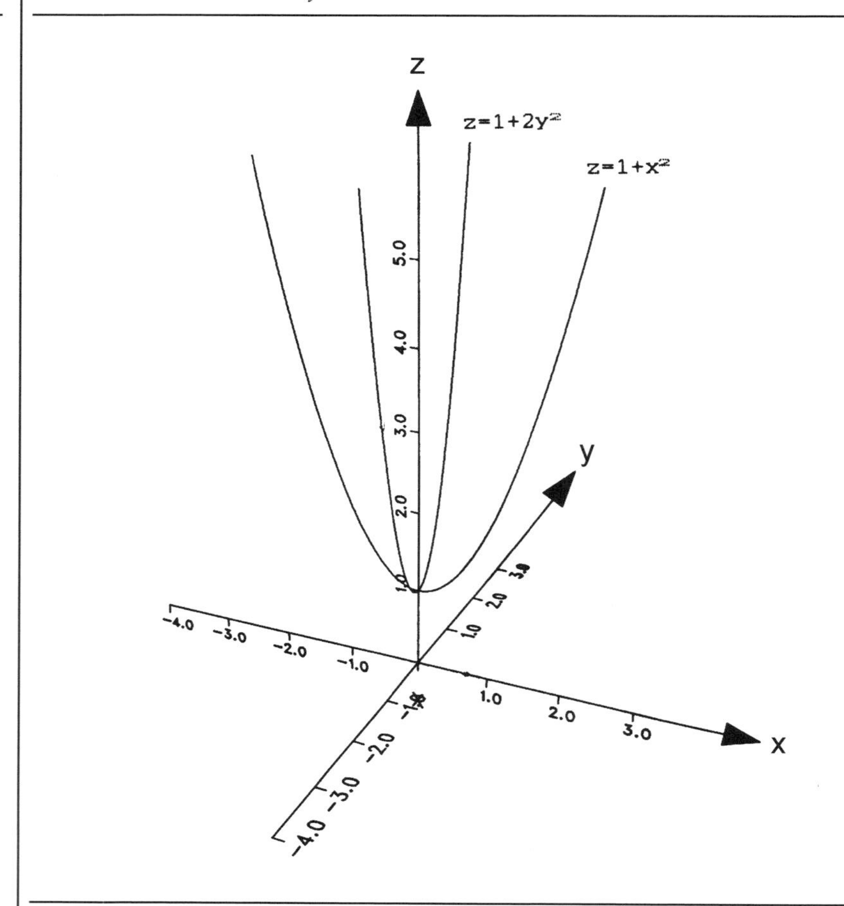

Schnittkurven

In diesem Beispiel bietet es sich an, zusätzlich Schnittkurven parallel zur x-y-Ebene einzutragen, um den Verlauf der Funktionsfläche zu verdeutlichen. Diese Schnitte parallel zur x-y-Ebene sind dadurch charakterisiert, dass z einen konstanten Wert annimmt, der dem Abstand der Schnittkurve von der Ebene entspricht.

Für z = 1 ergibt sich: $1 = 1 + x^2 + 2y^2$

$$0 = x^2 + 2y^2$$

Diese Gleichung gilt nur für $x = 0$ und $y = 0$

Der Punkt (0; 0; 1) entspricht dem Schnittpunkt der Fläche mit der z-Achse, d. h. der unteren Spitze der Fläche.

Für z = 3 ergibt sich: $3 = 1 + x^2 + 2y^2$

$$2 = x^2 + 2y^2$$

$$2y^2 = 2 - x^2$$

$$y^2 = 1 - 0{,}5x^2$$

$$y = \sqrt{1 - 0{,}5x^2}$$

Die Schnittkurve entspricht einer Ellipse.

Es ergibt sich für:

$$x = 0 \quad y = \pm\sqrt{1} = \pm 1$$

$$y = 0 \quad x = \pm\sqrt{2} = \pm 1{,}4142$$

Mit der Einzeichnung dieser Schnittkurven ist der Verlauf der Fläche besser vorstellbar.

Dreidimensionale Funktionsfläche und Schnittkurven

Abbildungen 3.4.3-4 + 3.4.3-5

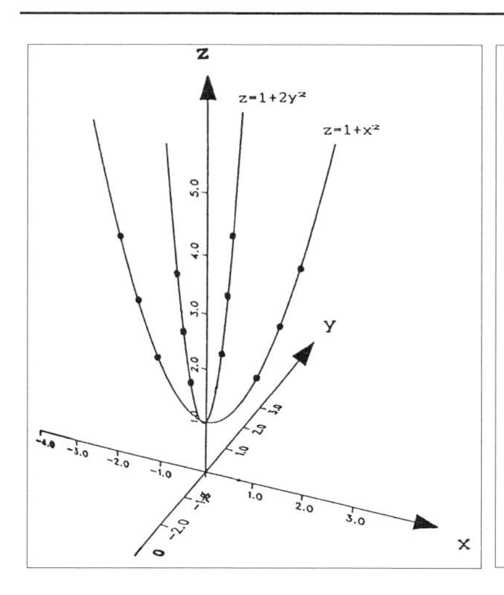

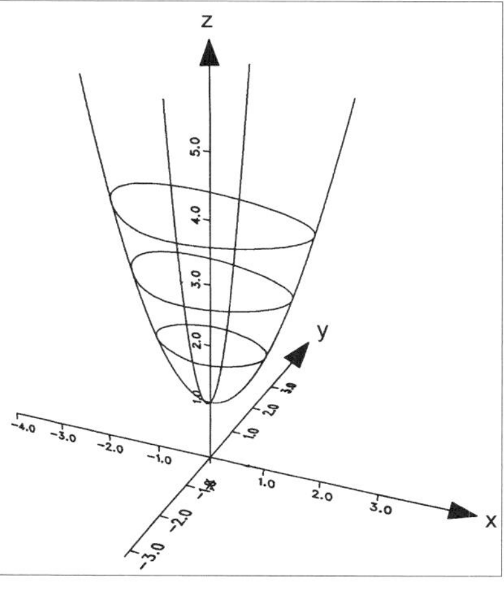

Für die Veranschaulichung ökonomischer Zusammenhänge ist diese Form der Darstellung nicht immer zweckmäßig.

Schnittkurven mit Parallelflächen = Isohöhenlinien

Es reicht zur Lösung vieler wirtschaftlicher Probleme aus, nur die Schnittkurven mit Parallelflächen zur x-y-Ebene zu betrachten. Diese Schnittkurven werden auf die x-y-Ebene projiziert. Jede Schnittkurve beinhaltet alle Punkte der Funktionsfläche, die von der x-y-Ebene den gleichen Abstand bzw. die gleiche Höhe haben (z = const.). Man bezeichnet diese Schnittkurven als Isohöhenlinien.

Abbildung 3.4.3-6 *Isohöhenlinien*

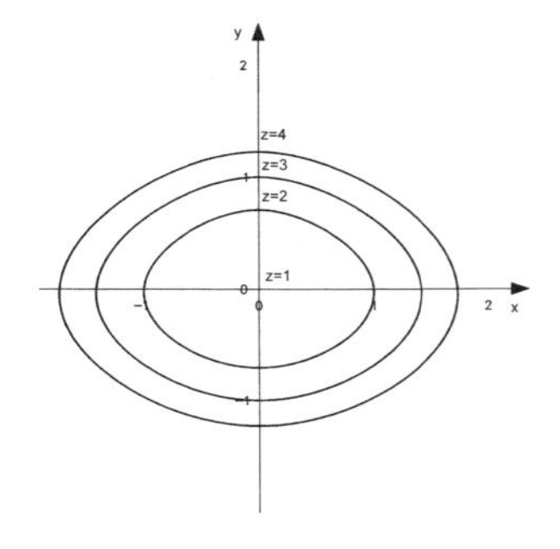

Isohöhenlinien und Isobaren

Isohöhenlinien sind aus der Geografie bekannt. Sie stellen auf einer Landkarte alle Punkte mit der gleichen Höhe dar (Höhenlinie), vgl. Abb. 3.4.3-7. Von Wetterkarten kennt man die Isobaren, die Punkte mit gleichem Luftdruck verbinden (vgl. Abb. 3.4.3-8).

Abbildungen 3.4.3-7 + 3.4.3-8 *Höhenlinien und Isobaren*

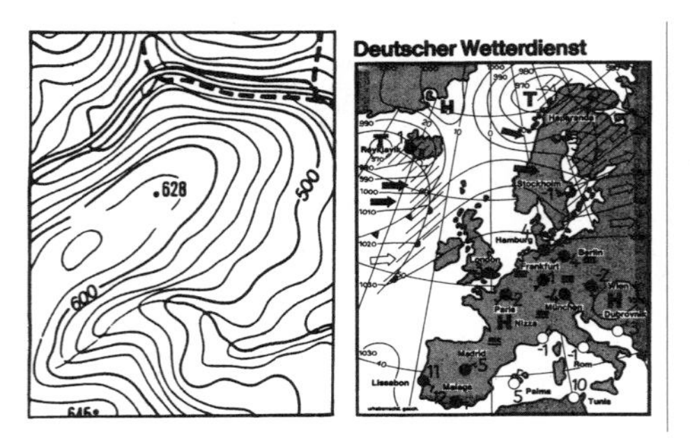

Aufgabe

3.4.3. Gegeben sei die Funktion $z = 20 - 4x - 5y$
a) Skizzieren Sie die Funktionsfläche.
b) Berechnen Sie die Schnittgeraden mit den Koordinatenebenen und zeichnen Sie sie in zweidimensionale Koordinatensysteme.
c) Berechnen Sie die Isohöhenlinien für $z = 0$, $z = 20$, $z = 40$ und zeichnen Sie sie in ein zweidimensionales Koordinatensystem.

3.5 Ökonomische Anwendung

Mehrdimensionale Funktionen

Bei ökonomischen Zusammenhängen, die wegen ihrer Komplexität nur durch mehrdimensionale Funktionen hinreichend exakt beschrieben werden können, bereitet es erhebliche Schwierigkeiten, eine geeignete Funktionsgleichung zu finden.

Meist sind nur einige Eigenschaften einer solchen Funktion bekannt oder können zumindest aufgrund theoretischer Überlegungen vermutet werden. So kann die Lage von Extremwerten und das Steigungsverhalten der zugrunde liegenden Funktion geschätzt werden. Auch die Funktionsform (z. B. Lineare Funktion, Parabel) lässt sich häufig erahnen.

Um diese Annahmen und Vermutungen abzusichern, sind umfangreiche statistische Untersuchungen erforderlich. Dabei tritt das Problem hinzu, dass Experimente in der betrieblichen Praxis kaum möglich sind. Die Produktion lässt sich nicht ohne weiteres verändern, um einige Punkte der Kostenfunktion zu ermitteln; auch der Preis für ein Produkt kann auf einem Markt nicht beliebig testweise variiert werden, um eine Vorstellung über den Verlauf der Preisabsatzfunktion zu erhalten.

Im Folgenden sollen einige wichtige Funktionen mit mehreren Veränderlichen vorgestellt werden, die in den Wirtschaftswissenschaften eine bedeutende Rolle spielen.

Nutzenfunktion

Nutzenfunktion

In einer Nutzenfunktion wird der durch den Konsum von Gütern gestiftete Nutzen für ein Wirtschaftssubjekt durch eine Funktion beschrieben. Eine Nutzenfunktion lässt sich kaum durch eine Funktionsgleichung ausdrücken, aber es lassen sich doch einige Eigenschaften nennen, die den Verlauf einer Nutzenfunktion beschreiben.

Wenn man die Nutzenfunktion für zwei Güter betrachtet, so kann der Nutzen y, den ein Wirtschaftssubjekt durch eine Bedürfnisbefriedigung aus den

Gütern bezieht, als abhängige Variable betrachtet werden. Die unabhängigen Variablen sind die konsumierten Mengen x_1 und x_2 der Güter 1 und 2.

$y = f(x_1;x_2)$ Nutzenfunktion

Nutzenniveau

Das Wirtschaftssubjekt kann ein bestimmtes Nutzenniveau durch unterschiedliche Mengenkombinationen der beiden Güter erreichen.

Für diese Kombinationen x_1, x_2 mit einem bestimmten Nutzen gilt:

$$f(x_1;x_2) = \text{const}$$

Indifferenzkurven

Wenn eine Nutzenfunktion grafisch dargestellt wird, entsprechen die Kurven, die Mengenkombinationen mit konstantem Nutzen angeben, den Isohöhenlinien. In Bezug auf die x_1-x_2-Ebene haben alle Punkte auf jeder dieser Linien die gleiche Höhe. Bei der Analyse von Nutzenfunktionen bezeichnet man die Isohöhenlinien als Indifferenzkurven.

Indifferenzkurven geben an, wie ein Wirtschaftssubjekt die konsumierten Mengen der Güter variieren kann, ohne dass sich der gestiftete Nutzen ändert. Gegenüber den Mengenkombinationen auf einer Indifferenzkurve verhält sich das Wirtschaftssubjekt indifferent.

Eine Mengenkombination auf einem höheren Nutzenniveau wird dagegen bevorzugt, da sie eine höhere subjektive Bedürfnisbefriedigung bietet.

Der Abstand zwischen den einzelnen Indifferenzkurven ist im Allgemeinen nicht quantifizierbar. Hierzu sei auf das Problem der Nutzenmessung in der Volkswirtschaftslehre verwiesen.

Beispiel

Ein Studienabsolvent hat die Wahl zwischen verschiedenen Stellenangeboten. Die Attraktivität einer beruflichen Position bemisst er nach folgenden zwei Faktoren:

- monatliches Gehalt (x_1)
- Anzahl der Urlaubstage im Jahr (x_2)

Der Nutzen ist eine Funktion der Variablen x_1 und x_2: $y = f(x_1, x_2)$

Der Absolvent bewertet folgende Mengenkombinationen als gleichwertig:

- Gehalt 2.500 € und 40 Tage Urlaub
- Gehalt 3.000 € und 30 Tage Urlaub
- Gehalt 5.000 € und 20 Tage Urlaub

Indifferenzkurve

Diese drei Mengenkombinationen bieten ihm den gleichen Nutzen, sie liegen auf einer Indifferenzkurve. Zwischen diesen drei Angeboten würde sich der Studienabsolvent indifferent verhalten (vgl. Abb. 3.5-1).

Er bevorzugt natürlich eine Position mit:
- Gehalt 5.000 € und 30 Tage Urlaub
- Gehalt 2.500 € und 60 Tage Urlaub

Einen noch größeren Nutzen hätte:
- Gehalt 6.000 € und 40 Tage Urlaub

Durch diese Mengenkombinationen werden weitere Indifferenzkurven festgelegt, die auf einem höheren Niveau liegen und einen höheren Nutzen bewirken. Die Messung des Nutzens ist problematisch; die Indiffenzkurven sind hier mit $y = 1$, $y = 2$ und $y = 3$ bezeichnet.

Der Absolvent wird versuchen, ein möglichst hohes Nutzenniveau zu erreichen, also eine möglichst weit vom Koordinatenursprung entfernt liegende Indifferenzkurve, wobei ihm die Mengenkombination auf einer bestimmten Indifferenzkurve gleichgültig ist.

Der Absolvent erhält die drei folgenden konkreten Stellenangebote.

- Angebot A: Gehalt 5.500 € und 25 Tage Urlaub
- Angebot B: Gehalt 2.500 € und 40 Tage Urlaub
- Angebot C: Gehalt 4.500 € und 35 Tage Urlaub

Er wird Angebot C wählen (vgl. Abb. 3.5-1).

Nutzenfunktionen

Abbildung 3.5-1

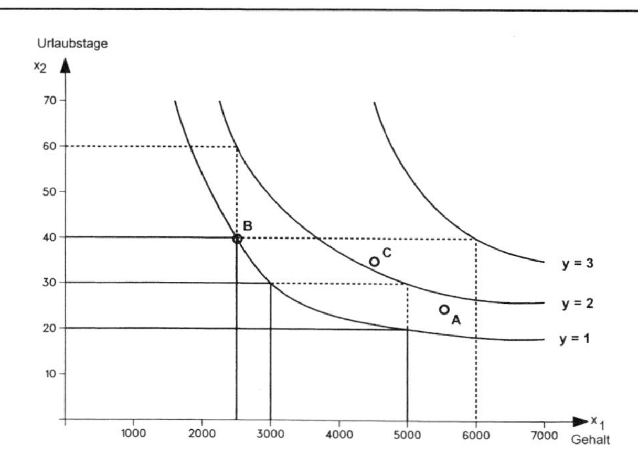

Konsumfunktion

Konsumfunktion

Die mikroökonomische Konsumfunktion eines Wirtschaftssubjektes (z. B. Haushalt) gibt die Konsumausgaben in Abhängigkeit von dessen Einkommen sowie den Preisen aller Güter an.

Wenn alle Konsumfunktionen der einzelnen Wirtschaftssubjekte zusammen gefasst werden, erhält man die makroökonomische Konsumfunktion. Die makroökonomische Konsumfunktion untersucht die Abhängigkeit der gesamten Konsumausgaben einer Volkswirtschaft von den Preisen aller konsumierten Güter und den Einkommen aller Wirtschaftssubjekte (Haushalte), die diese Konsumgüter nachfragen.

Produktionsfunktion

Produktionsfunktion

Die Produktionsfunktion eines Betriebes gibt den Zusammenhang zwischen der Produktionsmenge (Output) und den eingesetzten Produktionsfaktoren (Input) an.

Die produzierte Menge y ist eine Funktion der Einsatzmengen der Produktionsfaktoren (x_1, x_2, ... , x_n) (z. B. verschiedene Rohstoffe, Arbeitskräfte, Maschinenleistungen).

$$y = f(x_1; x_2; \dots ; x_n) \quad \text{Produktionsfunktion}$$

Substitutionale Produktionsfunktion

Es ist bei vielen Produktionsverfahren möglich, die Einsatzmengen der Faktoren zu variieren, ohne die Produktionsmenge zu ändern (substitutionale Produktionsfunktion). Wenn dabei die Problemstellung auf zwei Produktionsfaktoren reduziert wird, so gibt es Mengenkombinationen x_1, x_2 der Produktionsfaktoren, mit denen eine bestimmte Menge y des Produktes hergestellt werden kann.

$$y = f(x_1;x_2) = \text{const.}$$

Isoquanten

Diese Kurven, die zu verschiedenen Werten von y gehören, haben den gleichen Abstand von der x_1-x_2-Ebene und stellen somit Isohöhenlinien dar, die in diesem Fall als Isoquanten bezeichnet werden.

Beispiel

Eine bestimmte Ertragsmenge eines landwirtschaftlichen Produktes lässt sich durch verschiedene Kombinationen von Saatgut und Dünger erreichen.

Produktionsfunktion

Abbildung 3.5-2

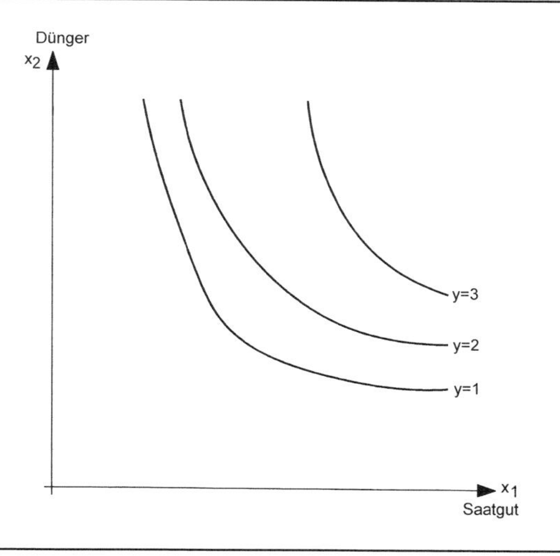

Nachfragefunktion

Nachfragefunktion

Die Nachfragefunktion eines Wirtschaftssubjektes gibt die Abhängigkeit zwischen der nachgefragten Menge eines Gutes und den Preisen aller Güter sowie den Konsumausgaben des betreffenden Wirtschaftssubjektes an.

Hier wird die Vereinfachung des letzten Kapitels aufgegeben, in dem die Nachfragefunktion nur als abhängig von dem Preis des entsprechenden Gutes angesehen wurde.

Kosten-, Umsatz-, Gewinn-, Preisabsatzfunktion

Als weitere Beispiele sollen folgende ökonomische Funktionen mit mehreren Veränderlichen genannt werden:

Kostenfunktion

Wenn ein Unternehmen nicht nur ein Produkt herstellt, ist seine Kostenfunktion von den produzierten Mengen aller Güter abhängig.

Umsatz- und Gewinnfunktion

Auch die Umsatz- und damit die Gewinnfunktion werden von den abgesetzten Mengen aller Produkte beeinflusst.

Preisabsatzfunktion

Die Preisabsatzfunktion eines Unternehmens mit großem Einfluss auf den Markt (z. B. Monopolist) hängt neben der Menge auch vom Preis des Produktes ab. Wenn das Unternehmen eine konkurrierende Produktvariante anbietet, hat auch deren Preis einen Einfluss auf die Preisabsatzfunktion.

Aufgaben

3.5.1. In einem Unternehmen ist die Produktionsfunktion für den Zusammenhang zwischen der Produktionsmenge und den zwei eingesetzten Produktionsfaktoren bekannt:

$$y = f(x_1;x_2)$$

Wie lässt sich daraus die Isoquante für bestimmte Mengen y ermitteln?
Geben Sie den grafischen und den analytischen Lösungsweg an.

3.5.2. Ein Monopolist bietet ein Produkt in zwei unterschiedlichen Varianten an. Die Nachfragefunktion, die von den Preisen beider Produktvarianten (p_1, p_2) abhängt, lautet:

$$x = 400 - 8p_1 + 10p_2$$

Die Preise können nur innerhalb bestimmter Grenzen verändert werden:

$$3 \le p_1 \le 8 \quad \text{und} \quad 2 \le p_2 \le 7$$

Stellen Sie die Nachfragefunktion grafisch dar.

4 Eigenschaften von Funktionen

4.1 Nullstellen, Extrema, Steigung, Krümmung, Symmetrie

In diesem Kapitel sollen besonders markante Eigenschaften, die eine Funktion auszeichnen können, vorgestellt werden. Bei der Behandlung der Differentialrechnung und der Kurvendiskussion werden diese Charakteristika wieder aufgegriffen.

Nullstellen

Nullstellen

Die Bestimmung der Nullstellen einer Funktion spielt für zwei unterschiedliche Fragestellungen eine wichtige Rolle:

1. Bei der skizzenhaften Darstellung einer Funktion sind ihre Nullstellen markante Punkte

2. Enthält die Funktionsvorschrift einen Bruch, beispielsweise $f(x) = \dfrac{\sqrt{x} + 3}{x^2 - 4}$

   müssen zur Festlegung des Definitionsbereiches die Nullstellen des Nenners $x^2 - 4$ bestimmt werden. In dem Beispiel ist die Funktion für $x = \pm 2$ nicht definiert: $\mathbb{D} = \mathbb{R} \setminus \{-2, 2\}$

Da die Nullstellen einer Funktion mit den Punkten identisch sind, in denen der Graf der Funktion die x-Achse schneidet, gilt für diese Punkte: $f(x) = 0$.

Bestimmungsgleichung

Die Bedingung bildet die Bestimmungsgleichung für die Nullstellen einer Funktion.

Beispiele

Bestimmen Sie die Nullstellen folgender Funktionen:

1. $f(x) = 3x + 2$

   $f(x) = 0 \qquad 0 = 3x + 2 \qquad x = -\dfrac{2}{3}$

An der Stelle $x = -\frac{2}{3}$ hat f eine Nullstelle, d. h. in dem Punkt $(-\frac{2}{3}; 0)$ schneidet die Funktion die x-Achse.

2. $f(x) = 2x^2 - 4x + 8$

   $f(x) = 0 \qquad 2x^2 - 4x + 8 = 0 \qquad x^2 - 2x + 4 = 0$

   $x_{1,2} = 1 \pm \sqrt{1-4}$

Diese Gleichung hat keine Lösung, die Funktion besitzt keine Nullstellen.

3. $f(x) = x^5 - x^3$

   $f(x) = 0 \quad x^5 - x^3 = 0 \qquad x^3(x^2 - 1) = 0$

   $x_1 = 0, \; x_2 = 1, \; x_3 = -1$

An diesen Stellen besitzt die Funktion Nullstellen, d.h. in den Punkten (0; 0), (1; 0), (–1; 0) schneidet die Funktion die x-Achse.

4. $f(x) = x^4 + 4x^2 - 12$

   $f(x) = 0 x^4 + 4x^2 - 12 = 0$

   setze: $x^2 = z \qquad z^2 + 4z - 12 = 0$

   $z_{1,2} = -2 \pm \sqrt{4+12} = -2 \pm 4 \qquad z_1 = 2, z_2 = -6$

   z_1: $x^2 = 2 \quad x_{1,2} = \pm\sqrt{2}$

   z_2: $x^2 = -6$ keine reelle Lösung

Die Funktion hat die beiden Nullstellen $\sqrt{2}$ und $-\sqrt{2}$.

Alle diese Funktionen hätten auch den Nenner einer Funktionsvorschrift bilden können.

Definitionsbereich

Bei der Bestimmung des Definitionsbereiches solcher Funktionen wäre derselbe Lösungsweg beschritten worden, nur hätten die Antworten gelautet:

1. $\mathbb{D} = \mathbb{R} \setminus \{-\frac{2}{3}\}$
2. $\mathbb{D} = \mathbb{R}$
3. $\mathbb{D} = \mathbb{R} \setminus \{0, 1, -1\}$
4. $\mathbb{D} = \mathbb{R} \setminus \{\sqrt{2}, -\sqrt{2}\}$

Extrema

Weitere markante Punkte einer Funktion sind diejenigen, in denen die Funktion die größten und kleinsten Funktionswerte in einem Definitionsbereich annimmt (kleinste Werte = Minima; größte Werte = Maxima). Die x-Werte dieser Punkte werden Extremwerte genannt.

Absolute und relative Extrema

Man betrachtet aber nicht nur die Punkte, bei denen der größte bzw. der kleinste Funktionswert einer Funktion (also nicht nur das absolute Maximum bzw. absolute Minimum) angenommen wird, sondern auch diejenigen, bei denen in einem Bereich die größten (relatives Maximum) bzw. kleinsten (relatives Minimum) Werte vorliegen. Dieser Sachverhalt soll in folgender Abbildung verdeutlicht werden:

Extrema

Abbildung 4.1-1

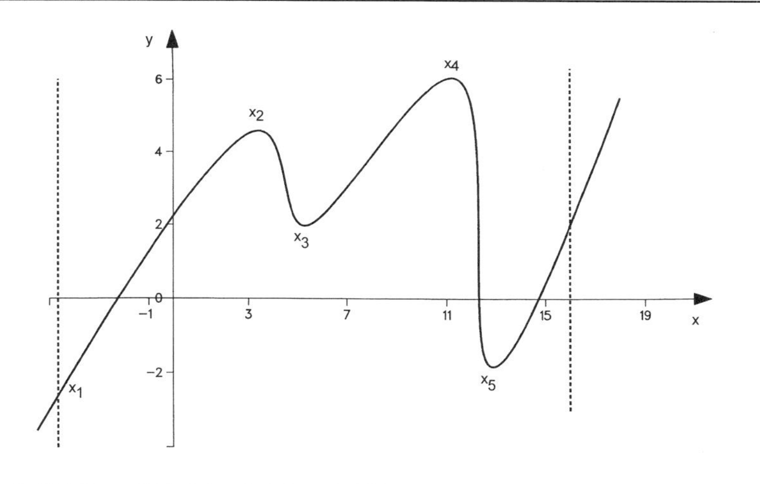

Arten von Extrema

x_1 = absolutes Minimum

x_2 = relatives Maximum; in der Umgebung von x_2 steigen die Werte bis x_2, um dann wieder zu fallen.

x_3 = relatives Minimum; in der Umgebung von x_3 fallen die Werte bis x_3, um dann wieder zu steigen.

x_4 = relatives und absolutes Maximum

x_5 = relatives Minimum

Absolute Extrema

Absolutes Maximum: Punkt mit dem größten Funktionswert im gesamten Funktionsverlauf

Absolutes Minimum: Punkt mit dem kleinsten Funktionswert im gesamten Funktionsverlauf

Relative Extrema

Relatives Maximum: Punkt mit dem größten Funktionswert in seiner Umgebung

Relatives Minimum: Punkt mit dem kleinsten Funktionswert in seiner Umgebung

Absolute Extremwerte, also die x-Werte, an denen die absoluten Extrema vorliegen, können also auch relative Extremwerte sein (z. B. x_4 in der Abb. 4.1-1), dann liegen sie im Inneren eines Definitionsbereiches.

Randextrema

Sind bestimmte Werte ausschließlich absolute Extremwerte, dann liegen sie am Rande des Definitionsbereiches (Randextrema). Diese Aussage gilt bei stetigen Funktionen, auf denen der Schwerpunkt dieses Buches liegt.

Steigung

Steigung

Eine Funktion heißt steigend, wenn bei wachsendem x auch die entsprechenden Funktionswerte f(x) wachsen.

streng monoton steigend: $x_1 < x_2 \rightarrow f(x_1) < f(x_2)$

monoton steigend: $x_1 < x_2 \rightarrow f(x_1) \leq f(x_2)$

Sie heißt fallend, wenn bei wachsendem x die entsprechenden Funktionswerte fallen.

streng monoton fallend: $x_1 < x_2 \rightarrow f(x_1) > f(x_2)$

monoton fallend: $x_1 < x_2 \rightarrow f(x_1) \geq f(x_2)$

Diese Bedingungen müssen jeweils für alle x_1, x_2 eines Definitionsintervalls gelten.

Beispiel

Die Funktion in Abbildung 4.1-2 ist für $x < -1$ und $x > 2$ streng monoton steigend und für $-1 < x < 2$ streng monoton fallend.

Abbildung 4.1-2

Steigung

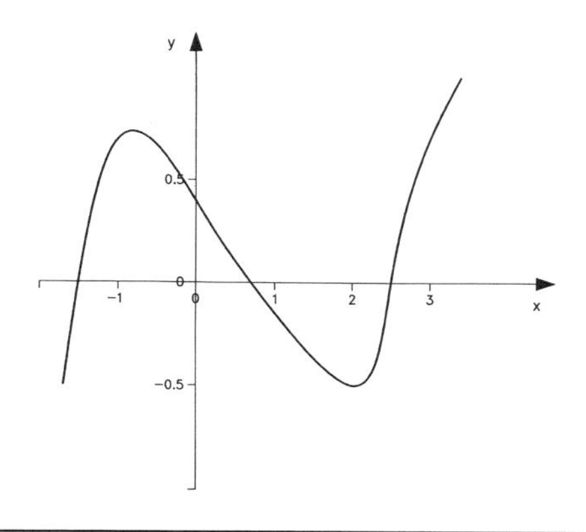

Krümmung

Krümmung

Abbildung 4.1-3 zeigt eine Funktion, die während ihres gesamten Verlaufes monoton steigend ist und dennoch starke Unterschiede in der Größe der Steigung und der Krümmung aufweist.

Abbildung 4.1-3

Krümmung

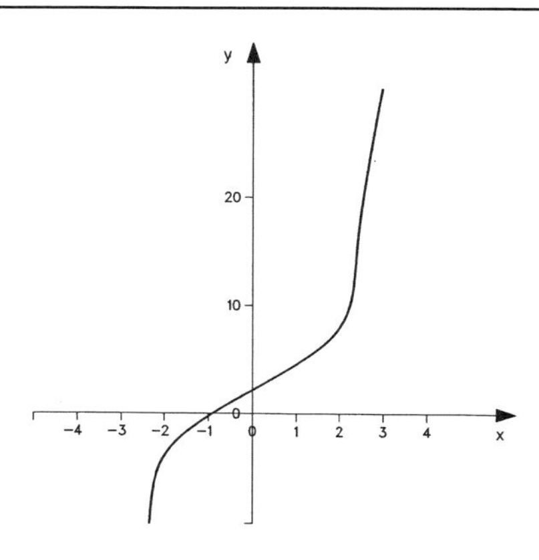

Bei der Diskussion der Krümmung einer Funktion werden zwei Begriffe - konkav und konvex - aus dem Bereich Physik/Optik entlehnt, die in der Mathematik allerdings anders verstanden werden.

Abbildung 4.1-4 *Konkav und konvex*

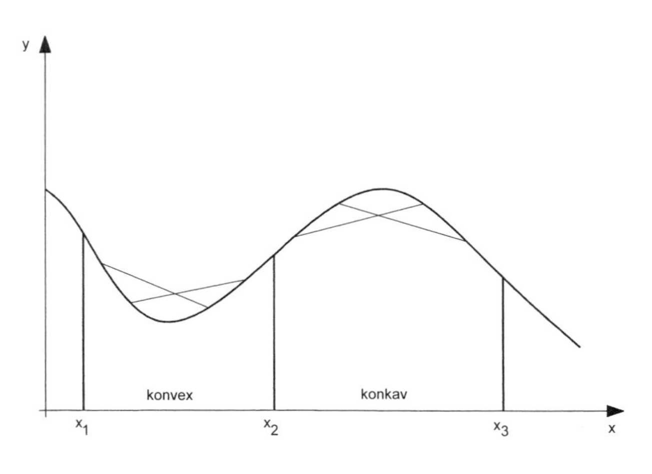

Konvex

Eine Funktion heißt in einem Intervall konvex, wenn in diesem Intervall alle Sehnen (Strecke zwischen zwei Punkten der Funktion) oberhalb des Grafen liegen. Diese Krümmung entspricht einer Linkskurve.

Konkav

Eine Funktion heißt in einem Intervall konkav, wenn in diesem Intervall alle Sehnen unterhalb des Grafen liegen (Rechtskurve).

Symmetrie

Zwei Arten von Symmetrien sollen im Folgenden untersucht werden:

Spiegelsymmetrie

1. Spiegelsymmetrie (vgl. Abb. 4.1-5)

Die Funktion ist an einer Parallelen zur y-Achse gespiegelt, z. B. an einer Parallelen durch den Punkt (a; 0).

Für spiegelsymmetrische Funktionen gilt: x-Werte, die denselben Abstand von a haben, besitzen auch denselben Funktionswert:

$$f(a + x) = f(a - x)$$

Punktsymmetrie

2. Punktsymmetrie (am Ursprung) (vgl. Abb. 4.1-6)

Für punktsymmetrische Funktionen um den Ursprung gilt: x-Werte mit demselben Abstand vom Ursprung (x und – x) besitzen Funktionswerte, die folgende Bedingung erfüllen:

$$f(x) = -f(-x)$$

Symmetrie

Abbildungen 4.1-5 + 4.1-6

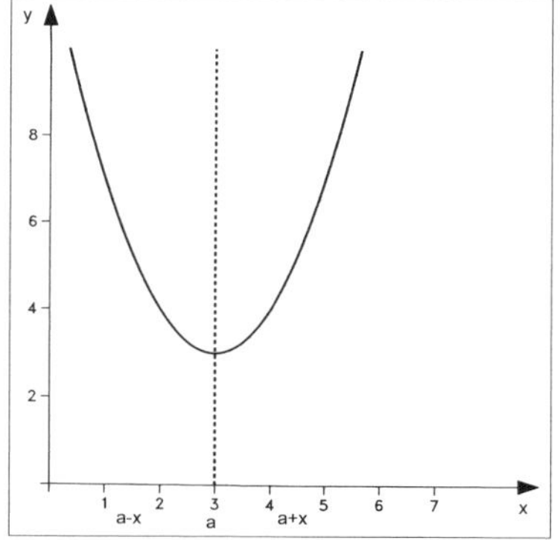

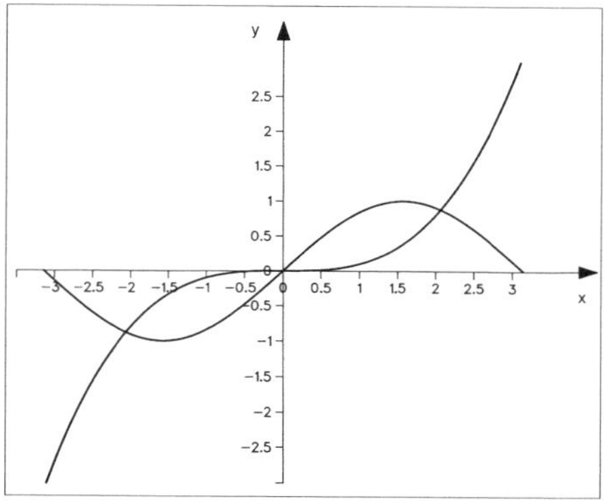

4.2 Grenzwerte

Bei der Erörterung des Begriffes „Grenzwert von Funktionen" müssen zwei verschiedene Fragestellungen unterschieden werden.

Verhalten im Unendlichen

Zum Ersten stellt sich die Frage nach dem Verhalten der Funktionswerte für $x \to \infty$ (d. h. x geht gegen Unendlich) bzw. $x \to -\infty$ (x geht gegen minus Unendlich).

Diese Fragestellung entspricht dem Begriff des Grenzwertes für Folgen (vgl. Kap. 10.1.3). Sie beschäftigt sich mit dem Verhalten der Funktion bei sehr großen bzw. sehr kleinen x-Werten.

Grenzwert an einer Stelle

Die zweite Fragestellung bezieht sich auf das Verhalten der Funktionswerte, wenn x gegen eine Stelle x_0 strebt ($x \to x_0$).

Grenzwerte für $x \to \infty$ und $x \to -\infty$

Zunächst soll die Verhaltensweise der Funktionswerte einer Funktion für beliebig große Werte von x an zwei Beispielen untersucht werden:

Beispiele

Welche Funktionswerte ergeben sich für steigende x?

$f(x) = x + 1$

x	f(x)
1	2
2	3
3	4
4	5
5	6
6	7
10	11
100	101
1.000	1.001
1.000.000	1.000.001

$g(x) = \frac{x+1}{x}$

x	g(x)
1	2
2	1,5
3	1,33
4	1,25
5	1,2
6	1,16
10	1,1
100	1,01
1.000	1,001
1.000.000	1,000001

Abbildungen 4.2-1 + 4.2-2

Grenzwert

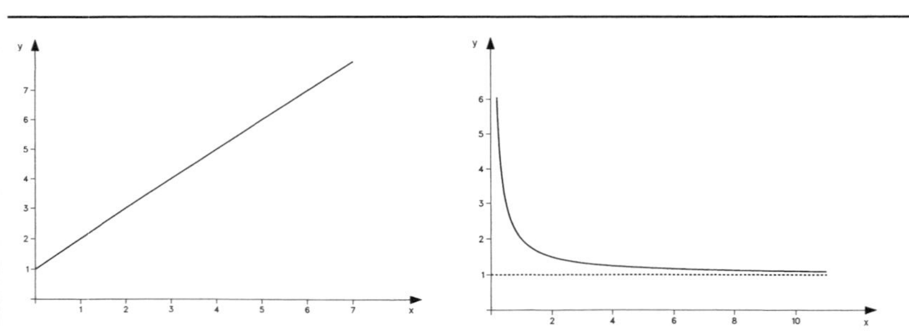

Grenzwert

Diese beiden Beispiele lassen die zwei typischen Verhaltensweisen von Funktionswerten bei wachsendem x erkennen. Entweder steigen die Funktionswerte ins Unendliche bzw. Negativ-Unendliche (Beispiel 1) oder sie nähern sich einem bestimmten Wert, dem so genannten Grenzwert. Im zweiten Beispiel nähern sich die Funktionswerte von g dem Wert 1, d. h. für $x \to \infty$ konvergiert g(x) gegen den Grenzwert 1.

Man schreibt: $\lim\limits_{x \to \infty} \frac{x+1}{x} = 1$

■ Grenzwertsätze:

1. $\lim\limits_{x\to\infty} (f(x) \pm g(x)) = \lim\limits_{x\to\infty} f(x) \pm \lim\limits_{x\to\infty} g(x)$

2. $\lim\limits_{x\to\infty} (f(x)\cdot g(x)) = \lim\limits_{x\to\infty} f(x) \cdot \lim\limits_{x\to\infty} g(x)$

3. $\lim\limits_{x\to\infty} \dfrac{f(x)}{g(x)} = \dfrac{\lim\limits_{x\to\infty} f(x)}{\lim\limits_{x\to\infty} g(x)}$

Beispiele

1. $$\lim_{x\to\infty} \frac{x+1}{x} = \lim_{x\to\infty} \frac{\frac{x}{x}+\frac{1}{x}}{\frac{x}{x}} = \frac{\lim\limits_{x\to\infty} 1 + \lim\limits_{x\to\infty} \frac{1}{x}}{\lim\limits_{x\to\infty} 1} = \frac{1+0}{1} = 1$$

$$\lim_{x\to-\infty} \frac{x+1}{x} = \lim_{x\to-\infty} \frac{\frac{x}{x}+\frac{1}{x}}{\frac{x}{x}} = \frac{1-0}{1} = -1$$

2. Ist folgende Funktion konvergent für $x \to \infty$?

$$f(x) = \frac{3x^2+x+4}{x(x+2)}$$

$$\lim_{x\to\infty} \frac{3x^2+x+4}{x(x+2)} = \lim_{x\to\infty} \frac{\frac{3x^2}{x^2}+\frac{x}{x^2}+\frac{4}{x^2}}{\frac{x(x+2)}{x\cdot x}} =$$

$$\frac{\lim\limits_{x\to\infty} \frac{3x^2}{x^2} + \lim\limits_{x\to\infty} \frac{x}{x^2} + \lim\limits_{x\to\infty} \frac{4}{x^2}}{\lim\limits_{x\to\infty} \frac{x}{x} \cdot \lim\limits_{x\to\infty} \frac{x+2}{x}} = \frac{3+0+0}{1\cdot 1} = 3$$

Grenzwerte für $x \to x_0$

$x \to x_0$

Folgende Abbildungen enthalten die Grafen der Funktionen:

$$f(x) = x_2 \qquad g(x) = \begin{cases} x^2 & \text{für } x \leq 0 \\ x^2 + 3 & \text{für } x > 0 \end{cases}$$

Abbildungen 4.2-3 + 4.2-4

Grenzwerte

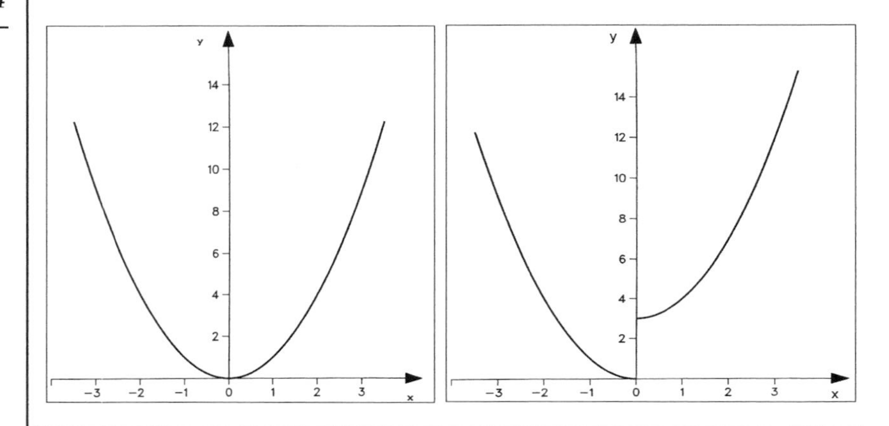

Vergleicht man die beiden Abbildungen miteinander, zeigt sich eine Auffälligkeit der Funktion g an der Stelle $x = 0$. Im Folgenden sollen die beiden Funktionen f und g auf ihr Verhalten für $x \to 0$ untersucht werden.

Rechtsseitiger Grenzwert

f: Die Abbildung 4.2-3 zeigt, dass bei der Funktion f die Funktionswerte f(x) gegen 0 konvergieren, wenn x von rechts gegen 0 geht. Das heißt es existiert der rechtsseitige Grenzwert an der Stelle $x_0 = 0$, symbolisiert durch das Zeichen $^+$:

$$\lim_{x \to 0^+} f(x) = 0$$

Linksseitiger Grenzwert

Ebenso existiert der linksseitige Grenzwert von f an der Stelle $x_0 = 0$, symbolisiert durch das Zeichen $^-$:

$$\lim_{x \to 0^-} f(x) = 0$$

g: Bei der Funktion g existieren ebenfalls die linksseitigen und rechtsseitigen Grenzwerte; sie sind allerdings ungleich.

$$\lim_{x \to 0^+} g(x) = 3$$

$$\lim_{x \to 0^-} g(x) = 0$$

Während die Funktion f einen eindeutigen Grenzwert an der Stelle $x_0 = 0$ besitzt, hat die Funktion g an der Stelle $x_0 = 0$ keinen eindeutigen Grenzwert.

Definition

Eine Funktion f hat den Grenzwert g für $x \to x_0$, wenn
1. der rechtsseitige und der linksseitige Grenzwert existieren und
2 beide Grenzwerte gleich sind, d. h.

$$\lim_{x \to x_0^+} f(x) = \lim_{x \to x_0^-} f(x) = \lim_{x \to x_0} f(x) = f(x_0) = g$$

4.3 Stetigkeit

Unter der Stetigkeit einer Funktion versteht man einen durchgängigen Kurvenverlauf ohne Lücken, Sprung- und Polstellen.

Durchgängiger Kurvenverlauf

Eine anschauliche, jedoch unmathematisch formulierte Beschreibung der Stetigkeit lautet: Eine Funktion ist stetig, wenn ihr Kurvenverlauf sich durchgängig, ohne Absetzen des Stiftes, zeichnen lässt.

Eine exakte Definition der Stetigkeit an einer Stelle x_0 lässt sich mit Hilfe der Definition des Grenzwertes einer Funktion für $x \to x_0$ treffen.

Definition

Eine Funktion f heißt stetig an der Stelle $x_0 \in D,I$, wenn

$$\lim_{x \to x_0} f(x) = f(x_0) = g \quad \text{existiert.}$$

Andernfalls ist f an der Stelle x_0 unstetig.

Da der größte Teil der ökonomischen Funktionen im gesamten Definitionsbereich stetig ist, und die anderen nur wenige Unstetigkeitsstellen aufweisen, reicht es im allgemeinen aus, ökonomische Funktionen an ausgewählten Stellen auf Stetigkeit zu untersuchen.

Unstetigkeitsstellen

Unstetigkeitsstellen lassen sich bis auf wenige Sonderfälle in drei Kategorien aufteilen.

- Sprungstellen

Sprungstellen

An den Sprungstellen existieren zwar die rechts- und linksseitigen Grenzwerte; sie sind jedoch verschieden. Das heißt an Sprungstellen besitzen Funktionen keine Grenzwerte, und damit sind Sprungstellen Unstetigkeitsstellen.

Sprungstellen treten in ökonomischen Funktionen beispielsweise bei Preissprüngen durch Rabatte oder bei Kostensprüngen auf.

Abbildung 4.3-1 *Sprungstelle*

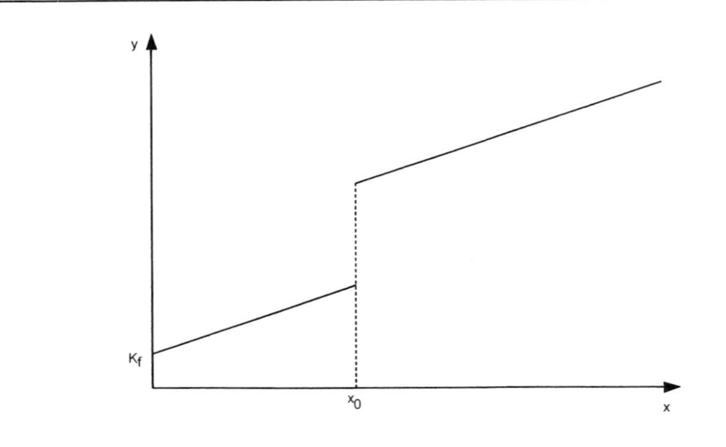

Abbildung 4.3-1 zeigt eine Kostenkurve K(x) mit Fixkosten K_f und einem Kostensprung an der Stelle x_0. Um mehr als x_0 Einheiten produzieren zu können, muss eine weitere Anlage angeschafft werden.

Auch das Briefporto in Abhängigkeit vom Gewicht ist ein Beispiel für eine Funktion mit Sprungstellen (Treppenfunktion).

Polstellen

Polstellen

Polstellen treten nur bei Definitionslücken im Definitionsbereich einer Funktion auf. Entweder der linksseitige oder der rechtsseitige, meistens aber beide Grenzwerte existieren nicht. Die Funktionswerte gehen für $x \to x_0$ gegen positiv-unendlich oder negativ-unendlich. Solche Stellen x_0 heißen Polstellen oder Unendlichkeitsstellen.

Beispiele

1. $f(x) = \frac{1}{x^2}$ ist an der Stelle $x_0 = 0$ nicht definiert

$$\lim_{x \to 0^-} \frac{1}{x^2} = +\infty \qquad \lim_{x \to 0^+} \frac{1}{x^2} = +\infty$$

Die Funktion f hat an der Stelle $x_0 = 0$ eine Polstelle ohne Vorzeichenwechsel. Die y-Achse bildet die Asymptote (Annäherungsgerade).

Polstelle

Abbildung 4.3-2

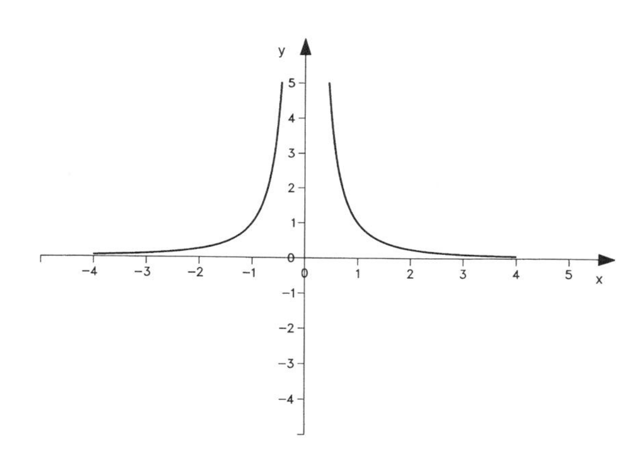

2. $g(x) = \frac{1}{x}$ ist an der Stelle $x_0 = 0$ nicht definiert

$$\lim_{x \to 0^-} \frac{1}{x} = -\infty \qquad \lim_{x \to 0^+} \frac{1}{x} = +\infty$$

Die Funktion g hat an der Stelle $x_0 = 0$ eine Polstelle mit Vorzeichenwechsel. Auch hier bildet die y-Achse die Asymptote.

Abbildung 4.3-3 Polstelle

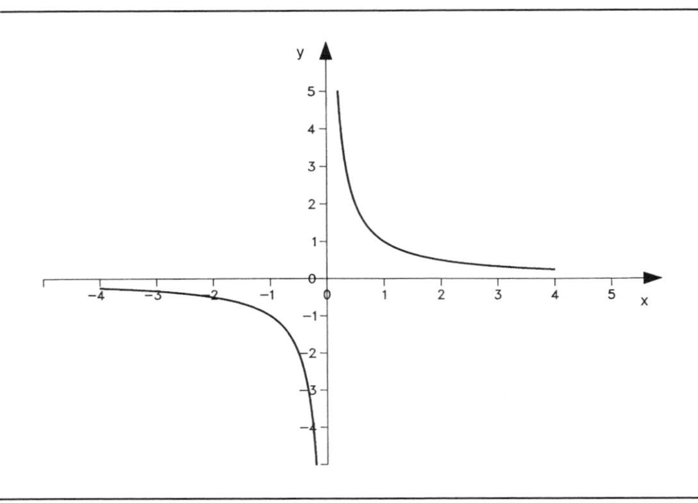

■ Behebbare Lücken (stetige Ergänzung)

Behebbare Lücke

In der Definition der Stetigkeit an einer Stelle x_0 einer Funktion wird unter anderem gefordert, dass x_0 im Definitionsbereich liegt. Damit sind alle Definitionslücken per se Unstetigkeitsstellen.

Definitionslücken

Definitionslücken können Polstellen mit nicht existierendem Grenzwert oder aber behebbare Lücken sein.

An solchen Stellen existiert der Grenzwert der Funktion. Der Kurvenverlauf ist also durchgängig, jedoch muss der Punkt der Funktion an der Stelle x_0 aufgrund des eingeschränkten Definitionsbereiches ausgeklammert werden.

Ergänzt man zu der Funktion f diesen Punkt an der Stelle x_0, dann ist diese neue Funktion an der Stelle x_0 stetig. Die Funktion lässt sich zu einer stetigen Funktion ergänzen (stetige Ergänzung).

Solche Unstetigkeitsstellen, deren Unstetigkeit sich „beheben" lässt, werden behebbare Lücken genannt.

Beispiel

$$f(x) = \frac{x^2 + 3x - 10}{x + 5} \qquad \mathbb{D} = \mathbb{R} \setminus \{-5\}$$

$$\lim_{x \to -5^-} \frac{x^2 + 3x - 10}{x + 5} = \lim_{x \to -5^-} \frac{(x-2)(x+5)}{(x+5)} = \lim_{x \to -5^-} (x-2) = -7$$

$$\lim_{x \to -5^+} \frac{x^2 + 3x - 10}{x + 5} = \lim_{x \to -5^+} \frac{(x-2)(x+5)}{(x+5)} = \lim_{x \to -5^+} (x-2) = -7$$

Behebbare Lücke

Der Grenzwert der Funktion existiert an der Stelle $x_0 = -5$ und lautet $g = -7$. Damit ist die Stelle $x_0 = -5$ eine behebbare Lücke.

Die stetige Ergänzung von f ist h: $h(x) = x - 2$ mit $\mathbb{D} = \mathbb{R}$.

f und h sind völlig identisch bis auf die Stelle $x = -5$. Der Punkt $(-5/-7)$ gehört zu h, während er bei f aufgrund der Bruchschreibweise nicht zum Definitionsbereich gehört (vgl. Abb. 4.3-4).

Abbildung 4.3-4

Behebbare Lücke

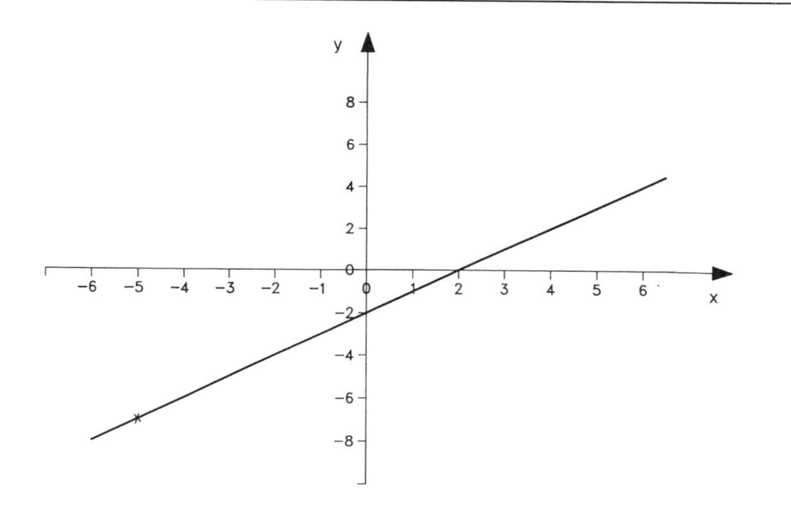

Berechnung der stetigen Ergänzung

Wie berechnet man eine stetige Ergänzung?

Weiterführung des obigen Beispiels:

$$f(x) = \frac{x^2 + 3x - 10}{x + 5}$$

Um (x + 5) in der Funktionsgleichung kürzen zu können, muss der Zähler sich in den Faktor (x + 5) und einen weiteren Faktor ersten Grades zerlegen lassen:

$$x^2 + 3x - 10 = (x + 5)(x + a) = x^2 + ax + 5x + 5a$$

Daraus folgt: $5a = -10$

$a = -2$

Probe: $(x + 5)(x - 2) = x^2 + 3x - 10$

Aufgabe

4.3.1. Bestimmen Sie die Unstetigkeitsstellen und ihre Art für folgende Funktion. Geben Sie für die behebbaren Lücken an, wie der Wertebereich stetig zu ergänzen ist.

$$f(x) = \frac{x - 5}{x^2 - 2x - 15}$$

5 Differentialrechnung bei Funktionen mit einer unabhängigen Variablen

5.1 Problemstellung

Bei vielen Funktionen aus der Erfahrungswelt und bei ökonomischen Funktionen interessiert es nicht nur, welche Werte eine Funktion annimmt, sondern auch, wie rasch diese ab- oder zunehmen, das heißt wie stark die Funktion steigt oder fällt.

Es ist zum Beispiel Politikern bei Wahlergebnissen nicht nur wichtig, wie hoch die Stimmenanteile der einzelnen Parteien sind, sondern auch, wie stark sich die Stimmenanteile im Vergleich zu vorhergehenden Wahlen geändert haben.

Steigung

Ein weiteres Beispiel ist die Kostenfunktion. Ein Unternehmer interessiert sich nicht nur für die Höhe der Kosten bei einer bestimmten Produktionsmenge, sondern auch dafür, wie stark sich die Kosten ändern, wenn die Produktionsmenge variiert.

Diese Beispiele zeigen, dass es oft darauf ankommt, Aussagen über die Steigung von Funktionen zu machen. Die Differentialrechnung beschäftigt sich mit der Steigung von Funktionen. Sie stellt einfache Methoden zur Berechnung der Steigung zur Verfügung (Differenzieren).

Kurvendiskussion

Ein weiteres wichtiges Anwendungsgebiet der Differentialrechnung ist die Kurvendiskussion. Da relative Minima und Maxima und Wendepunkte einer Funktion sich durch ein spezifisches Steigungsverhalten auszeichnen, kann ihre Lage mit Hilfe der Differentialrechnung bestimmt werden.

5.2 Die Steigung von Funktionen und der Differentialquotient

Lineare Funktion

Bei den linearen Funktionen ist die Steigung einer Geraden sehr einfach mit Hilfe der Punktsteigungsform oder über tan α zu bestimmen.

$$m = \tan \alpha = \frac{f(x_2) - f(x_1)}{x_2 - x_1}$$

Abbildung 5.2-1 *Steigung einer linearen Funktion*

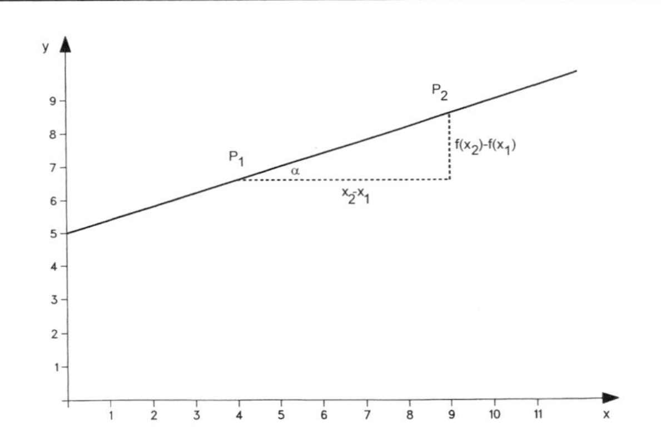

Nichtlineare Funktion

Abbildung 5.2-2 *Steigung einer nichtlinearen Funktion*

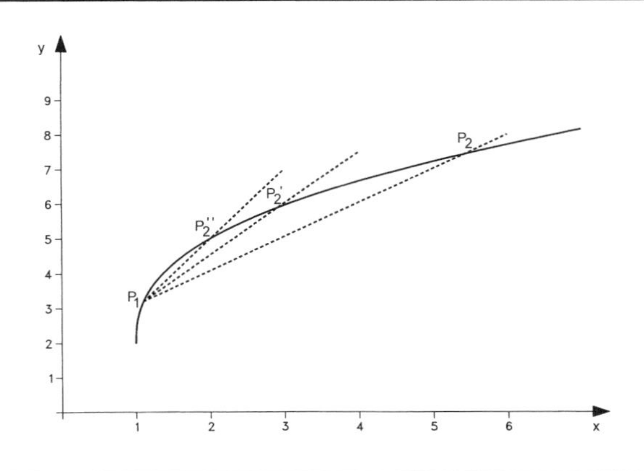

Betrachtet man die Gerade durch P_1 und P_2, so kann man ihre Steigung, die sich leicht berechnen lässt, als durchschnittliche Steigung der Kurve innerhalb dieses Intervalls auffassen.

Wenn man P_2 immer näher an P_1 rücken lässt, passt sich die durchschnittliche Steigung zwischen P_1 und P_2 immer mehr der Steigung der Kurve im Punkt P_1 an. Die Steigung der Sekante wird zur Steigung der Tangente.

Tangentensteigung

Die Tangentensteigung in einem Punkt der Kurve entspricht der Steigung der Kurve in diesem Punkt.

Mathematisch ausgedrückt bedeutet das für die Sekantensteigung:

$$m_{Sekante} = \frac{f(x_2) - f(x_1)}{x_2 - x_1}$$

Lässt man nun $x_2 \to x_1$ gehen (P_2 geht gegen P_1), so erhält man die Steigung der Tangente im Punkt P_1 als:

$$m_{Tangente} = \lim_{x_2 \to x_1} \frac{f(x_2) - f(x_1)}{x_2 - x_1}$$

Differentialquotient

Diesen Quotienten bezeichnet man als Differentialquotienten.

Man schreibt:

$$f'(x) = \lim_{x_2 \to x_1} \frac{f(x_2) - f(x_1)}{x_2 - x_1}$$

Wobei $f'(x)$ die Steigung der Funktion f an der Stelle x_1 ist.

Ein anderer häufig verwandter Ausdruck für den Differentialquotienten lautet:

$$f'(x) = \lim_{\Delta x \to 0} \frac{f(x + \Delta x) - f(x)}{\Delta x} = \frac{dy}{dx}$$

Definiert man für die Differenz zweier x-Werte von f:

$$x_2 - x_1 = \Delta x$$

und ändert die Schreibweise $x_2 \to x_1$ in $x \to 0$, ergibt sich die zweite Schreibweise aus der ursprünglichen Formel.

Differenzierbarkeit

Existiert der Differentialquotient an der Stelle x_0, so heißt f an der Stelle x_0 differenzierbar.

Existieren die Differentialquotienten an allen Stellen des Definitionsbereiches, so heißt f differenzierbar.

Erste Ableitung

Der Differentialquotient ist wiederum eine Funktion von x, da sich für jedes x die Steigung der Kurve an der Stelle x berechnen lässt, falls f differenzierbar ist. Diese Funktion nennt man die erste Ableitung nach x und schreibt f '. Die Bestimmung der ersten Ableitung einer Funktion nennt man auch Differenzieren.

Differenzierbare Funktion

Eine stetige Funktion ohne Ecken und Spitzen oder ähnliches ist differenzierbar.

Berechnung des Differentialquotienten

f: $f(x) = x^2$

1. Ist f differenzierbar an der Stelle x = 1?

$$\lim_{x_2 \to 1} \frac{f(x_2) - f(1)}{x_2 - 1} = \lim_{x_2 \to 1} \frac{x_2^2 - 1}{x_2 - 1} = \lim_{x_2 \to 1} \frac{(x_2 + 1)(x_2 - 1)}{x_2 - 1} =$$

$$\lim_{x_2 \to 1} (x_2 + 1) = 2$$

Der Differentialquotient existiert.

f ist im Punkt (1; 1) differenzierbar mit der Steigung $f'(1) = 2$

2. Ist f im gesamten Definitionsbereich differenzierbar?

$$\lim_{x_2 \to x_1} \frac{f(x_2) - f(x_1)}{x_2 - x_1} = \lim_{x_2 \to x_1} \frac{x_2^2 - x_1^2}{x_2 - x_1} =$$

$$\lim_{x_2 \to x_1} \frac{(x_2 + x_1)(x_2 - x_1)}{x_2 - x_1} = \lim_{x_2 \to x_1} (x_2 + x_1) = 2\,x_1$$

f ist differenzierbar im gesamten Definitionsbereich und $f'(x) = 2x$

Nun ist es nicht notwendig, alle Funktionen nach der obigen Vorgehensweise auf ihre Differenzierbarkeit zu prüfen und f ' nach dieser Methode zu berechnen.

Um gängige Funktionen differenzieren zu können, genügt die Kenntnis

- der Ableitungen elementarer Funktionen und
- weniger Grundregeln über das Differenzieren verknüpfter Funktionen.

5.3 Differenzierungsregeln

5.3.1 Ableitung elementarer Funktionen

Die Bestimmung der 1. Ableitung über die Limesbildung des Differentialquotienten ist oftmals recht aufwendig.

Es gibt einige Regeln, die das Differenzieren erleichtern:

- Potenzregel:

Potenzregel

$f(x) = x^n$	$f'(x) = n \cdot x^{n-1}$

Beispiele

$f(x) = x^4$ $\qquad f'(x) = 4 \cdot x^{4-1} = 4x^3$

$f(x) = x^{155}$ $\qquad f'(x) = 155 \cdot x^{154}$

$f(x) = \frac{1}{x} = x^{-1}$ $\qquad f'(x) = (-1) \cdot x^{-2} = -\frac{1}{x^2}$

$f(x) = \sqrt{x} = x^{\frac{1}{2}}$ $\qquad f'(x) = \frac{1}{2}x^{-\frac{1}{2}} = \frac{1}{2 \cdot \sqrt{x}}$

$f(x) = \sqrt[5]{x^6} = x^{\frac{6}{5}}$ $\qquad f'(x) = \frac{6}{5}x^{\frac{1}{5}} = \frac{6 \cdot \sqrt[5]{x}}{5}$

- Konstantenregel:

Konstantenregel

$f(x) = a \cdot x^n$	$f'(x) = n \cdot a \cdot x^{n-1}$

Beispiele

$f(x) = 3 \cdot x^2$ $\qquad f'(x) = 2 \cdot 3 \cdot x = 6x$

$f(x) = 3 \cdot \sqrt{x}$ $\qquad f'(x) = \frac{3}{2 \cdot \sqrt{x}}$

$f(x) = c = c \cdot x^0$ $\qquad f'(x) = c \cdot 0 \cdot x^{-1} = 0$

Die Ableitung einer Konstanten ist stets 0.

- Logarithmusfunktion:

Logarithmusfunktion

$$f(x) = \ln x \qquad f'(x) = \frac{1}{x}$$

- Exponentialfunktion zur Basis e:

Exponentialfunktion

$$f(x) = e^x \qquad f'(x) = e^x$$

5.3.2 Differentiation verknüpfter Funktionen

Funktionen, die aus elementaren Funktionen beispielsweise durch Addition, Multiplikation oder Division zusammen gesetzt sind, lassen sich nach folgenden Regeln differenzieren. Dabei wird vorausgesetzt, dass beide Funktionen g_1 und g_2 differenzierbar sind.

- Summenregel

Summenregel

$$f(x) = g_1(x) \pm g_2(x) \qquad f'(x) = g_1'(x) \pm g_2'(x)$$

Beispiele

$$f(x) = 5x^4 + \ln x \qquad f'(x) = 20x^3 + \frac{1}{x}$$

$$f(x) = \frac{\ln x}{5} + 3x^2 - \frac{1}{\sqrt{x}} + 3 \qquad f'(x) = \frac{1}{5x} + 6x + \frac{1}{2 \cdot \sqrt{x^3}}$$

- Produktregel

Produktregel

$$f(x) = g_1(x) \cdot g_2(x)$$

$$f'(x) = g_1'(x) \cdot g_2(x) + g_1(x) \cdot g_2'(x)$$

$$= g_1' \cdot g_2 + g_1 \cdot g_2'$$

Diese Regel wird angewandt, wenn eine Funktion f aus einem Produkt zweier leicht zu differenzierenden Funktionen besteht.

Beispiele

1. $f(x) = x^6 e^6$

   $g_1(x) = x^6 \qquad g_1'(x) = 6x^5$

   $g_2(x) = e^x \qquad g_2'(x) = e^x$

   $f'(x) = 6x^5 e^x + x^6 e^x = e^x (6x^5 + x^6)$

2. $f(x) = (4 - 2x^2)(x - 1)$

   $g_1(x) = 4 - 2x^2 \qquad g_1'(x) = -4x$

   $g_2(x) = x - 1 \qquad g_2'(x) = 1$

   $f'(x) = -4x(x - 1) + 4 - 2x^2$

   $= -4x^2 + 4x + 4 - 2x^2 = -6x^2 + 4x + 4$

3. $f(x) = x^2 \ln x$

   $g_1(x) = x^2 \qquad g_1'(x) = 2x$

   $g_2(x) = \ln x \qquad g_2'(x) = \frac{1}{x}$

   $f'(x) = 2x \cdot \ln x + x^2 \frac{1}{x} = 2x \cdot \ln x + x = x(2 \cdot \ln x + 1)$

Quotientenregel

Quotientenregel

$$f(x) = \frac{g_1(x)}{g_2(x)} \qquad g_2(x) \neq 0$$

$$f'(x) = \frac{g_1'(x) \cdot g_2(x) - g_1(x) \cdot g_2'(x)}{(g_2(x))^2} = \frac{g_1' \cdot g_2 - g_1 \cdot g_2'}{g_2^{\,2}}$$

Im Gegensatz zur Produktregel dürfen hier g_1 und g_2 nicht vertauscht werden.

Beispiele

1. $f(x) = \frac{e^x}{x^2}$

$$f'(x) = \frac{e^x \cdot x^2 - e^x \cdot 2x}{x^4} = \frac{e^x(x-2)}{x^3}$$

2. $f(x) = \frac{\ln x}{\sqrt{x}}$

$$f'(x) = \frac{\frac{1}{x} \cdot \sqrt{x} - \ln x \cdot \frac{1}{2\sqrt{x}}}{x}$$

3. $f(x) = \frac{x^4 + 5}{x - 3}$

$$f'(x) = \frac{4x^3 \cdot (x-3) - (x^4+5) \cdot 1}{(x-3)^2} = \frac{4x^4 - 12x^3 - x^4 - 5}{(x-3)^2} = \frac{3x^4 - 12x^3 - 5}{(x-3)^2}$$

Kettenregel: Differentiation verketteter Funktionen

Kettenregel

Die bisher genannten Differenzierungsregeln erlauben bereits die Ableitung sehr vieler Funktionen. Allerdings gibt es noch verhältnismäßig einfache Funktionen, die sich mit den bisherigen Kenntnissen nicht ableiten lassen, wie folgende Beispiele zeigen:

Beispiele

1. $f(x) = \sqrt{x-1}$
2. $f(x) = \ln 3x$
3. $f(x) = (x^2 + 3x)^{100}$

Alle drei Funktionen gleichen sich in einem Punkt.

Innere und äußere Funktion

Man kann sie sich nämlich als Einsetzen einer Funktion (innere Funktion) in eine andere (äußere Funktion) vorstellen.

1. $f(x) = \sqrt{x+1}$

$z = h(x) = x + 1$ innere Funktion h

$g(z) = \sqrt{z}$ äußere Funktion g

Die Funktion lautet nun:

$$g(h(x)) = \sqrt{z} = \sqrt{x+1} = f(x)$$

2. $f(x) = \ln 3x$

   $z = h(x) = 3x$ innere Funktion h

   $g(z) = \ln z$ äußere Funktion g

   $g(h(x)) = \ln z = \ln 3x = f(x)$

3. $f(x) = (x^2 + 3x)^{100}$

   $z = h(x) = x^2 + 3x$ innere Funktion h

   $g(z) = z^{100}$ äußere Funktion g

   $g(h(x)) = z^{100} = (x^2 + 3x)^{100} = f(x)$

Die Funktionen h und g sind zu einer Funktion f verkettet, $f(x) = g(h(x))$. Dabei wird h innere und g äußere Funktion genannt.

Verkettete Funktionen können mit Hilfe der Kettenregel abgeleitet werden.

■ Kettenregel:

Kettenregel

$$f(x) = g(h(x)) = g(z) \quad \text{mit } h(x) = z$$

$$f'(x) = g'(h(x)) \cdot h'(x)$$

$$= g'(z) \cdot h'(x)$$

= „äußere Ableitung mal innere Ableitung"

Beispiele

1. $f(x) = \sqrt{x+1} = \sqrt{z}$ mit $x + 1 = z$

   $f'(x) = \frac{1}{2 \cdot \sqrt{z}} \cdot 1 = \frac{1}{2 \cdot \sqrt{x+1}}$

2. $f(x) = \ln 3x = \ln z$ mit $3x = z$

   $f'(x) = \frac{1}{z} \cdot 3 = \frac{3}{3x} = \frac{1}{x}$

3. $f(x) = (x^2 + 3x)^{100} = z^{100}$ mit $z = x^2 + 3x$

   $f'(x) = 100 \cdot z^{99} \cdot (2x + 3)$

   $= 100 \cdot (x^2 + 3x)^{99} \cdot (2x + 3)$

4. $f(x) = e^{x^2+4} = e^z$ mit $z = x^2 + 4$

   $f'(x) = e^z \cdot 2x = e^{x^2+4} \cdot 2x$

Logarithmierte Funktionen

Mit Hilfe der Kettenregel lassen sich Logarithmus-Funktionen leicht ableiten.

Logarithmierte Funktionen

$$f(x) = \ln g(x) \quad \text{Substitution: } g(x) = z \qquad f(z) = \ln z$$

$$f'(x) = g'(x)\, \frac{1}{z}$$

$$f'(x) = \frac{g'(x)}{g(x)}$$

Beispiele

1. $f(x) = \ln(2x^3 - 5x)$

$$f'(x) = \frac{6x^2 - 5}{2x^3 - 5x}$$

2. $f(x) = \ln \sqrt{x}$

$$f'(x) = \frac{1}{2\sqrt{x} \cdot \sqrt{x}} = \frac{1}{2x}$$

Exponentialfunktionen

Exponentialfunktionen

Durch das Logarithmieren kann man leicht Exponentialfunktionen ableiten, also Funktionen der Form $f(x) = a^x$

Zur Herleitung der Ableitungsformel wird folgender „Trick" verwandt:

$$f(x) = f(x)$$

$$\ln f(x) = \ln f(x)$$

$$(\ln f(x))' = \frac{f'(x)}{f(x)}$$ Auflösen nach $f'(x)$ ergibt die Formel:

$$f'(x) = (\ln f(x))' \cdot f(x)$$

Beispiele

1. $f(x) = a^x \qquad \ln f(x) = \ln a^x = x \cdot \ln a$

$$(\ln f(x))' = \ln a$$

$$f'(x) = \ln a \cdot a^x$$

2. $f(x) = x^x$ $\quad \ln f(x) = \ln x^x = x \cdot \ln x$

$$(\ln f(x))' = \ln x + x \cdot \frac{1}{x} = \ln x + 1$$

$$f'(x) = x^x \cdot (\ln x + 1)$$

3. $f(x) = 4^{x^2+1}$ $\quad \ln f(x) = \ln 4^{x^2+1} = (x^2+1) \cdot \ln 4$

$$(\ln f(x))' = 2x \cdot \ln 4$$

$$f'(x) = 2x \cdot \ln 4 \cdot 4^{x^2+1} = 2{,}7726 \cdot x \cdot 4^{x^2+1}$$

5.3.3 Höhere Ableitungen

Zweite Ableitung

Durch Differentiation einer Funktion f erhält man die erste Ableitung von f. Diese erste Ableitung f ' ist wiederum eine Funktion von x. Wenn sie differenzierbar ist, kann sie noch einmal abgeleitet werden. Man erhält die zweite Ableitung f '', die wiederum eine Funktion von x ist.

Gegeben: f : f(x)

f ' : f '(x) sei wieder eine differenzierbare Funktion

f '' : f ''(x) heißt 2. Ableitung von f

heißt 1. Ableitung von f '

f '' gibt die Steigung der Ableitungsfunktion und die Krümmung der Funktion f an.

Beispiel

$$f(x) = \frac{1}{7} \cdot x^7 - \frac{1}{4} \cdot x^4 + 2x - 13$$

$f'(x) = x^6 - x^3 + 2$	1. Ableitung
$f''(x) = 6x^5 - 3x^2$	2. Ableitung
$f'''(x) = 30x^4 - 6x$	3. Ableitung
$f''''(x) = 120x^3 - 6$	4. Ableitung
$f'''''(x) = 360x^2$	5. Ableitung
$f''''''(x) = 720x$	6. Ableitung
$f'''''''(x) = 720$	7. Ableitung
$f''''''''(x) = 0$	8. Ableitung

Alle weiteren höheren Ableitungen sind Null.

Aufgaben

Berechnen Sie die erste Ableitung folgender Funktionen:

5.3.1. $f(x) = 4 \cdot \sqrt[10]{x^5} + 3e^x - 2\ln x + \frac{3}{5}$

5.3.2. $f(x) = (x^3 - \ln x + 10) \cdot e^x$

5.3.3. $f(x) = \frac{x^2 + 2 \cdot \sqrt{x}}{x^2 + 7}$

5.3.4a. $f(x) = (3x^2 + \frac{1}{x^2})^{50}$

5.3.4.b. $f(x) = \frac{1}{(3x^2 + \frac{1}{x^2})^{50}}$

5.3.4.c. $f(x) = \sqrt[50]{3x^2 + \frac{1}{x^2}}$

5.3.4.d. $f(x) = e^{(3x^2 + \frac{1}{x^2})}$

5.3.4.e. $f(x) = 20^{(3x^2 + \frac{1}{x^2})}$

5.3.4.f. $f(x) = \ln\left(3x^2 + \frac{1}{x^2}\right)$

Zwei Aufgaben zum Knobeln:

5.3.4.5.a. $f(x) = \sqrt{x\sqrt{x}}$

5.3.4.5.b. $f(x) = (\sqrt{x+1} + 1)^{20}$

5.4 Anwendungen der Differentialrechnung

5.4.1 Extrema

Bei der Untersuchung von Funktionen, die ökonomische Zusammenhänge beschreiben, ist die Frage nach den Extremwerten (Minima und Maxima) von großer Bedeutung.

Relative Extrema

Mit Hilfe der Differentialrechnung lassen sich alle Minima und Maxima einer Funktion innerhalb des Definitionsintervalles, also die relativen Extremwerte, leicht berechnen.

Viele ökonomische Funktionen haben einen eingeschränkten Definitionsbereich. In diesen Fällen müssen zur Bestimmung der absoluten Extremwerte sowohl diese Extremwerte innerhalb des Intervalles als auch die Randextrema berücksichtigt werden (vgl. Kap. 4.1).

Notwendige und hinreichende Bedingungen für relative Extrema

Dass die Funktion an Stellen, an denen sie relative Extremwerte besitzt, ein besonderes Steigungsverhalten aufweist, zeigt folgende Skizze:

Extrema

Abbildung 5.4.1-1

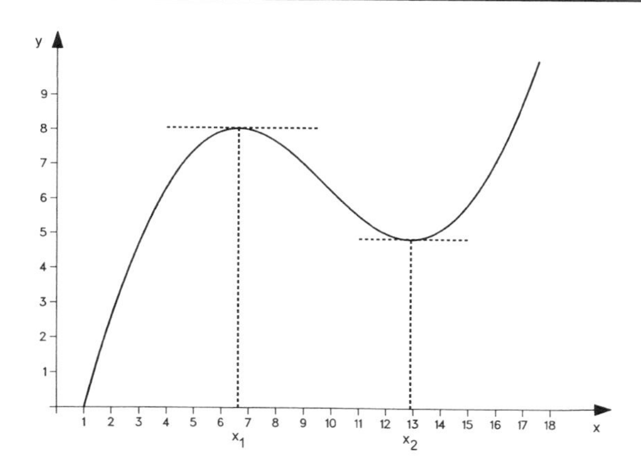

An der Stelle x_1 liegt ein relatives Maximum vor.

Bis zu dieser Stelle x_1 steigt die Funktion f, um dann wieder zu fallen. Legt man Tangenten an den Grafen von f in der Umgebung von x_1, erhält man für:

$$x < x_1 \rightarrow f'(x) > 0$$

$$x = x_1 \rightarrow f'(x) = 0$$

$$x > x_1 \rightarrow f'(x) < 0$$

An der Stelle x_2 besitzt f ein relatives Minimum.

Bis zu der Stelle x_2 fällt die Funktion f, um dann wieder zu steigen.

Für die Tangentensteigungen in der Umgebung von x_2 ergibt sich:

$$x < x_2 \rightarrow f'(x) < 0$$

$$x = x_2 \rightarrow f'(x) = 0$$

$$x > x_2 \rightarrow f'(x) > 0$$

Es ist offensichtlich, dass an den Stellen einer Funktion, an denen relative Extremwerte vorliegen, die 1. Ableitung gleich Null sein muss.

Notwendige Bedingung

Damit lautet die notwendige Bedingung für die Existenz eines relativen Extremwertes an der Stelle x_0:

$$f'(x_0) = 0$$

Die Bedingung $f'(x_0) = 0$ ist zwar Voraussetzung für einen Extremwert an der Stelle x_0. Sie reicht aber nicht aus, um zu entscheiden, ob tatsächlich ein relativer Extremwert vorliegt oder nicht. Die Bedingung ist nicht hinreichend.

Sattelpunkte

Die Funktionen f und g in den folgenden Abbildungen zeigen, dass nicht an jeder Stelle mit einer waagerechten Tangente ($f'(x) = 0$) ein Extremwert vorliegt. Hier handelt es sich um Wendepunkte mit der Tangentensteigung Null. Solche Punkte werden Sattelpunkte genannt.

Worin unterscheidet sich das Steigungsverhalten einer Funktion in der Umgebung eines relativen Extremwertes von dem bei einem Sattelpunkt?

Betrachtet man die Tangenten in der Umgebung eines Sattelpunktes, so stellt man fest, dass die Tangentensteigungen entweder immer größer als Null und nur im Sattelpunkt gleich Null sind (Funktion f) oder immer kleiner als Null und nur im Sattelpunkt gleich Null sind (Funktion g).

Vorzeichenwechsel der Tangentensteigung

Bei Sattelpunkten liegt an der Stelle x_0 kein Vorzeichenwechsel der Tangentensteigung und damit der 1. Ableitung vor, wie das bei Extremwerten der Fall ist.

Abbildungen 5.4.1-2 + 5.4.1-3

Funktion f + g

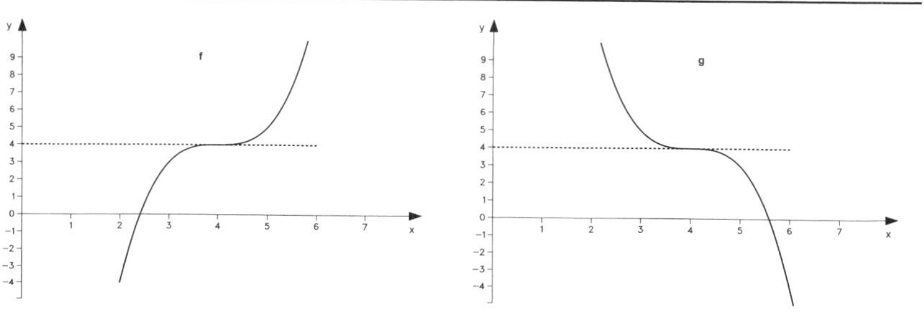

Hinreichende Bedingung

Eine hinreichende Bedingung für die Existenz eines relativen Extremwertes an der Stelle x_0 ist also der Vorzeichenwechsel der Tangentensteigung (1. Ableitung) an der Stelle x_0. Darüber hinaus lässt sich aus der Richtung des Vorzeichenwechsels entnehmen, ob es sich um ein relatives Minimum oder Maximum handelt.

Wenn $f'(x_0) = 0$ ist, und alle x aus einer Umgebung von x_0 folgende Bedingung erfüllen:

- $f'(x) > 0$ für $x < x_0$
  $f'(x) < 0$ für $x > x_0$

so liegt an der Stelle x_0 ein relatives Maximum vor

Maximum

- $f'(x) < 0$ für $x < x_0$
  $f'(x) > 0$ für $x > x_0$

so liegt an der Stelle x_0 ein relatives Minimum vor

Minimum

Nun ist es mühsam, die ersten Ableitungen einer Funktion in der Umgebung eines Punktes zu untersuchen. Einfacher ist es, den Vorzeichenwechsel der Steigung bei einem Extremwert mit Hilfe der 2. Ableitung zu erfassen.

Bei Vorliegen eines relativen Maximums ist die erste Ableitung an der Stelle x_0 monoton fallend, sie geht von positiver Steigung zu negativer Steigung über. Das bedeutet, dass die Steigung der 1. Ableitung an der Stelle x_0 kleiner oder gleich Null ist, also $f''(x_0) \leq 0$.

Bei Vorliegen eines relativen Minimums ist die erste Ableitung an der Stelle x_0 monoton steigend; sie geht von negativer Steigung zu positiver Steigung über. Das bedeutet, dass $f''(x_0) \geq 0$.

Hinreichende Bedingung

Die hinreichende Bedingung kann mit Hilfe der 2. Ableitung also folgendermaßen formuliert werden:

Gilt $f'(x_0) = 0$ und

- $f''(x_0) < 0$ so liegt an der Stelle x_0 ein relatives Maximum vor
- $f''(x_0) > 0$ so liegt an der Stelle x_0 ein relatives Minimum vor

Gilt $f''(x_0) = 0$, so lässt sich noch nicht entscheiden, ob ein Extremwert oder Sattelpunkt vorliegt.

Beispiel

Bei den Funktionen $f(x) = x^3$ und $g(x) = x^4$ sind die 1. und 2. Ableitungen an der Stelle $x_0 = 0$ gleich 0.

f hat an der Stelle 0 einen Sattelpunkt.

g hat an der Stelle 0 ein relatives Minimum.

Bestimmt man die höheren Ableitungen von f und g, ergibt sich:

$f(0) = x^3 = 0$	$g(0) = x^4 = 0$
$f'(0) = 3x^2 = 0$	$g'(0) = 4x^3 = 0$
$f''(0) = 6x = 0$	$g''(0) = 12x^2 = 0$
$f'''(0) = 6 \neq 0$	$g'''(0) = 24x = 0$
	$g''''(0) = 24 \neq 0$

Allgemein gilt für den Fall, dass erst die n-te Ableitung ungleich Null ist:

- n ist gerade: Die Funktion hat an der Stelle einen relativen Extremwert mit

  $f^{(n)}(x_0) < 0$ Maximum

  $f^{(n)}(x_0) > 0$ Minimum

- n ist ungerade: Die Funktion hat einen Sattelpunkt

Schema zur Bestimmung von relativen Extremwerten von f

Schema

1.	Bildung von f '	
2.	Bestimmung der Nullstellen von f ': $f'(x) = 0$	
3.	Bestimmung der 2. Ableitung f ''	
4.	Überprüfung aller Nullstellen von f ' durch Einsetzen in f ''	
	$f''(x_0) > 0$	an der Stelle x_0 liegt ein relatives Minimum vor
	$f''(x_0) < 0$	an der Stelle x_0 liegt ein relatives Maximum vor
	$f''(x_0) = 0$	Untersuchung der höheren Ableitungen bis erstmals eine Ableitung ungleich Null wird
5.	$f^{(n)}(x_0) > 0$	n gerade: an der Stelle x_0 liegt ein relatives Minimum vor
	$f^{(n)}(x_0) < 0$	n gerade: an der Stelle x_0 liegt ein relatives Maximum vor
	$f^{(n)}(x_0) \neq 0$	n ungerade: an der Stelle x_0 liegt ein Sattelpunkt vor

Beispiel

$$f(x) = x^3 + 4x^2 - 3x - 18$$

1. $f'(x) = 3x^2 + 8x - 3$

2. $f'(x) = 3x^2 + 8x - 3 = 0$

$$x^2 + \frac{8}{3}x - 1 = 0$$

$$x_{1,2} = -\frac{4}{3} \pm \sqrt{\frac{16}{9} + 1} = -\frac{4}{3} \pm \frac{5}{3}$$

$$x_1 = -3 \qquad x_2 = \frac{1}{3}$$

3. $f''(x) = 6x + 8$

4. $x_1 = -3$: $\quad f''(-3) = 6 \cdot (-3) + 8 = -10 < 0$

d. h. an der Stelle $x_1 = -3$ hat f ein relatives Maximum

$$f(-3) = -27 + 36 + 9 - 18 = 0$$

$$P_1\,(-3; 0)$$

$$x_2 = \frac{1}{3}: f''\left(\frac{1}{3}\right) = 6 \cdot \left(\frac{1}{3}\right) + 8 = 10 > 0$$

d. h. an der Stelle x_2 liegt ein relatives Minimum vor

$$f\left(\frac{1}{3}\right) = \frac{1}{27} + \frac{4}{9} - 1 - 18 = -18{,}5185$$

$$P_2\left(\frac{1}{3}, -18{,}5185\right)$$

Es existieren keine absoluten Extremwerte, da der Wertebereich von $-\infty$ bis $+\infty$ reicht.

Aufgaben

5.4.1.1. Bestimmen Sie die relativen Extremwerte von

$$f(x) = \frac{3}{2}x^4 + 10x^3 + 18x^2$$

5.4.1.2. Bestimmen Sie die relativen Extremwerte von

$$f(x) = x^6 + x^5$$

5.4.2 Steigung einer Funktion

Oft ist bei ökonomischen Funktionen das Steigungsverhalten von Interesse, also in welchen Intervallen eine Funktion fällt bzw. steigt. Diese Frage ist bei differenzierbaren Funktionen leicht zu beantworten, wenn die relativen Extremwerte bekannt sind. Denn bei jedem relativen Extremwert – und nur dort - ändert sich die Steigung.

Beispiel

In Kap. 5.4.1 wurden für die in ganz R differenzierbare Funktion f mit $f(x) = x^3 + 4x^2 - 3x - 18$ die relativen Extremwerte $x_1 = -3$ (Maximum) und $x_2 = \frac{1}{3}$ (Minimum) bestimmt. Damit ergeben sich drei Intervalle mit unterschiedlichem Steigungsverhalten von f:

Für x von $-\infty$ bis -3: f steigend

-3 bis $\frac{1}{3}$: f fallend

$\frac{1}{3}$ bis ∞: f steigend

Die relativen Extremwerte bilden also die Intervallgrenzen. Zudem ist es nur notwendig, in einem der Intervalle das Steigungsverhalten einer Funktion zu bestimmen, da dies in den jeweils angrenzenden Intervallen alterniert.

Bestimmung der Steigung in einem Intervall

Zur Bestimmung der Steigung in einem Intervall gibt es mehrere Methoden; die beiden einfachsten sind folgende:

1. Skizze

Steigungsverhalten — *Abbildung 5.4.2-1*

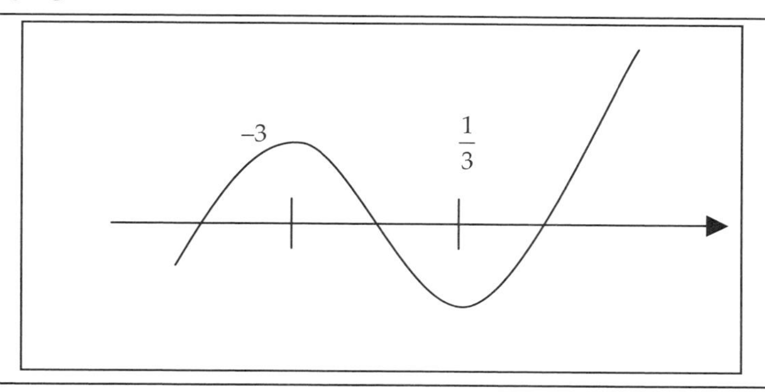

2. Einsetzen eines Wertes in die erste Ableitung

Es wird ein beliebiger einfacher Wert für x gewählt z. B. 0, 1 oder – 1. Dieser Wert wird in die erste Ableitung der Funktion eingesetzt. Für obiges Beispiel ergibt sich für den Wert $x = 0$: $f'(0) = 3x^2 + 8x - 3 = -3$. Damit ist die 1. Ableitung (also die Steigung) negativ und f ist in dem Intervall – 3 bis $\frac{1}{3}$ fallend.

Beispiel

Ein Unternehmen hat die Gewinnfunktion: $G(x) = 2{,}5x^4 - 27{,}5\,x^3 + 65x^2 - 60$

a) In welchen Intervallen steigt/fällt die Gewinnfunktion?

b) Welche Mengen sollen produziert werden, wenn er pro Periode

- maximal 5 Tonnen herstellt werden können?
- maximal 10 Tonnen herstellt werden können?

a) Zuerst werden die relativen Extremwerte bestimmt; dabei ergeben sich drei Werte:

$x_1 = 0$ (rel. Minimum), $x_2 = 2{,}1211$ (rel. Maximum) und $x_3 = 6{,}1289$ (rel. Minimum). Damit ergeben sich folgende Steigungsintervalle für f im Definitionsbereich $\mathbb{R}$

x von 0 bis 2,1211:	f steigend
2,1211 bis 6,1289:	f fallend
6,1289 bis ∞:	f steigend

b) Maximal 5 Tonnen:

Als gewinnmaximale Menge (absolutes Maximum) kommen x_2 (relatives Maximum) oder die Randwerte 0 bzw. 5 in Betracht.

$x = 0$: $G = -60$

$x = 2{,}1211$: $G = 20{,}6116 \rightarrow$ absolutes Maximum bei $x = 2{,}1211$ Tonnen

$x = 5$ $G = -310$

Der Unternehmer sollte 2,1211 Tonnen herstellen.

b) Maximal 10 Tonnen:

Als gewinnmaximale Menge kommen x_2 oder die Randwerte 0 bzw. 10 in Betracht.

$x = 0$: $G = -60$

$x = 2{,}1211$: $G = 20{,}6116$

$x = 10$ $G = 3940 \rightarrow$ absolutes Maximum bei $x = 10$ Tonnen

Der Unternehmer sollte 10 Tonnen herstellen.

5.4.3 Krümmung einer Funktion

Wenn man die Steigung einer linksgekrümmten (konvexen) Kurve in verschiedenen Punkten des Kurvenverlaufs betrachtet, dann erkennt man aus der Skizze, dass mit steigendem x die Steigung der Kurve zunimmt (vgl. Kap. 4.1, Abb. 4.1-4).

Es gilt also stets $f'(x_1) < f'(x_2)$ für $x_1 < x_2$.

Konvex

Die Ableitungsfunktion f ' einer linksgekrümmten (konvexen) Kurve ist also streng monoton wachsend, es gilt $f''(x) > 0$.

Konkav

Umgekehrt gilt für rechtsgekrümmte Kurven stets:

$f'(x_1) > f'(x_2)$ für $x_1 < x_2$.

Die Ableitungsfunktion f ' einer rechtsgekrümmten (konkaven) Kurve ist also streng monoton fallend, es gilt $f''(x) < 0$.

Die zweite Ableitung einer Funktion gibt die Krümmung einer Funktion an.

Beispiel

$f(x) = 2x^3 + 18x - 17$

$f'(x) = 6x^2 + 18$

$f''(x) = 12x$

für $x < 0$ gilt $f''(x) < 0 \rightarrow$ f konkav

für $x > 0$ gilt $f''(x) > 0 \rightarrow$ f konvex

für $x = 0$ gilt $f''(x) = 0$

An der Stelle $x = 0$ geht f von einer Rechtskrümmung in eine Linkskrümmung über, das heißt an dieser Stelle liegt ein Wendepunkt vor.

Beispiel

$f(x) = x^4 \qquad f'(x) = 4x^3 \qquad f''(x) = 12x^2$

für $x \neq 0$ gilt $f''(x) > 0 \rightarrow$ f konvex

für $x = 0$ gilt $f''(x) = 0$

Die Kurve ist überall linksgekrümmt. Sie besitzt keinen Wendepunkt; an der Stelle $x = 0$ liegt ein relatives Minimum vor.

5.4.4 Wendepunkte

Änderung der Krümmung

Wendepunkte sind Punkte einer Funktion, in denen eine Krümmungsänderung stattfindet. Entweder geht eine Linkskrümmung in eine Rechtskrümmung oder eine Rechtskrümmung in eine Linkskrümmung über.

Das bedeutet, eine notwendige Bedingung für das Vorliegen eines Wendepunktes an der Stelle x_0 ist: $f''(x_0) = 0$

Hinreichend ist die Bedingung, dass $f''(x_0) = 0$ ist und dass in x_0 ein Vorzeichenwechsel der 2. Ableitung stattfindet und damit $f'''(x_0) \neq 0$ ist.

Gilt $f'''(x_0) = 0$, ist eine Aussage über die Existenz eines Wendepunktes nicht ohne die Untersuchung höherer Ableitungen möglich.

Tritt bei der Untersuchung der n-ten Ableitungen zum ersten Mal $f^{(n)}(x_0) \neq 0$ mit ungeradem n auf, so liegt an der Stelle x_0 ein Wendepunkt vor.

Schema zur Bestimmung von Wendepunkten von f

Schema

1. Bildung von f ''
2. Bestimmung der Nullstellen von f '': $f''(x) = 0$
3. Bildung von f '''
4. Überprüfung aller Nullstellen von f '' durch Einsetzen in f '''

   $f'''(x_0) \neq 0$ — an der Stelle x_0 liegt ein Wendepunkt vor

   $f'''(x_0) = 0$ — Untersuchung der höheren Ableitungen bis erstmals eine Ableitung ungleich Null wird
5. $f^{(n)}(x_0) \neq 0$ — n ungerade: an der Stelle x_0 liegt ein Wendepunkt vor

5.5 Kurvendiskussion

In einer Kurvendiskussion sollen die markanten Punkte bzw. Verhaltensweisen einer Funktion analysiert werden. Die Ergebnisse der Analyse werden dann in einer Skizze veranschaulicht.

Schema der Kurvendiskussion

Schema

1. Bestimmung des Definitionsbereiches (s. dazu Kap. 2.1, 4.1)

   Besonders bei wirtschaftswissenschaftlichen Funktionen ist es wichtig zu berücksichtigen, für welche x-Werte die Funktion definiert ist; zum Beispiel nur für ganzzahlige Stückzahlen oder nur für den positiven Bereich.
2. Untersuchung der Definitions-Lücken (s. dazu Kap. 4.3)

   Untersuchung auf behebbare Lücken, Polstellen, Sprungstellen.
3. Untersuchung der Funktion für unendlich große bzw. kleine x-Werte (s. dazu Kap. 4.2)

   Die Untersuchung ist nur sinnvoll bei solchen Funktionen, die nicht ausschließlich in einem Intervall definiert sind.
4. Bestimmung der Nullstellen (s. dazu Kap. 4.1)
5. Bestimmung der Extremwerte und Sattelpunkte (s. zu relativen Extrema Kap. 5.4.1 und zu absoluten Extrema Kap. 4.1)

   In diesem Untersuchungsschritt sollen sowohl die relativen als auch die absoluten Extremwerte bestimmt werden.

6. Bestimmung der Wendepunkte (s. dazu Kap. 5.4.4)
7. Untersuchung der Steigung und Krümmung (s. Kap. 5.4.2, 5.4.3)

   Anhand der Ergebnisse aus den Punkten 3, 5 und 6 können die Steigung und Krümmung einer Funktion im Allgemeinen ohne rechnerische Untersuchung gefolgert werden. Ansonsten sollten sie analytisch ermittelt werden.
8. Skizze

   In der Skizze sollen die für die untersuchte Funktion in der Analyse festgestellten markanten Verhaltensweisen und Punkte dargestellt werden. In Einzelfällen ist es sinnvoll, zusätzlich für einige Punkte eine Wertetabelle aufzustellen, um exakter zeichnen zu können.

Beispiel

$f(x) = 3x^4 - 8x^3 + 6x^2$

1. Definitionsbereich unbegrenzt
2. Definitionslücken keine
3. $x \to \infty \qquad x \to -\infty$

   $x \to \infty$: $f(x) \to \infty$ da die höchste Potenz eine positive Vorzahl besitzt

   $x \to -\infty$: $f(x) \to \infty$ da die höchste Potenz gerade ist und eine positive Vorzahl hat
4. Nullstellen $f(x) = 0$

   $f(x) = 3x^4 - 8x^3 + 6x^2 = 0$

   $x^2(3x^2 - 8x + 6) = 0$ eine Nullstelle bei $x_1 = 0$

   $3x^2 - 8x + 6 = 0 \qquad x^2 - \frac{8}{3}x + 2 = 0$

   $x_{2,3} = \frac{4}{3} \pm \sqrt{\frac{16}{9} - 2}$ nicht lösbar, also keine weiteren Nullstellen
5. Extremwerte

   Schema für relative Extrema

   (1) $f'(x) = 12x^3 - 24x^2 + 12x$

   (2) $f'(x) = 0$

   $12x^3 - 24x^2 + 12x = 0$

$12x(x^2 - 2x + 1) = 0$ für $x_1 = 0$ ist $f'(x) = 0$

$x^2 - 2x + 1 = 0$

$x_{2,3} = 1 \pm \sqrt{1-1} = 1$ für $x_2 = 1$ ist $f'(x) = 0$

(3) $f''(x) = 36x^2 - 48x + 12$

(4) $f''(0) = 12$ an der Stelle $x_1 = 0$ liegt ein Minimum vor mit $f(0) = 0$

$f''(1) = 36 - 48 + 12 = 0$ weitere Untersuchung notwendig

(5) $f'''(x) = 72x - 48$

$f'''(1) = 72 - 48 \neq 0$ an der Stelle $x_2 = 1$ liegt ein Sattelpunkt vor mit $f(1) = 1$

absolute Extrema: Minimum bei (0; 0) Maximum existiert nicht, die Funktion geht gegen Unendlich (s. Punkt 3)

6. Wendepunkte

(1) $f''(x) = 36x^2 - 48x + 12$

(2) $f''(x) = 0$

$36x^2 - 48x + 12 = 0 \qquad x^2 - \frac{4}{3}x + \frac{1}{3} = 0$

$$x_{1,2} = \frac{2}{3} \pm \sqrt{\frac{4}{9} - \frac{1}{3}} = \frac{2}{3} \pm \frac{1}{3}$$

$x_1 = 1$ Sattelpunkt (s. Punkt 5) $x_2 = \frac{1}{3}$

(3) $f'''(x) = 72x - 48$

(4) $f'''\left(\frac{1}{3}\right) = 24 - 48 \neq 0$

an der Stelle $x_2 = \frac{1}{3}$ liegt ein Wendepunkt vor mit $f\left(\frac{1}{3}\right) = \frac{11}{27}$

7. Krümmung und Steigung

In den vorhergehenden Untersuchungen wurde festgestellt:

Für $x \to \infty$: $f(x) \to \infty$ für $x \to -\infty$: $f(x) \to \infty$

Extremum: (0; 0) Minimum

Wendepunkte: $\left(\frac{1}{3}; \frac{11}{27}\right)$ (1; 1)

Damit ergeben sich folgende Intervalle.

Innerhalb eines Intervalls hat die Funktion die gleiche Steigung und Krümmung; an jeder Intervallgrenze ändert sich eines von beiden.

x von $-\infty$ bis 0:	linksgekrümmt, fallend, da an der Stelle x = 0 ein Minimum vorliegt
x von 0 bis $\frac{1}{3}$:	linksgekrümmt, steigend, denn bei einem Extremum ändert sich die Steigung; nicht die Krümmung
x von $\frac{1}{3}$ bis 1:	rechtsgekrümmt, steigend, denn bei einem Wendepunkt ändert sich die Krümmung; nicht die Steigung
x von 1 bis $+\infty$:	linksgekrümmt, steigend, denn bei einem Wendepunkt ändert sich die Krümmung; nicht die Steigung

8. Skizze

Skizze

Abbildung 5.5-1

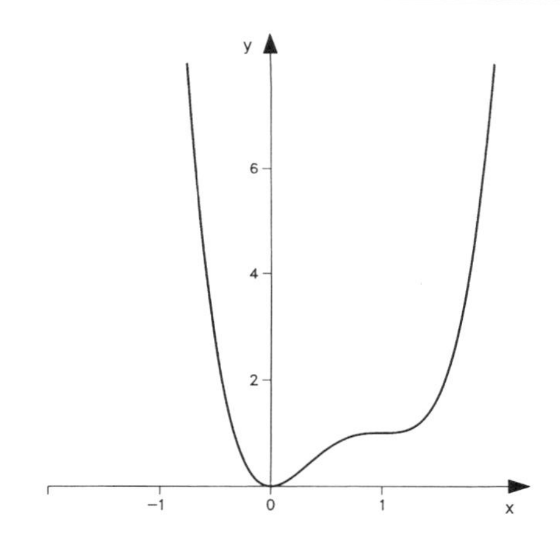

Aufgaben

5.5.1. Diskutieren Sie die Funktion $f(x) = x \cdot e^x$

5.5.2. In der Statistik spielt die Standardnormalverteilung eine wichtige Rolle; deshalb soll sie an dieser Stelle diskutiert werden.

$$f(x) = \frac{1}{\sqrt{2\pi}} \cdot e^{-\frac{1}{2}x^2}$$

5.5.3. Diskutieren Sie die Funktion

$$f(x) = \frac{x}{x^3 - 9x}$$

5.6 Newtonsches Näherungsverfahren

Die Nullstellen vieler Funktionen lassen sich aus der Funktionsgleichung nur schwer berechnen.

Näherungsweise Bestimmung

Das Newtonsche Näherungsverfahren ist eine Methode, die Nullstellen jeder differenzierbaren Funktion näherungsweise zu bestimmen, und zwar beliebig genau.

- Vorgehensweise:

Zunächst wird bei der differenzierbaren Funktion f ein x-Wert x_1 gewählt, von dem vermutet wird, dass er in der Nähe einer Nullstelle liegt. Legt man an die Funktion f eine Tangente durch den Punkt $P_1\ (x_1;f(x_1))$, erhält man eine Schnittstelle x_2 dieser Tangente mit der x-Achse, die näher an der gesuchten Nullstelle liegt als x_1, falls sich die Krümmung der Kurve zwischen x_1 und der Nullstelle nicht ändert (vgl. Abb. 5.6-1).

Existiert zwischen x_1 und der realen Nullstelle ein Wendepunkt, ist das Newtonsche Näherungsverfahren nicht anwendbar, wie die Abbildung 5.6-2 zeigt. x_1 muss also so gewählt werden, dass kein Wendepunkt zwischen x_1 und der tatsächlichen Nullstelle liegt.

Rechnerische Bestimmung

x_2 kann nun rechnerisch aus folgenden beiden Gleichungen für die Tangente t bestimmt werden.

$$t(x_1) = mx_1 + b \qquad \text{dabei gilt: } t(x_1) = f(x_1)$$

$$t(x_2) = mx_2 + b \qquad m = f'(x_1) \text{ und } t(x_2) = 0$$

Daraus folgt für die beiden Gleichungen:

$$\left.\begin{aligned} f(x_1) &= f'(x_1) \cdot x_1 + b \\ 0 &= f'(x_1) \cdot x_2 + b \end{aligned}\right| -$$

$$f(x_1) = f'(x_1) \cdot x_1 - f'(x_1) \cdot x_2$$

$$x_2 = x_1 - \frac{f(x_1)}{f'(x_1)}$$

Abbildung 5.6-1

Newtonsches Näherungsverfahren

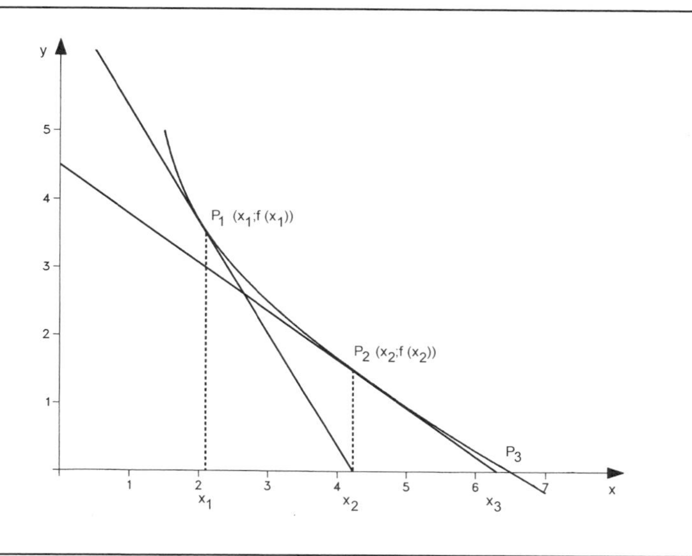

Abbildung 5.6-2

Newtonsches Näherungsverfahren

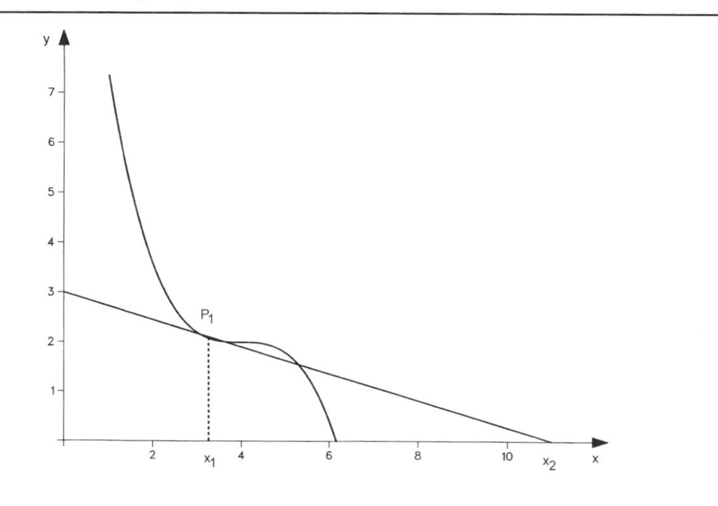

Wiederholung des Verfahrens

Mit den Koordinaten des Punktes P_2 wiederholt man das Verfahren und erhält x_3 in größerer Nähe zur realen Nullstelle.

$$x_3 = x_2 - \frac{f(x_2)}{f'(x_2)}$$

Das Verfahren wird so oft angewandt, bis eine vorher festgelegte Genauigkeitsschranke s unterschritten ist, das heißt für ein errechnetes x_n gilt: $|f(x_n)| < s$.

■ Schema des Newtonschen Näherungsverfahrens

Schema

s ist eine wählbare Genauigkeitsschranke; f ist eine differenzierbare Funktion.

1. Man wähle x_1 in der Nähe einer Nullstelle (Probieren, Wendepunkte beachten)

2. Berechnung von $x_{n+1} = x_n - \frac{f(x_n)}{f'(x_n)}$ für n = 1,2,3,4,...

ist $f(x_{n+1}) = 0$	ist x_{n+1} die Nullstelle, Ende des Verfahrens
ist $\lvert f(x_{n+1})\rvert < s$ x_{n+1}	ist eine ausreichend angenäherte Nullstelle von f, Ende des Verfahrens
ist $\lvert f(x_{n+1})\rvert > s$	Berechnung von x_{n+2} und $f(x_{n+2})$ und Überprüfung von $f(x_{n+2})$

Beispiel

Eine Kurvendiskussion ergab, dass die Funktion f eine Nullstelle besitzt, die etwa bei –1,5 liegen muss.

Die Funktion lautet: $f(x) = 3x^3 - 2x + 5$

Die Genauigkeitsschranke s soll einen Wert von s = 0,002 haben.

$f'(x) = 9x^2 - 2$

$f''(x) = 18x = 0 \rightarrow x = 0$

$f'''(x) = 18 \neq 0$

Das heißt an der Stelle x = 0 liegt der einzige Wendepunkt vor.

Dieser Wendepunkt darf nicht zwischen der vermuteten und der tatsächlichen Nullstelle liegen, damit das Verfahren angewandt werden kann.

Vermutete Nullstelle $x_1 = -1,5$

$x_1 = -1,5 \qquad f(x_1) = -2,125 \qquad f'(x_1) = 18,25$

$$x_2 = x_1 - \frac{f(x_1)}{f'(x_1)} = -1,383561644$$

$f(x_2) = -0,17829555 \qquad f'(x_2) = 15,2281854$

$$x_3 = x_2 - \frac{f(x_2)}{f'(x_2)} = -1,371853384$$

$|f(x_3)| = |-0,001702154| < 0,002$

Als Nullstelle erhält man – 1,371853384

Aufgabe

5.6.1. Berechnen Sie mit Hilfe des Newtonschen Näherungsverfahrens die Nullstellen der Funktion

$f(x) = x^4 + 4x - 3$

Die Genauigkeitsschranke soll $s = 0,001$ betragen.

(Hilfestellung: Die Funktion hat zwei Nullstellen.)

5.7 Wirtschaftswissenschaftliche Anwendungen der Differentialrechnung

5.7.1 Bedeutung der Differentialrechnung für die Wirtschaftswissenschaften

Bei der Analyse von ökonomischen Funktionen interessiert man sich für charakteristische Eigenschaften der Funktion, wie Steigung, Extrema, Wendepunkte, die sich mit Hilfe der Differentialrechnung bestimmen lassen.

Am Beispiel einer Kostenfunktion soll die Anwendung der Differentialrechnung in den Wirtschaftswissenschaften zunächst allgemein verdeutlicht werden.

Kostenfunktion

Die Kostenfunktion $K = K(x)$ stellt den Zusammenhang zwischen der Produktionsmenge x und den Gesamtkosten eines Einproduktunternehmens dar. Die Frage nach der Kostenerhöhung bei einer Produktionsmengenausweitung entspricht der Frage nach der Steigung der Funktion, die durch die erste Ableitung bestimmt wird.

Bei einer Änderung der Produktionsmenge von x_1 auf x_2 ändern sich die Gesamtkosten um $K(x_2) - K(x_1)$.

Wenn nun die Änderung der Kosten in Bezug auf die Produktionsmengenänderung mit $x_2 \rightarrow x_1$ ermittelt werden soll, entspricht dies der Frage nach dem Differentialquotienten

$$\frac{dK}{dx} = \lim_{x_2 \rightarrow x_1} \frac{K(x_2) - K(x_1)}{x_2 - x_1}$$

Der Differentialquotient gibt die Steigung der Kostenfunktion in einem bestimmten Punkt an und entspricht der ersten Ableitung der Funktion.

Grenzkostenfunktion

Die erste Ableitung einer Kostenfunktion wird als Grenzkostenfunktion bezeichnet.

Marginalanalyse

Die Untersuchung von Funktionen bei unendlich kleinen (infinitesimal kleinen) Änderungen der unabhängigen Variablen wird Marginalanalyse genannt. Allgemein ergibt diese Grenzbetrachtung, wie die abhängige Variable variiert, wenn sich die unabhängige Variable um einen gegen Null gehenden Betrag ändert.

Bei der Interpretation der ersten Ableitung einer ökonomischen Funktion wird häufig gesagt, dass die erste Ableitung der Änderung der abhängigen Variablen bei Änderung der unabhängigen Variablen um eine Einheit entspricht.

Beispielsweise ist folgende Ausdruckweise üblich:

„Die Grenzkostenfunktion zeigt die Änderung der Kosten, wenn die Produktionsmenge um eine Einheit geändert wird."

Unendlich kleine Variationen

Diese Interpretation ist mathematisch nicht korrekt, denn die Marginalanalyse untersucht das Funktionsverhalten bei unendlich kleiner Variation der unabhängigen Variablen.

Anstelle von $\Delta x \rightarrow 0$ wird aber $\Delta x = 1$ unterstellt.

Dieser Fehler mag bei der Massenproduktion vernachlässigbar sein. Wenn dagegen die Ausbringungseinheiten einen großen Wert haben und die Produktion relativ klein ist (z. B. Flugzeughersteller), entsprechen die Grenzkosten nicht der Kostenänderung bei einer Produktionsveränderung um eine Einheit.

Um die Interpretation nicht zu komplizieren, wird vereinfachend gesagt: Die erste Ableitung gibt näherungsweise an, in welchem Umfang sich die abhängige Variable ändert, wenn die unabhängige um eine Einheit variiert wird.

Bei der Grenzbetrachtung ökonomischer Funktionen muss beachtet werden, dass diese differenzierbar sein müssen. Diese Voraussetzung ist bei solchen Funktionen, die aufgrund von Sprüngen oder Stufen unstetig sind, nicht erfüllt.

5.7.2 Differentiation wichtiger wirtschaftlicher Funktionen

5.7.2.1 Kostenfunktion

Die erste Ableitung der Kostenfunktion K = K(x) ist die Grenzkostenfunktion

Grenzkostenfunktion

$$K' = \frac{dK}{dx}$$

Sie gibt näherungsweise an, wie sich die Gesamtkosten ändern, wenn die Produktionsmenge um eine Einheit verändert wird.

Beispiel

In einem Unternehmen, das nur ein Produkt herstellt, wurde folgende Kostenfunktion ermittelt:

$$K(x) = \frac{x^2}{10} + 2x + 50$$

Wie lautet die Grenzkostenfunktion?

$$K'(x) = \frac{x}{5} + 2$$

Die Höhe der Grenzkosten hängt davon ab, wie hoch die Produktionsmenge ist, von der ausgegangen wird.

Wie hoch sind die Grenzkosten bei einer Produktionsmenge von 5, 10 und 20 Stück?

$x = 5 \qquad K'(5) = 3$

$x = 10 \qquad K'(10) = 4$

$x = 20 \qquad K'(20) = 6$

Die Steigung der Kostenfunktion nimmt ständig zu (vgl. Abb. 5.7.2.1-1).

Abbildung 5.7.2.1-1 *Kostenfunktion*

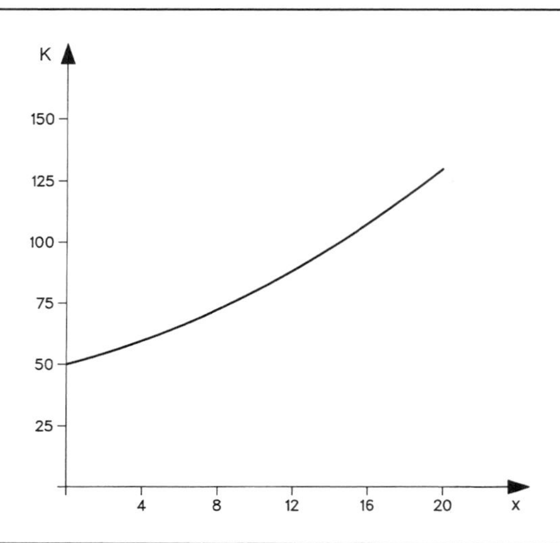

Bei einer Produktionsmenge von x = 5 betragen die Grenzkosten 3 Geldeinheiten.

Wie ändern sich die Kosten, wenn die Produktionsmenge ausgehend von fünf um eine Einheit verringert wird oder wenn sie um eine Einheit erhöht wird?

$$K(5) - K(4) = 62{,}5 - 59{,}6 = 2{,}9$$

$$K(5) - K(6) = 62{,}5 - 65{,}6 = -3{,}1$$

Die Gesamtkosten sinken um 2,9 bzw. steigen um 3,1 Geldeinheiten.

Dies verdeutlicht, dass die Grenzkosten K'(5) = 3 nicht der Kostenänderung bei der Variation um eine Mengeneinheit entsprechen.

Aufgabe

5.7.2.1. Berechnen Sie für die S-förmige Kostenfunktion (aus Kap. 2.6.2) $K(x) = x^3 - 25\,x^2 + 250\,x + 1000$ die Grenzkostenfunktion.

Bereits in Kap. 2.6.2 wurde festgestellt, dass die Grenzkosten bei zunehmender Produktion zunächst fallen und für größeres x dann steigen.

Wie groß sind die Grenzkosten bei $x_1 = 2$, $x_2 = 8$ und $x_3 = 18$?

Bei welcher Produktionsmenge nehmen die Grenzkosten ihr Minimum an?

5.7.2.2 Umsatzfunktion

Die 1. Ableitung der Umsatzfunktion $U = U(x)$ ist die Grenzumsatzfunktion

Grenzumsatzfunktion

$$U' = \frac{dU}{dx}$$

Sie gibt näherungsweise an, um welchen Betrag sich der Umsatz ändert, wenn die abgesetzte Menge sich um eine Einheit ändert.

Wie in Kap. 2.5 beschrieben, lässt sich die Umsatzfunktion durch Multiplikation der Preisabsatzfunktion mit der Menge aufstellen.

Beispiel

Ein Unternehmen hat für sein Produkt durch Erfahrung einen Maximalpreis von 1.000 € und eine Sättigungsmenge von 5.000 Stück festgestellt.

Mit Hilfe der 2-Punkteform lässt sich daraus folgende Preisabsatzfunktion ermitteln, wenn man Linearität unterstellt.

$$p(x) = 1.000 - 0{,}2x$$

Die Umsatzfunktion lautet:

$$U(x) = 1.000x - 0{,}2x^2$$

Die Grenzumsatzfunktion lautet:

$$U'(x) = \frac{dU}{dx} = 1.000 - 0{,}4x$$

Sie hat genau die doppelte negative Steigung der Preisabsatzfunktion.

Das Maximum der Umsatzfunktion wird bei einer Produktionsmenge von 2.500 Stück erreicht.

$$U'(x) = 1.000 - 0{,}4x = 0$$

$$x = 2.500$$

$$U''(2.500) = -0{,}4 < 0 \rightarrow \text{Maximum}$$

Doppelte negative Steigung

Dass die Grenzumsatzfunktion die doppelte negative Steigung der linearen Preisabsatzfunktion hat, gilt nicht nur für dieses spezielle Beispiel, sondern allgemein:

$$p(x) = a - mx$$

$$U(x) = ax - mx^2$$

$$U'(x) = a - 2mx$$

Aufgabe

5.7.2.2. Für das Produkt eines Unternehmens gilt am Markt folgende Preisabsatzfunktion: $p(x) = 1.500 - 0{,}05x$

a) Wie lautet die Grenzumsatzfunktion?

b) Bei welcher Menge wird das Umsatzmaximum erreicht und welcher Preis gilt an dieser Stelle?

c) Zeichnen Sie die Umsatzfunktion und in ein zweites Koordinatensystem Preisabsatz- und Grenzumsatzfunktion.

5.7.2.3 Gewinnfunktion

Grenzgewinnfunktion

Die erste Ableitung der Gewinnfunktion G = G(x) ist die Grenzgewinnfunktion.

$$G' = \frac{dG}{dx}$$

Sie gibt näherungsweise an, um welchen Betrag sich der Gewinn ändert, wenn sich die abgesetzte Menge um eine Einheit ändert.

Da der Gewinn eines Unternehmens die Differenz aus Umsatz und Kosten darstellt G(x) = U(x) – K(x), kann der Grenzgewinn auch als Differenz zwischen Grenzumsatz und Grenzkosten interpretiert werden.

$$G'(x) = U'(x) - K'(x)$$

Beispiel

Die Kostenfunktion eines Unternehmens lautet:

$$K(x) = 440 + 3x$$

Die Preisabsatzfunktion hat die Funktionsgleichung:

$$p(x) = 100 - 0{,}2x$$

Die Gewinnfunktion berechnet sich als die Differenz zwischen Umsatz- und Kostenfunktion.

$$U(x) = p(x) \cdot x = 100x - 0{,}2x^2$$

$$\begin{aligned} G(x) = U(x) - K(x) &= -0{,}2x^2 + 100x - 440 - 3x \\ &= -0{,}2x^2 + 97x - 440 \end{aligned}$$

Die Grenzgewinnfunktion lautet:

$$G'(x) = -0{,}4x + 97$$

Die Berechnung über die Differenz zwischen Grenzumsatz und Grenzkosten ergibt die gleiche Funktion:

$$\begin{aligned} G'(x) &= U'(x) - K'(x) \\ &= 100 - 0{,}4x - 3 \\ &= -0{,}4x + 97 \end{aligned}$$

5.7.2.4 Gewinnmaximierung

Im Zielsystem eines Unternehmens nimmt die Gewinnmaximierung eine wichtige Position ein.

Gewinnmaximierung

Bei Kenntnis der Gewinnfunktion lässt sich das Gewinnmaximum mathematisch dadurch ermitteln, dass die erste Ableitung der Gewinnfunktion, die Grenzgewinnfunktion, gleich Null gesetzt wird. Denn die notwendige Bedingung für das Vorliegen eines Extremwertes lautet, dass die erste Ableitung der entsprechenden Funktion an dieser Stelle Null werden muss.

$$G'(x) = 0$$

oder

$$U'(x) = K'(x)$$

$$\text{da } G'(x) = U'(x) - K'(x) = 0$$

Grenzumsatz = Grenzkosten

An der Stelle des Gewinnmaximums sind Grenzumsatz- und Grenzkostenfunktion gleich, sie schneiden sich.

Wenn die Produktionsmenge gesteigert wird, ist dies so lange mit einer Gewinnsteigerung verbunden, bis die letzte produzierte Einheit einen genauso hohen Umsatzzuwachs (U') erbringt, wie an zusätzlichen Kosten (K') für ihre Herstellung anfallen.

Ob an der berechneten Stelle wirklich ein Maximum existiert, wird mit Hilfe der hinreichenden Bedingung überprüft. Wenn die 2. Ableitung der Gewinnfunktion für den ermittelten Wert negativ ist, liegt ein Maximum vor.

Verlustminimum

An der so berechneten Stelle eines Gewinnmaximums muss jedoch nicht notwendigerweise ein positiver Gewinn erzielt werden. Der maximal erreichbare Gewinn kann auch ein Verlust sein; das Gewinnmaximum wäre dann ein Verlustminimum.

Es ist also sinnvoll, zusätzlich zu überprüfen, welchen Wert der Gewinn an der Stelle des Gewinnmaximums annimmt.

Beispiel

Für die Herstellung eines Produktes gilt in einem Unternehmen die Kostenfunktion:

$$K(x) = 1{,}2x^2 - 5x + 600$$

Es handelt sich um einen Markt mit vollständiger Konkurrenz, und der Anbieter kann den Preis des Produktes nicht beeinflussen. Der Preis stellt für ihn eine Konstante dar. Der Unternehmer kann seinen Umsatz nur über die abgesetzte Menge variieren (Mengenanpasser).

Der Preis für das betreffende Produkt beträgt $p = 50$

Bei welcher Menge wird das Gewinnmaximum erreicht?

Lösen Sie das Problem rechnerisch und fertigen Sie eine Skizze an.

$$G(x) = U(x) - K(x)$$

$$= 50x - 1{,}2x^2 + 5x - 600$$

$$= -1{,}2x^2 + 55x - 600$$

$$G'(x) = -2{,}4x + 55 = 0 \qquad 2{,}4x = 55 \qquad x = 22{,}9167$$

$$G''(23) = -2{,}4$$

Das Gewinnmaximum wird bei einer Menge von (gerundet) 23 Stück erreicht.

$$G(23) = 30{,}2$$

Der maximale Gewinn beträgt 30,20 €.

Abbildung 5.7.2.4-1

Gewinnmaximierung

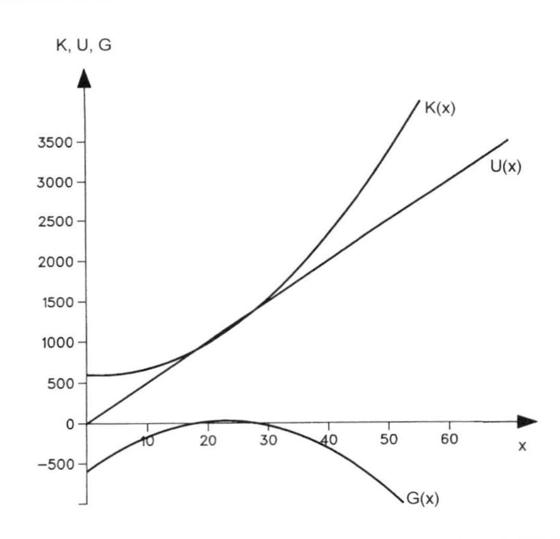

Die Abbildung verdeutlicht, dass das Unternehmen nur eine sehr schmale Gewinnzone hat.

5.7.2.5 Cournotscher Punkt

Gewinnmaximale Preis-Mengen-Kombintion

Der Cournotsche Punkt C beschreibt die gewinnmaximale Preis-Mengen-Kombintion mit den Koordinaten $C(p_c; x_c)$. Er sagt aus, bei welcher Menge x_c der maximale Gewinn erzielt wird und welcher Preis p_c für das Produkt verlangt werden muss, damit sich diese Menge auch absetzen lässt.

Der Counrotsche Punkt lässt sich rechnerisch und grafisch bestimmen.

Beispiel

Ein Unternehmen stellt einen Dachgepäckträger für PKWs zum Transport von Sportmotorrädern her und ist Monopolist auf diesem Markt.

Im letzten Jahr wurden 50 Dachgepäckträger zu einem Preis von 1.200 € verkauft. Bei einer Preiserhöhung um 50 € wird nach einer Marktforschungsuntersuchung ein Rückgang des Absatzes auf 45 Stück erwartet.

Die Preisabsatzfunktion wird als linear angenommen.

Die Gesamtkosten der Produktion betragen:

$$K(x) = \frac{1}{9}x^3 - 8x^2 + 600x + 4.000$$

1. Ermitteln Sie rechnerisch, bei welcher Preismengenkombination das Gewinnmaximum erreicht wird.
2. Lösen Sie das Problem grafisch.

Preisabsatzfunktion

Ein linearer Verlauf wird unterstellt. Zwei Punkte sind bekannt, so dass die 2-Punkte-Form angewandt werden kann.

$$p_1 = 1.200 \quad x_1 = 50$$

$$p_2 = 1.250 \quad x_2 = 45$$

$$\frac{p_2 - p_1}{x_2 - x_1} = \frac{p_1 - p}{x_1 - x}$$

$$\frac{1.250 - 1.200}{45 - 50} = \frac{1.200 - p}{50 - x}$$

$$\frac{50}{-5} = \frac{1.200 - p}{50 - x}$$

$$-500 + 10x = 1200 - p$$

$$p(x) = 1.700 - 10x$$

Umsatzfunktion

$$U(x) = p \cdot x$$

$$= 1.700x - 10x^2$$

Gewinnfunktion

$$G(x) = U(x) - K(x)$$

$$= 1.700x - 10x^2 - \frac{1}{9}x^3 + 8x^2 - 600x - 4.000$$

$$= -\frac{1}{9}x^3 - 2x^2 + 1.100x - 4000$$

Ermittlung des Gewinnmaximums

$$G'(x) = -\frac{1}{3}x^2 - 4x + 1.100$$

$$G'(x) = 0$$

$$-\frac{1}{3}x^2 - 4x + 1.100 = 0$$

$$x^2 + 12x - 3.300 = 0$$

$$x_{1,2} = -6 \pm \sqrt{36 + 3.300}$$

$$= -6 \pm \sqrt{3.336}$$

$$= -6 \pm 57{,}7581$$

$$x_1 = 51{,}7581$$

$x_2 = -63{,}7581 \rightarrow$ ökonomisch nicht relevant

Hinreichende Bedingung

$$G''(x) = -\frac{2}{3}x - 4$$

$G''(51{,}7581) = -38{,}5054 < 0 \rightarrow$ Maximum

Bei einer abgesetzten Menge von gerundet 52 Dachgepäckträgern erzielt der Unternehmer einen maximalen Gewinn.

Der Preis, den er verlangen muss, ergibt sich aus der Preisabsatzfunktion.

Preis

$$p(x) = 1.700 - 10x$$

$$p(52) = 1.180$$

Der Unternehmer muss einen Preis von 1.180 € verlangen, um 52 Stück absetzen zu können.

Den maximalen Gewinn erhält man durch Einsetzen der berechneten Menge von 52 Stück in die Gewinnfunktion.

$$G(x) = -\frac{1}{9}x^3 - 2x^2 + 1.100x - 4.000$$

$$G(52) = 32.168,89$$

Wenn das Unternehmen einen Preis von 1.180 € verlangt, wird es 52 Motorradträger jährlich absetzen und damit einen maximalen Gewinn von 32.168,89 € erzielen.

Da die Stückzahl von 51,7581 auf 52 gerundet wurde, sollte zusätzlich untersucht werden, ob eine Abrundung auf 51 nicht zu einem höheren Gewinn führen würde.

$$G(51) = 32.159,00$$

Der Gewinn bei einem Absatz von 52 Stück ist größer.

Grafische Lösung

Die Nullstellen der Umsatzfunktion $x_1 = 0$ und $x_2 = 170$ begrenzen den relevanten Bereich.

Wertetabelle

x	U(x)	K(x)	G(x)	K'(x)
0	0	4.000,00	-4.000,00	600,00
20	30.000	13.688,89	16.311,11	413,33
40	52.000	22.311,11	29.688,89	493,33
60	66.000	35.200,00	30.800,00	840,00
80	72.000	57.688,89	14.311,11	1.453,33
85	72.250	65.436,11	6.813,89	1.648,33
100	70.000	958.111,11	-25.111,11	2.333,33
120	60.000	125.800,00	-92.800,00	3.480,00
140	42.000	236.088,89	-194.088,89	4.893,33
160	16.000	350.311,11	-344.311,11	6.573,33
170	0	420.688,89	-420.688,89	7.513,33

Preisabsatz- und Grenzumsatzfunktion sind linear, für sie erübrigt sich die Aufstellung einer Wertetabelle.

Abbildung 5.7.2.5-1

Gewinnmaximierung

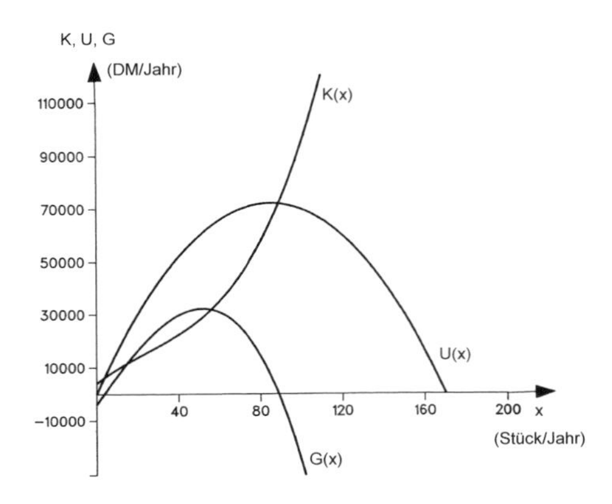

Abbildung 5.7.2.5-2

Der Cournotsche Punkt

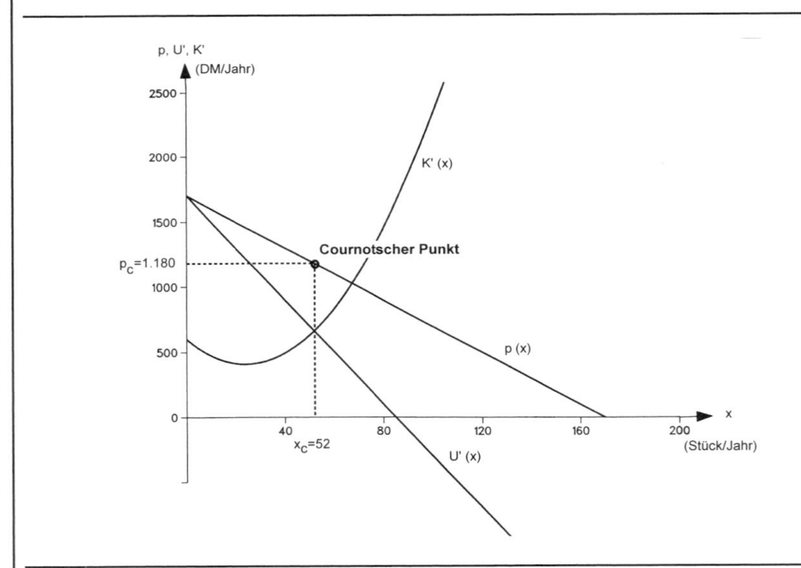

Die Ermittlung des Gewinnmaximums für einen Angebotsmonopolisten, der den Preis für sein Produkt steuern kann und für den eine Preisabsatzfunktion relevant ist, soll allgemein an den obigen Abbildungen erläutert werden.

Die Preisabsatzfunktion hat einen linearen Verlauf. Daraus ergeben sich eine parabelförmige Umsatzfunktion und eine Grenzumsatzfunktion mit der doppelten negativen Steigung wie die Preisabsatzfunktion.

Der Schnittpunkt von U' und K' gibt die gewinnmaximale Menge x_C an, da die notwendige Bedingung für das Vorliegen eines Extremwertes verlangt, dass $G'(x) = 0$ ist und damit gilt: $U'(x) = K'(x)$ an der Stelle des Gewinnmaximums.

Cournotscher Punkt

Wenn man den zu x_C gehörenden Punkt auf der Preisabsatzfunktion einträgt, erhält man den Cournotschen Punkt C.

Der Cournotsche Punkt gibt die Koordinaten der gewinnmaximalen Preis-Mengen-Kombination an (p_C, x_C).

Aufgabe

5.7.2.5. Ermitteln Sie die gewinnmaximale Preismengenkombination für ein Unternehmen mit der Preisabsatzfunktion

$p(x) = 12 - 0{,}8x$

und der Kostenfunktion

$K(x) = 32 + 2x$

Wie hoch ist der Gewinn an dieser Stelle?

Ermitteln Sie den Cournotschen Punkt auch grafisch.

5.7.2.6 Optimale Bestellmenge

Die Bestimmung der kostenminimalen Bestellmenge stellt ein komplexes Problem dar, weil mehrere gegenläufige Einflussgrößen zu beachten sind.

Die Frage nach der optimalen Bestellmenge stellt sich solchen Unternehmen, die regelmäßig ein bestimmtes Rohprodukt für die Produktion verbrauchen oder als Handelsunternehmen regelmäßig ein bestimmtes Produkt verkaufen.

Lagerkosten und Beschaffungskosten

Das Unternehmen muss also ein Lager mit dem betreffenden Produkt unterhalten. Bei der Lagerung entstehen Lagerkosten und Zinsen für das im Lager gebundene Kapital, so dass die Lagermenge möglichst gering zu halten ist. Andererseits entstehen für jede Bestellung und Lieferung Bestell- und Beschaffungskosten, so dass möglichst selten und in großen Mengen bestellt werden sollte.

Es ist also die Bestellmenge zu ermitteln, bei der die Summe aus den gegenläufigen Bestell- und Lagerkosten minimal wird.

Beispiel

Ein Hersteller von EDV-Anlagen benötigt jährlich 9.000 elektronische Bauteile zu einem Preis von 200 € pro Stück.

Die Transportkosten betragen pro Bestellung 100 € unabhängig von der Bestellmenge. Die Lagerkosten und Zinsen für das am Lager gebundene Kapital werden mit 10 % kalkuliert.

Wie groß ist die optimale Bestellmenge?

Bevor die Aufgabe gelöst werden kann, müssen zunächst einige Annahmen getroffen werden:

Annahmen

- Das Lager wird genau dann wieder aufgefüllt, wenn es leer ist.
- Die Lagerabgangsgeschwindigkeit ist konstant. Im Durchschnitt ist dann immer die halbe Bestellmenge am Lager, wie folgende grafische Darstellung der Entwicklung des Lagerbestandes im Zeitablauf verdeutlicht.

Abbildung 5.7.2.6-1 *Lagerbestand*

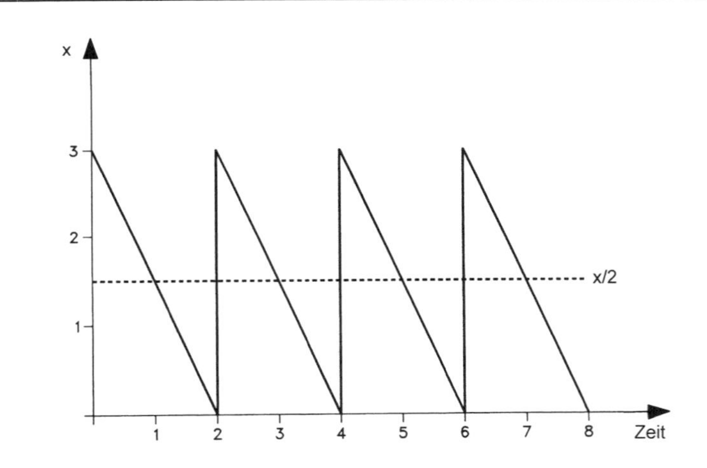

- Die Bestellkosten (incl. Transportkosten) sind von der Bestellmenge unabhängig.
- Die Lagerkosten sind proportional zur Lagermenge.

Um die optimale Bestellmenge berechnen zu können, bei der die Kosten minimal werden, ist die Aufstellung der Kostenfunktion notwendig.

Symbole

Dazu werden in der Literatur üblicherweise folgende Symbole verwandt:

x – Bestellmenge

m – Bedarfsmenge des Produktes pro Periode

s – Preis des Produktes

E – Bestellkosten für eine Bestellung

p – Lagerkosten und Zinskosten in Prozent

Bestandteile der Gesamtkosten

Die Gesamtkosten pro Periode (meist ein Jahr) setzen sich zusammen aus:

- dem Rechnungsbetrag, der für das Produkt bezahlt werden muss. Er lautet $m \cdot s$ (Preis · Menge).
- den Bestellkosten für jede Bestellung. Die Anzahl der Bestellungen zur Auffüllung des Lagers ist $\frac{m}{x}$. Damit betragen die gesamten Bestellkosten der Periode

  $$E \cdot \frac{m}{x}$$

- den Zins- und Lagerkosten. Da der Lagerabgang kontinuierlich verläuft, beträgt der durchschnittliche Lagerbestand $\frac{x}{2}$

  Das durchschnittlich im Lager gebundene Kapital ist somit $\frac{x \cdot s}{2}$

  Die Lager- und Zinskosten p sind in Prozent angegeben. Das gebundene Kapital muss also mit $\frac{p}{100}$ multipliziert werden.

  Die Zins- und Lagerkosten pro Periode betragen

  $$\frac{x \cdot s \cdot p}{200}$$

Durch Addition gelangt man zu den Gesamtkosten pro Periode.

Gesamtkosten

$$K = m \cdot s + E \cdot \frac{m}{x} + \frac{x \cdot s \cdot p}{200}$$

Die kostenminimale Bestellmenge lässt sich durch Differenzieren der Kostenfunktion nach x berechnen.

$$K' = \frac{dK}{dx} = -\frac{E \cdot m}{x^2} + \frac{s \cdot p}{200} = 0$$

Durch Auflösen nach x erhält man die optimale Bestellmenge x_{opt}

Optimale Bestellmenge

$$x_{opt} = \sqrt{\frac{200 \cdot m \cdot E}{p \cdot s}}$$

Auf die Untersuchung der hinreichenden Bedingung mit Hilfe der zweiten Ableitung soll hier verzichtet werden.

Beispiel

Die Angaben des obigen Beispiels zur optimalen Bestellmenge eines Herstellers von EDV-Anlagen lauten zusammengefasst:

m = 9.000 Stück

s = 200 € pro Stück

E = 100 €

p = 10

$$x_{opt} = \sqrt{\frac{200 \cdot 9.000 \cdot 100}{10 \cdot 200}} = 300$$

Die optimale Bestellmenge beträgt 300 Stück. Es müssen demnach 30 Bestellungen pro Jahr aufgegeben werden.

Aufgabe

5.7.2.6. Ein Heimwerkermarkt kann in einem Jahr 2.000 Packungen eines bestimmten Isoliermaterials absetzen. Der Einkaufspreis jeder Packung beträgt 40 €. Für jede Lieferung sind Transportkosten in Höhe von 50 € zu zahlen. Für die Lagerkosten, die auch Kapitalbindung, Schwund und Personalkosten des Lagers umfassen, kalkuliert das Handelsunternehmen Kosten in Höhe von 8 % des Wertes des durchschnittlichen Lagerbestandes.

Wie oft muss pro Jahr bestellt werden?

5.7.2.7 Elastizitäten

Die Analyse der ersten Ableitung einer Funktion reicht oftmals nicht aus, um für alle Fragestellungen nach dem Änderungsverhalten von ökonomischen Funktionen die optimale Antwort zu finden.

Vor allem für die Untersuchung des Verhältnisses zwischen Preisänderung und damit verbundener Mengenänderung bei der Nachfragefunktion wird der Begriff der Elastizität benötigt.

Wenn beispielsweise der Preis eines Autoradios von 500 € auf 550 € steigt, und sich ein Auto ebenfalls um 50 € auf 20.050 € verteuert, so ist die absolute Preisänderung gleich.

$\Delta p = 50$ € (Autoradio)

$\Delta p = 50$ € (Auto)

Relative Preisänderung

Dagegen beträgt die relative Preisänderung beim Radio $\frac{\Delta p}{p} = 0{,}1$ oder 10 % (absolute Änderung bezogen auf den Ausgangswert) und beim Auto 0,0025 oder 0,25 %.

Elastizität

Die Elastizität berücksichtigt im Gegensatz zur Steigung die relativen Änderungen der unabhängigen als auch der abhängigen Variable.

Aus dem Steigungsbegriff leitet sich der Elastizitätsbegriff auf folgende Weise ab:

$$f'(x) = \lim_{\Delta x \to 0} \frac{\Delta y}{\Delta x} = \frac{dy}{dx} \qquad e_{y,x} = \lim_{\Delta x \to 0} \frac{\frac{\Delta y}{y}}{\frac{\Delta x}{x}} = \frac{\frac{dy}{y}}{\frac{dx}{x}}$$

Mit $e_{y,x}$ wird die Elastizität einer Variablen y (abhängige Variable) bezüglich der Größe x (unabhängige Variable) bezeichnet.

Durch Umwandlung dieser Formel erhält man die allgemein übliche Schreibweise der Elastizität:

$$ey,x = \frac{\frac{dy}{y}}{\frac{dx}{x}} = \frac{dy}{y} \div \frac{dx}{x} = \frac{dy}{y} \cdot \frac{x}{dx} = \frac{dy}{dx} \cdot \frac{x}{y}$$

$\frac{dy}{dx}$ entspricht der ersten Ableitung

$\frac{x}{y}$ entspricht dem Kehrwert der Durchschnittsfunktion $\frac{y}{x}$

Die Elastizität wird deshalb häufig folgendermaßen angegeben:

$$e_{y,x} = \frac{dy}{dx} \cdot \frac{x}{y} = \frac{\text{erste Ableitung}}{\text{Durchschnittsfunktion}}$$

Punktelastizität

Die Elastizität ist, wie die erste Ableitung, eine Funktion von x. Sie bezieht sich auf einen bestimmten Punkt der betrachteten Funktion und wird aus diesem Grund Punktelastizität genannt.

Bezogen auf die Nachfragefunktion lautet die Formel für die Punktelastizität:

$$e_{x,p} = \frac{dx}{dp} \cdot \frac{p}{x}$$

Preiselastizität der Nachfrage

Hierbei ist zu beachten, dass p als unabhängige Variable und x als abhängige Variable auftritt.

Sie gibt näherungsweise (wegen der Grenzbetrachtung) an, um welchen Prozentsatz sich die Nachfragemenge verändert, wenn der Preis um 1 % variiert wird. Man bezeichnet sie als Preiselastizität der Nachfrage, da sie die Elastizität der Nachfrage bezüglich des Preises wiedergibt.

Beispiel

Für die Nachfragefunktion p(x) = 4.000 – 0,1x für Farbfernsehgeräte eines bestimmten Typs soll die Preiselastizität der Nachfrage für $p_1 = 3.000$, $p_2 = 2.000$, $p_3 = 1.000$, $p_4 = 3.999$ und $p_5 = 1$ bestimmt werden.

Zuerst muss die Nachfragefunktion so umformuliert werden, dass x als abhängige und p als unabhängige Variable auftreten (Umkehrfunktion s. Kap. 2.3).

$$p(x) = 4.000 - 0{,}1x$$

$$0{,}1x = 4.000 - p \quad | \cdot 10$$

$$x = 40.000 - 10p$$

$$e_{x,p} = \frac{dx}{dp} \cdot \frac{p}{x} \quad \text{mit} \quad \frac{dx}{dp} = -10$$

$p_1 = 3.000$ hat eine nachgefragte Menge von 10.000 zur Folge.

$$e_{x_1,p_1} = -10 \cdot \frac{3.000}{10.000} = -3$$

Das heißt eine einprozentige Preisänderung verursacht an dieser Stelle $p_1 = 3.000$ eine dreiprozentige Änderung von x; und zwar verursacht eine Preiserhöhung eine Nachfrageeinbuße bzw. eine Preissenkung eine Nachfragesteigerung. Das negative Vorzeichen der Elastizität zeigt die gegenläufige Verhaltensweise bei einer Änderung an.

Folgender Gedankengang beweist die Richtigkeit des Ergebnisses:

Preisänderung $\Delta p = 3.030 - 3.000 = 30$

$$x\,(3.030) = 40.000 - 10 \cdot 3.030 = 9.700$$

Nachfrageänderung $\Delta x = 10.000 - 9.700 = 300$

$$\frac{\Delta x}{x} = \frac{300}{10.000} = 0{,}03 \text{ oder } 3\ \%$$

$$p_2 = 2.000,\ x_2 = 20.000 \qquad e_{x_2,p_2} = -10 \cdot \frac{2.000}{20.000} = -1$$

Das heißt eine einprozentige Preisänderung hat eine einprozentige Änderung der Nachfrage zur Folge.

$$p_3 = 1.000,\ x_3 = 30.000 \qquad e_{x_3 p_3} = -10 \cdot \frac{1.000}{30.000} = -0{,}33333$$

Das heißt eine 1 % Preisänderung hat eine 0,3333 % Änderung der Nachfrage zur Folge.

$$p_4 = 3.999,\ x_4 = 10 \qquad e_{x_4,p_4} = -10 \cdot \frac{3.999}{10} = -3.999$$

Das heißt eine 1 % Preisänderung hat eine 3.999 % Änderung der Nachfrage zur Folge.

$$p_5 = 1,\ x_5 = 39.990 \qquad e_{x_5,p_5} = -10 \cdot \frac{1}{39.990} = -0{,}00025$$

Das heißt eine 1 % Preisänderung hat eine 0,00025 % Änderung der Nachfrage zur Folge.

Das Beispiel zeigt, dass die Preiselastizität im Gegensatz zur Steigung bei linearen Funktionen nicht konstant ist, sondern Werte zwischen 0 und $-\infty$ annimmt.

Große Betragswerte der Elastizität bedeuten, dass eine nur geringe Preisänderung die Nachfragemenge stark beeinflusst (s. p_1 und p_4); kleine Betragswerte zeigen, dass eine Preisänderung sich nur gering auf die Nachfragemenge auswirkt (p_3 und p_5). Bei p_2 hat die Elastizität den Wert -1; die Preisänderung ist genauso stark wie die Nachfrageänderung.

Die Verwendung folgender Begriffe ist üblich:

Elastizität

$e = 0$:	die Funktion ist an dieser Stelle vollkommen unelastisch
$-1 < e < +1$:	die Funktion ist an dieser Stelle unelastisch
$\lvert e \rvert > 1$:	die Funktion ist an dieser Stelle elastisch
$e = \pm\infty$:	die Funktion ist an dieser Stelle vollkommen elastisch

Die Nachfragefunktion ist für p_1 und p_4 elastisch, für p_3 und p_5 unelastisch.

Bei p_2= 2.000 liegt die Grenze zwischen elastischem und unelastischem Bereich.

Elastizitätsfunktionen

Es lassen sich jedoch nicht nur die Punktelastizitäten berechnen, sondern man kann zu vorgegebenen Funktionen die entsprechenden Elastizitätsfunktionen aufstellen.

Beispiel

Bestimmen Sie zu der S-förmigen Kostenfunktion

$$K(x) = x^3 - 25x^2 + 250x + 1.000$$

die Elastizitätsfunktion.

Da die Elastizität als Quotient aus der ersten Ableitung und der Durchschnittsfunktion definiert ist, lässt sie sich auch als eine Funktion darstellen.

$$\frac{dk}{dx} = K'(x) = 3x^2 - 50x + 250$$

$$k(x) = \frac{K(x)}{x} = \frac{x^3 - 25x^2 + 250x + 1.000}{x}$$

Die Elastizitätsfunktion lautet:

$$e_{K,x} = \frac{3x^3 - 50x^2 + 250x}{x^3 - 25x^2 + 250x + 1.000}$$

Zusätzlich zur Berechnung von Elastizitäten an verschiedenen Punkten einer Funktion lassen sich weitergehende ökonomische Folgerungen mit Hilfe des Elastizitätsbegriffs ziehen.

Umsatzänderung bei Preisänderung

Dies soll am Beispiel der Beurteilung der Umsatzänderung bei einer Preisänderung verdeutlicht werden.

Die Umsatzfunktion U lautet: $U(x) = p(x) \cdot x = p \cdot x$

und damit die Grenzumsatzfunktion U':

$$U'(x) = \frac{dU(x)}{dx} = \frac{d(p \cdot x)}{dx} = p + \frac{dp}{dx} \cdot x \quad \text{Produktregel}$$

$$= p + \frac{dp}{dx} \cdot \frac{x \cdot p}{p} \quad \text{Erweiterung des Bruchs mit p}$$

$$= p\left(1 + \frac{dp}{dx} \cdot \frac{x}{p}\right)$$

$$= p\left(1 + \frac{1}{\frac{dx}{dp} \cdot \frac{p}{x}}\right)$$

$$= p\left(1 + \frac{1}{e_{x,p}}\right)$$

Umsatzsteigerung

Es ergibt sich nun die Frage, unter welchen Bedingungen eine Preisänderung eine Umsatzsteigerung hervorruft. Mit anderen Worten, wann gilt: $U'(x) > 0$?

Das ist dann der Fall, wenn $\frac{1}{e_{x,p}} > -1$ d.h. wenn $e_{x,p} < -1$ ist (die Preiselastizität ist immer negativ).

$e_{x,p} < -1$: $-1 < \frac{1}{e_{x,p}} < 0$: $U'(x) > 0$, wenn der Preis erhöht wird

$e_{x,p} > -1$: $\frac{1}{e_{x,p}} < -1$: $U'(x) < 0$, wenn der Preis erhöht wird

$e_{x,p} = -1$: $\frac{1}{e_{x,p}} = -1$: $U'(x) = 0$, das heißt eine geringe Preisänderung hat keinen Einfluss auf den Umsatz

Zusammenfassend ergibt sich also:

$e_{x,p} < -1$:	Preiserhöhung	$\Rightarrow$ Umsatzsteigerung
	Preissenkung	$\Rightarrow$ Umsatzeinbuße
$e_{x,p} > -1$:	Preiserhöhung	$\Rightarrow$ Umsatzeinbuße
	Preissenkung	$\Rightarrow$ Umsatzsteigerung

Aufgaben

5.7.2.7.1. Für ein Produkt seien Nachfrage- und Angebotsfunktion bekannt:

$x = 160 - 2p$

$x = -50 + p$

Welche Elastizität haben die Funktionen an der Stelle des Marktgleichgewichtes?

5.7.2.7.2. Berechnen Sie zu folgender Preisabsatzfunktion

$p(x) = 5.000 - 4x$

a) die Elastizitätsfunktion

b) die Elastizität für folgende Preise und interpretieren Sie die Ergebnisse:

$p_1 = 3.000$ $p_2 = 1.000$ $p_3 = 100$

6 Differentialrechnung bei Funktionen mit mehreren unabhängigen Variablen

6.1 Partielle erste Ableitung

Die Abbildung einer Funktion mit einer unabhängigen und einer abhängigen Variablen entspricht einer Kurve in der Ebene, und die erste Ableitung dieser Funktion kann anschaulich als die Steigung dieser Kurve an einer bestimmten Stelle interpretiert werden.

Fläche im Raum

Eine Funktion mit zwei unabhängigen Variablen x und y und der abhängigen Variablen z entspricht grafisch einer Fläche im dreidimensionalen Raum (vgl. Kap. 3).

Man schreibt: $z = f(x; y)$

Die erste Ableitung einer solchen Funktion kann nicht ohne weiteres als Steigung interpretiert werden.

Steigung einer Fläche

Die Steigung einer Fläche in einem Raum lässt sich nicht eindeutig festgelegen, denn sie nimmt unterschiedliche Werte an in Abhängigkeit von der Richtung, in der sie gemessen wird. Sie ist abhängig vom Wert beider unabhängigen Variablen x und y und zusätzlich von der Richtung.

Man kann diese Tatsache veranschaulichen, wenn man sich eine Person auf einer schiefen Ebene vorstellt, zum Beispiel auf einem Skihang.

Wenn sich die Person auf dem Punkt P der in Abb. 6.1-1 skizzierten Fläche befindet, sind damit die Koordinaten x, y und z festgelegt, jedoch nicht die Steigung in diesem Punkt.

Richtungsabhängige Steigung

Die Steigung ist zusätzlich davon abhängig, in welche Richtung sich die Person auf diesem Skihang bewegt.

Sie kann bergab fahren (I) und damit die maximale negative Steigung erreichen, sich bergauf in Richtung der höchstmöglichen Steigung bewegen (II), einen Weg auf einer Höhenlinie mit einer Steigung von Null wählen (III) oder auch alle Richtungen, die dazwischen liegen.

Abbildung 6.1-1 *Richtungsabhängige Steigung*

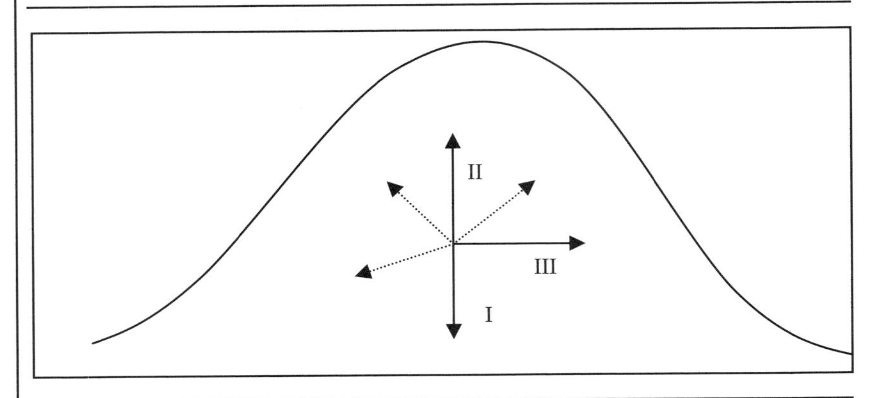

Wenn die Richtung der Bewegung geändert wird, ändert sich folglich auch der Wert der Steigung.

Eine Aussage über die richtungsabhängige Steigung der Funktionsfläche lässt sich mit Hilfe der partiellen Ableitungen treffen.

Partielle Ableitung

Bei der Berechnung einer partiellen Ableitung wird die Abhängigkeit der Funktion von nur einer der unabhängigen Variablen betrachtet, während alle anderen als konstant angenommen werden.

Partieller Differentialquotient

In der Funktion z = f(x; y) wird entweder x als konstant angenommen, so dass die Funktion nur noch von y abhängt, oder man setzt y konstant. Die Änderung des Funktionswertes ins Verhältnis gesetzt zur Änderung einer der unabhängigen Variablen bei Konstanthalten der übrigen bezeichnet man als partiellen Differentialquotienten.

Grafisch entspricht diese Vorgehensweise Schnitten durch die Funktion, die parallel zu den Koordinatenebenen verlaufen. Man ermittelt somit die Steigung in Richtung jeweils einer Koordinatenachse.

Definition

Die erste partielle Ableitung der Funktion z = f(x;y) nach y lautet (partieller Differentialquotient):

$$\lim_{\Delta y \to 0} \frac{f(x,y+\Delta y) - f(x,y)}{\Delta y} = \frac{\partial f(x;y)}{\partial y}$$

(ò ist ein stilisiertes d)

Andere Schreibweisen:

$$\frac{\partial f(x;y)}{\partial y} = \frac{\partial z}{\partial y} = z'_y = f_y'(x;y)$$

Analog lässt sich die erste partielle Ableitung nach x bestimmen; dabei wird y konstant gesetzt:

$$\lim_{\Delta x \to 0} \frac{f(x+\Delta x, y) - f(x,y)}{\Delta x} = \frac{\partial f(x;y)}{\partial x}$$

Es gibt also genauso viele partielle erste Ableitungen einer Funktion wie unabhängige Variablen, d. h. eine Funktion mit vier unabhängigen Variablen $z = f(x_1; x_2; x_3; x_4)$ besitzt vier partielle Ableitungen erster Ordnung. Es wird nach jeweils einer Variablen abgeleitet, wobei die übrigen drei als konstant aufgefasst werden.

Nach einer Variablen ableiten - alle anderen konstant

Für die Bestimmung der partiellen Ableitungen gelten die gleichen Regeln und Techniken wie beim Differenzieren von Funktionen mit einer unabhängigen Variablen. Es ist nur zu beachten, dass alle Variablen bis auf die eine, nach der differenziert wird, als Konstante anzusehen sind. Sie werden allerdings nur beim Differenzieren wie eine Konstante behandelt, sind aber nach wie vor Variablen.

Beispiele

1. $z = x^2 + 4y^3$ $\quad \frac{\partial z}{\partial x} = 2x \quad \frac{\partial z}{\partial y} = 12y^2$

2. $z = x^n y^m$ $\quad \frac{\partial z}{\partial x} = nx^{(n-1)}y^m \quad \frac{\partial z}{\partial y} = x^n m y^{(m-1)}$

3. $z = 3x_1 + 5x_2 - x_3 + 8x_4$ $\quad \frac{\partial z}{\partial x_1} = 3 \quad \frac{\partial z}{\partial x_2} = 5$

   $\frac{\partial z}{\partial x_3} = -1 \quad \frac{\partial z}{\partial x_4} = 8$

4. $z = 4x_1{}^2x_2 + x_1x_2x_3 + x_2 - x_4$

   $\frac{\partial z}{\partial x_1} = 8x_1x_2 + x_2x_3 \quad \frac{\partial z}{\partial x_2} = 4x_1{}^2 + x_1x_3 + 1$

   $\frac{\partial z}{\partial x_3} = x_1x_2 \quad \frac{\partial z}{\partial x_4} = -1$

Aufgaben

Bestimmen Sie alle ersten partiellen Ableitungen

6.1.1. $z = 2x^3 - x^2y + 4xy^2 + 3y^3$

6.1.2. $z = ax + by + c$

6.1.3. $z = x \cdot \ln y$

6.1.4. $z = \sqrt{6x^2 - 2y^2}$

6.1.5. $z = x \cdot e^{x^2 - y^2}$

6.1.6. $z = 5x_1^2 x_2^4 x_3^3 x_4 + x_5$

6.2 Partielle Ableitungen höherer Ordnung

Da auch die partiellen Ableitungen wieder Funktionen der unabhängigen Variablen sind, lassen sie sich wie die Ableitungen von Funktionen mit einer unabhängigen Variablen noch einmal partiell differenzieren.

Partielle Ableitungen zweiter Ordnung

Man erhält die partiellen Ableitungen zweiter Ordnung der Funktion.

Beispiel

$$z = 2x^3 + x^2y - 4xy^2 - e^x + \ln y$$

$$\frac{\partial z}{\partial x} = 6x^2 + 2xy - 4y^2 - e^x \qquad \frac{\partial z}{\partial y} = x^2 - 8xy + \frac{1}{y}$$

$$\frac{\partial^2 z}{\partial^2 x} = 12x + 2y - e^x \qquad \frac{\partial^2 z}{\partial^2 y} = -8x - \frac{1}{y^2}$$

Gemischte Ableitungen

Weiterhin ist es möglich, die erste partielle Ableitung nach x im zweiten Schritt nach y sowie die partielle Ableitung nach y anschließend nach x zu differenzieren. Man erhält dann die gemischten Ableitungen zweiter Ordnung.

Beispiel

Für das Beispiel gilt dann:

$$\frac{\partial^2 z}{\partial x \partial y} = 2x - 8y \qquad \frac{\partial^2 z}{\partial y \partial x} = 2x - 8y$$

Die Reihenfolge der Variablen im Nenner gibt die Reihenfolge der Differentiation an. Das Beispiel zeigt, dass beide gemischten zweiten Ableitungen zum gleichen Ergebnis führen.

Allgemein gilt:

Reihenfolge ohne Bedeutung

Die Reihenfolge der Differentiation bei gemischten partiellen Ableitungen ist für das Ergebnis ohne Bedeutung.

Durch weiteres Differenzieren gelangt man zu den partiellen Ableitungen höherer Ordnung, wobei die Anzahl der gemischten Ableitungen ständig zunimmt.

Beispiel

Die Ableitungen 3. Ordnung der Funktion sind:

$$\frac{\partial^3 z}{\partial^3 x} = 12 - e^x \qquad \frac{\partial^3 z}{\partial x^2 \partial y} = 2 \qquad \frac{\partial^3 z}{\partial x \partial y^2} = -8 \qquad \frac{\partial^3 z}{\partial y^3} = \frac{2}{y^3}$$

Für die praktische Anwendung der Differentialrechnung mit mehreren Variablen in den Wirtschaftswissenschaften benötigt man im Allgemeinen die partiellen Ableitungen erster und zweiter Ordnung.

Aufgaben

Berechnen Sie alle partiellen Ableitungen erster und zweiter Ordnung:

6.2.1. $z = x^2 + y^3$

6.2.2. $z = 6x^3y^2$

6.3 Extremwertbestimmung

Auch bei Funktionen mit mehreren unabhängigen Variablen ist die Extremwertbestimmung eine der wichtigsten Anwendungsgebiete der Differentialrechnung im Bereich der Wirtschaftswissenschaften.

Definition

Eine Funktion $z = f(x;y)$ hat an der Stelle $(x_0;y_0)$ einen Extremwert, wenn in der Umgebung um diesen Punkt alle Funktionswerte kleiner (Maximum) oder größer (Minimum) sind.

Auch hier kann - analog zur Definition bei Funktionen mit einer unabhängigen Variablen - zwischen relativen und absoluten Extremwerten unterschieden werden.

Ohne auf die grafische Darstellung hier näher einzugehen, kann man sich vorstellen, dass eine Tangentialebene, welche die Funktionsfläche im Extrempunkt berührt, parallel zur x-y-Ebene verlaufen muss (vgl. Abb. 6.1-1).

Daraus folgt, dass die Steigung der Fläche in Richtung der x-Achse und der y-Achse Null ist. In einem Extrempunkt müssen also die ersten partiellen Ableitungen gleich Null sein.

Notwendige Bedingung

Damit ist die notwendige Bedingung für das Vorliegen eines Extremwertes der Funktion $z = f(x, y)$ an der Stelle $(x_0; y_0)$ gefunden. Sie lautet, dass die ersten partiellen Ableitungen an dieser Stelle gleich Null sein müssen.

$$f_x'(x_0,y_0) = 0 \quad \text{und} \quad f_y'(x_0,y_0) = 0$$

Kritische Punkte

Wenn man also die Extremwerte einer Funktion mit mehreren Veränderlichen zu berechnen hat, werden alle partiellen Ableitungen bestimmt und gleich Null gesetzt. Durch die Lösung des Gleichungssystems erhält man Kritische Punkte, die Extremwerte sein können.

Diese gefundenen Kritischen Punkte werden mit Hilfe der hinreichenden Bedingung darauf überprüft, ob wirklich Extrema an dieser Stelle vorliegen.

Genau wie bei Funktionen mit einer unabhängigen Variablen ist auch hier der Fall möglich, dass die partiellen Ableitungen an Punkten Null werden, an denen keine Extrema sondern Sattelpunkte vorliegen. Um die Kritischen Punkte weiter zu untersuchen, müssen die zweiten partiellen Ableitungen berechnet werden.

Hinreichende Bedingung

Hinreichende Bedingung für das Vorliegen eines Extremwertes der Funktion $z = f(x; y)$ an der Stelle $(x_0; y_0)$ ist:

$$f_x'(x_0; y_0) = 0 \quad \text{und} \quad f_y'(x_0; y_0) = 0$$

$$\text{und}$$

$$f_{xx}''(x_0; y_0) \cdot f_{yy}''(x_0; y_0) > (f_{xy}''(x_0; y_0))^2$$

wenn

Maximum

$f_{xx}''(x_0; y_0) < 0$ und damit auch $f_{yy}''(x_0; y_0) < 0$, so liegt ein relatives Maximum vor

Minimum

$f_{xx}''(x_0; y_0) > 0$ und damit auch $f_{yy}''(x_0; y_0) > 0$, so liegt ein relatives Minimum vor

Extremwerte von Funktionen mit mehr als zwei unabhängigen Variablen sind im Prinzip auf die gleiche Weise zu berechnen. Auch hier gilt die notwendige Bedingung, dass alle partiellen ersten Ableitungen gleich Null sein müssen.

Dagegen erfordert die Überprüfung der hinreichenden Bedingung die Kenntnis des Determinantenbegriffes.

Punkte in der Umgebung

Bei den meisten wirtschaftlichen Fragestellungen begnügt man sich mit der Anwendung der notwendigen Bedingung. Die Kritischen Punkte kann man auf ihre Eigenschaft als Maximum bzw. Minimum überprüfen, indem man einige Punkte in ihrer Umgebung in die Funktionsgleichung einsetzt und testet, ob die Funktionswerte alle kleiner bzw. größer als der Funktionswert des Kritischen Punktes sind.

Beispiel

Bestimmen Sie die Extremwerte der Funktion:

$$z = 2x^3 - 18xy + 9y^2$$

$$f_x' = 6x^2 - 18y \qquad f_y' = -18x + 18y$$

$$6x^2 - 18y = 0$$

$$-18x + 18y = 0 \rightarrow x = y$$

$$6x^2 - 18x = 0 \qquad x_1 = 0 \qquad y_1 = 0$$

$$x_2 = 3 \qquad y_2 = 3$$

Kritische Punkte: (0; 0) und (3; 3)

$$f_{xx}'' = 12x \qquad f_{yy}'' = 18 \qquad f_{xy}'' = -18$$

$$12x \cdot 18 > (-18)^2$$

$$216x > 324$$

$$x > 1{,}5$$

Punkt (0; 0) : $0 < 1{,}5$ kein Extremwert sondern Sattelpunkt

Punkt (3; 3) : $3 > 1{,}5$ Extremwert

$$f_{xx}''(3, 3) = 36 > 0 \text{ und } f_{yy}''(3, 3) = 18 > 0$$

Die Funktion besitzt an der Stelle (3; 3) ein Minimum.

Aufgabe

6.3. (vgl. Beispiel in Kap. 5.7.2.4)

Wegen des großen Markterfolges produziert der Hersteller von Dachgepäckträgern zum Transport von Sportmotorrädern, der Monopolist auf diesem Markt ist, nun zwei Varianten:

Produkt 1: Dachgepäckträger zum Transport von zwei Moto-Cross- Maschinen

Produkt 2: Dachgepäckträger zum Transport von einer Straßenrennmaschine + Ersatzteile + Werkzeug

Die Preisabsatzfunktionen lauten:

$p_1 = 1800 - 8x_1$

$p_2 = 2000 - 10x_2$

Die Kostenfunktion, die von beiden Produkten abhängt, hat die Form:

$K(x_1,x_2) = 15x_1x_2 + 950x_1 + 1050x_2 + 3000$

Wie viele Exemplare der beiden Produktvarianten muss der Hersteller zu welchem Preis anbieten, um sein Gewinnmaximum zu erreichen?

6.4 Extremwertbestimmung unter Nebenbedingungen

6.4.1 Problemstellung

In den bisherigen Kapiteln wurde das Problem der unbeschränkten Optimierung behandelt. Man ging davon aus, dass die unabhängigen Variablen x und y in der Funktion $z = f(x; y)$ jeden beliebigen Wert annehmen können.

Nebenbedingungen

Die meisten praktischen Optimierungsaufgaben werden jedoch durch Nebenbedingungen beschränkt.

So führt die Aufgabe, ein Kostenminimum zu bestimmen, zu der trivialen Lösung, dass das Unternehmen geschlossen werden muss, da dann keine Kosten mehr anfallen. Diese Aufgabe ist nicht sinnvoll gestellt; es müssten Nebenbedingungen beachtet werden, die eine sinnvolle Ausnutzung der gegebenen Kapazitäten sicher stellen.

Auch bei der Berechnung des Gewinnmaximums müssen Nebenbedingungen beachtet werden, die beispielsweise eine Beschränktheit der Kapazität oder der finanziellen Mittel beinhalten.

Die Ermittlung von Extremwerten bei Beachtung von Nebenbedingungen ist mit den Methoden der Linearen Optimierung eng verwandt. Auch dort geht es um das Optimieren einer Zielfunktion unter Beachtung von Nebenbedingungen (vgl. Kap. 9). Im Gegensatz zur Linearen Optimierung ist die Anwendung der hier behandelten Verfahren auch bei nichtlinearen Kurvenverläufen möglich.

Allgemein besteht die Aufgabe darin, eine Funktion

$$y = f(x_1; x_2; \ldots ; x_n)$$

Zielfunktion

auf Extremwerte zu untersuchen. Diese zu maximierende oder minimierende Funktion wird als Zielfunktion bezeichnet.

Nebenbedingung

Ist dabei eine Nebenbedingung zu beachten, welche die unabhängigen Variablen beschränkt, wird sie in der folgenden Form geschrieben:

$$g(x_1; x_2; \ldots; x_n) = 0$$

Falls mehrere Nebenbedingungen gelten, werden diese durchnummeriert und mit dem Index j gekennzeichnet:

$$g_j(x_1; x_2; \ldots; x_n) = 0 \quad (j = 1,2,\ldots, m)$$

Beispiel

Ein sehr anschauliches und häufig genanntes Beispiel für die Berechnung eines Extremwertes mit zu beachtender Nebenbedingung ist das Problem der optimalen Konservendose, das auch im schulischen Mathematik-Unterricht oft verwendet wird.

Ein Hersteller von Konservendosen erhält den Auftrag, eine zylindrische Dose mit runder Grundfläche und einem Liter Inhalt zu entwickeln, wobei der Blechverbrauch minimal sein soll.

Da die Blechstärke fest vorgegeben ist, kann der Blechverbrauch nur durch die Minimierung der Oberfläche optimiert werden. Es handelt sich hier um eine Optimierungsaufgabe, die ohne zusätzliche Nebenbedingungen nicht sinnvoll wäre, denn der Hersteller könnte den Blechverbrauch über eine stetige Verkleinerung des Inhaltes immer weiter reduzieren und dem Grenzwert Null zustreben lassen.

Die Nebenbedingung lautet, dass die Dose einen Inhalt von einem Liter oder 1000 cm^3 haben muss.

Gesucht ist die minimale Oberfläche f einer Konservendose mit vorgegebener Form und vorgegebenem Volumen v.

Oberfläche = zwei Deckelflächen + Mantelfläche

$$f = 2 \cdot \pi \cdot r^2 + 2 \cdot \pi \cdot r \cdot h$$

Volumen: $v = \pi \cdot r^2 \cdot h$

Optimierungsaufgabe

Die Optimierungsaufgabe lautet:

Minimiere $f(r; h) = 2 \cdot \pi \cdot r^2 + 2 \cdot \pi \cdot r \cdot h$

unter Beachtung der Nebenbedingung:

$$v = \pi \cdot r^2 \cdot h = 1000$$

oder

$$g(r; h) = \pi \cdot r^2 \cdot h - 1000 = 0$$

6.4.2 Variablensubstitution

Die Lösung einer Extremwertaufgabe mit Nebenbedingungen durch die Methode der Variablensubstitution setzt voraus, dass die Nebenbedingungen nach einer der Variablen aufgelöst und in die Zielfunktion eingesetzt werden können.

Dadurch lassen sich die unabhängigen Variablen der Zielfunktion reduzieren.

Beispiel

Für das Beispiel der optimalen Konservendose ergibt sich:

Zielfunktion $f = 2 \cdot \pi \cdot r^2 + 2 \cdot \pi \cdot r \cdot h$

Nebenbedingung $\pi \cdot r^2 \cdot h - 1000 = 0$

Aus der Volumengleichung (Nebenbedingung) lässt sich h als Funktion von r bestimmen.

$$h = \frac{1.000}{\pi \cdot r^2}$$

Diese Funktion wird in die Zielfunktion eingesetzt, die dann nur noch die unabhängige Variable r aufweist, so dass das Problem durch einfaches Differenzieren gelöst werden kann.

$$f(x) = 2 \cdot \pi \cdot r^2 + 2 \cdot \pi \cdot r \cdot \frac{1.000}{\pi \cdot r^2}$$

$$f(x) = 2 \cdot \pi \cdot r^2 + \frac{2.000}{r}$$

$$f'(x) = 4 \cdot \pi \cdot r - \frac{2.000}{r^2} = 0$$

$$4 \cdot \pi \cdot r^3 - 2.000 = 0$$

$$r^3 = \frac{2.000}{4 \cdot \pi} = \frac{500}{\pi}$$

$$r = \sqrt[3]{\frac{500}{\pi}} = 5{,}42 \text{ cm}$$

Überprüfung der hinreichenden Bedingung anhand der zweiten Ableitung:

$$f''(x) = 4 \cdot \pi + 2 \cdot \frac{2.000}{r^3} > 0$$

Es liegt ein Minimum bei r = 5,42 cm vor.

Der Radius einer Konservendose mit einem Liter Inhalt und minimaler Oberfläche muss also 5,42 cm betragen.

Die Höhe ist dann:

$$h = \frac{1.000}{\pi \cdot r^2} = \frac{1.000}{\pi \cdot 5{,}42^2} = 10{,}84 \text{ cm}$$

6.4.3 Multiplikatorregel nach Lagrange

Die Substitutionsmethode ist bei komplizierten Zielfunktionen und Nebenbedingungen nicht immer anwendbar.

Die Multiplikatorregel nach Lagrange kann auch bei komplexen Problemstellungen eingesetzt werden. Darüber hinaus liefert sie wertvolle Zusatzinformationen (Lagrangesche Multiplikatoren).

Zur Berechnung von Extremwerten von Funktionen mit mehreren Variablen unter Beachtung von Nebenbedingungen nach der Multiplikatorregel nach Lagrange wird zunächst die erweiterte Zielfunktion aufgestellt.

Erweiterte Zielfunktion

Die erweiterte Zielfunktion besteht aus der ursprünglichen Zielfunktion, zu der alle Nebenbedingungen addiert werden, die mit einem Multiplikator λ multipliziert werden.

Die notwendige Bedingung für das Vorliegen eines Extremwertes lautet, dass alle partiellen Ableitungen (nach allen unabhängigen Variablen und nach allen Lagrangeschen Multiplikatoren) Null sein müssen.

Allgemeine Vorgehensweise

Aufgabe: zu maximierende/minimierende Zielfunktion $f(x_1, x_2, \ldots, x_n)$ unter den Nebenbedingungen:

$$g_1(x_1, x_2, \ldots, x_n) = 0$$

$$\ldots$$

$$g_m(x_1, x_2, \ldots, x_n) = 0$$

bzw. $g_j(x_1, x_2, \ldots, x_n) = 0 \quad (j = 1, 2, \ldots, m)$

Lagrangescher Multiplikator

Für jede Nebenbedingung wird ein Lagrangescher Multiplikator definiert.

$$\lambda_j \quad (j = 1, 2, \ldots, m)$$

Die erweiterte Zielfunktion f^* wird durch Zusammenfassung der eigentlichen Zielfunktion und sämtlicher Nebenbedingungen gebildet.

$$\begin{aligned} f^*(x_1, x_2, \ldots, x_n, \lambda_1, \lambda_2, \ldots, \lambda_m) &= f(x_1, x_2, \ldots, x_n) + \lambda_1 g_1(x_1, x_2, \ldots, x_n) + \ldots \\ &\quad + \lambda_m g_m(x_1, x_2, \ldots, x_n) \\ &= f(x_1, x_2, \ldots, x_n) + \sum_{j=1}^{m} \lambda_j g_j(x_1, x_2, \ldots, x_n) \end{aligned}$$

Partielle Ableitungen

Diese erweiterte Zielfunktion lässt sich nach n unabhängigen Variablen und nach m Multiplikatoren differenzieren.

Die notwendige Bedingung für das Vorliegen eines Extremwertes lautet, dass sämtliche m+n partiellen Ableitungen gleich Null sein müssen.

$$\frac{\partial f^*}{\partial x_1} = 0 \qquad \frac{\partial f^*}{\partial x_2} = 0 \qquad \ldots\ldots \qquad \frac{\partial f^*}{\partial x_n} = 0$$

$$\frac{\partial f^*}{\partial \lambda_1} = 0 \qquad \ldots\ldots \qquad \frac{\partial f^*}{\partial \lambda_m} = 0$$

Stationärpunkte

Durch die Auflösung des Gleichungssystems erhält man Stationärpunkte. Stationärpunkte erfüllen die notwendige Bedingung für Extremwerte. Sie müssen anhand der hinreichenden Bedingung daraufhin untersucht werden, ob sie wirklich Maxima oder Minima sind.

Hinreichende Bedingung

Zur Überprüfung der hinreichenden Bedingung für zwei unabhängige Variablen gilt die aus Kap. 6.3 bekannte Beziehung:

$$\frac{\partial^2 f^*}{\partial x_1^2} \cdot \frac{\partial^2 f^*}{\partial x_2^2} > \left(\frac{\partial^2 f^*}{\partial x_1 \partial x_2} \right)^2$$

sowie

$$\frac{\partial^2 f^*}{\partial x_1^2} > 0 \quad \text{und} \quad \frac{\partial^2 f^*}{\partial x_2^2} > 0 \quad \text{für ein relatives Minimum}$$

$$\frac{\partial^2 f^*}{\partial x_1^2} < 0 \text{ und } \frac{\partial^2 f^*}{\partial x_2^2} < 0 \quad \text{für ein relatives Maximum}$$

Ist die hinreichende Bedingung nicht erfüllt, also

$$\frac{\partial^2 f^*}{\partial x_1^2} \cdot \frac{\partial^2 f^*}{\partial x_2^2} \leq \left(\frac{\partial^2 f^*}{\partial x_1 \partial x_2} \right)^2$$

Benachbarte Punkte

dann muss die Funktion f durch die Kontrolle einiger benachbarter Punkte, die natürlich ebenfalls die Nebenbedingungen erfüllen müssen, in der Umgebung des Stationärpunktes näher untersucht werden.

Für die Überprüfung der hinreichenden Bedingung bei mehr als zwei Unabhängigen ist eine weit reichende Kenntnis der Determinantenrechnung notwendig, die in diesem Buch nicht vertieft werden soll.

Viele ökonomische Fragestellungen und Funktionen sind so jedoch formuliert, dass man durch Plausibilitätsüberlegungen und einfache Kontrollen die Existenz eines Maximums oder Minimums überprüfen kann. Deshalb soll hier nur die notwendige Bedingung untersucht werden.

Die gefundenen Stationärpunkte lassen sich am einfachsten auf ihre Eigenschaften untersuchen, indem geeignete Punkte aus ihrer Umgebung in die Zielfunktion eingesetzt werden. Wenn diese Zielfunktionswerte immer höher bzw. niedriger sind als der Wert der Zielfunktion an der Stelle des Stationärpunktes, kann man darauf schließen, dass ein Minimum bzw. Maximum vorliegt.

Lagrangesche Multiplikatoren

Durch die Auflösung des Gleichungssystems, das durch die partiellen Ableitungen gegeben ist, erhält man zusätzlich die Lagrangeschen Multiplikatoren λ_j. Für die Beantwortung ökonomischer Fragestellungen enthalten diese Multiplikatoren wertvolle Zusatzinformationen.

Sie geben an, wie stark sich der Zielfunktionswert bei einer infinitesimal kleinen Änderung der entsprechenden Nebenbedingung verändert. Sie sind also als Grenzwerte zu interpretieren, die je nach Fragestellung eine unterschiedliche Größe beschreiben (z. B. Grenzkosten, Grenzumsatz).

Beispiel

Zur Lösung des Problems der optimalen Konservendose mittels der Methode der Lagrangeschen Multiplikatoren ist zunächst die erweiterte Zielfunktion aufzustellen, die die ursprüngliche Zielfunktion

$f = 2 \cdot \pi \cdot r^2 + 2 \cdot \pi \cdot r \cdot h$ zuzüglich der mit λ multiplizierten Nebenbedingung $\pi \cdot r^2 \cdot h - 1000 = 0$ enthält.

Erweiterte Zielfunktion:

$$f^*(r; h; \lambda) = 2 \cdot \pi \cdot r^2 + 2 \cdot \pi \cdot r \cdot h + \lambda (\pi \cdot r^2 \cdot h - 1000)$$

Partielle Ableitungen:

$$(1)\quad \frac{\partial f^*}{\partial r} = 4 \cdot \pi \cdot r + 2 \cdot \pi \cdot h + 2 \cdot \lambda \cdot \pi \cdot r \cdot h = 0$$

$$(2)\quad \frac{\partial f^*}{\partial h} = 2 \cdot \pi \cdot r + \lambda \cdot \pi \cdot r^2 = 0$$

$$(3)\quad \frac{\partial f^*}{\partial \lambda} = \pi \cdot r^2 \cdot h - 1000 = 0$$

Auflösung des Gleichungssystems:

$$(2)\quad \lambda \cdot \pi \cdot r^2 = -2 \cdot \pi \cdot r$$

$$\lambda = -\frac{2 \cdot \pi \cdot r}{\pi \cdot r^2} = -\frac{2}{r}$$

$$(1)\quad 4 \cdot \pi \cdot r + 2 \cdot \pi \cdot h + 2\left(\frac{-2}{r}\right) \cdot \pi \cdot r \cdot h = 0$$

$$4 \cdot \pi \cdot r + 2 \cdot \pi \cdot h - 4 \cdot \pi \cdot h = 0$$

$$4 \cdot \pi \cdot r = 2 \cdot \pi \cdot h$$

$$h = 2 \cdot r$$

Die Höhe der Dose muss also dem zweifachen Radius (dem Durchmesser) entsprechen.

$$(3)\quad \pi \cdot r^2 \cdot h - 1000 = 0$$

$$\pi \cdot r^2 \cdot 2 \cdot r - 1000 = 0$$

$$2 \cdot \pi \cdot r^3 = 1000$$

$$r^3 = \frac{1.000}{2 \cdot \pi} = \frac{500}{\pi}$$

$$r = \sqrt[3]{\frac{500}{\pi}} = 5{,}42 \text{ cm}$$

$$h = 10{,}84 \text{ cm}$$

$$\lambda = -0{,}369\ (\text{cm}^{-1})$$

Die Überprüfung des Stationärpunktes mit Hilfe der Hinreichenden Bedingung ergibt, dass die Ungleichung nicht erfüllt ist. Trotzdem handelt es sich bei diesem Punkt um das Minimum, da sich bei einem vorgegebenen Dosenvolumen ein minimaler Materialverbrauch größer als Null ergeben muss und dafür laut Rechnung nur eine Lösung in Frage kommt, nämlich der Stationärpunkt.

Die Oberfläche beträgt $f = 555\ \text{cm}^2$

Der Lagrangesche Multiplikator λ erlaubt folgende Aussage:

Für eine infinitesimal kleine Vergrößerung des Volumens v um dv nimmt die Oberfläche f um $0{,}369 \cdot dv$ zu.

Wenn die Dose statt 1000 cm^3 beispielsweise 1001 cm^3 Inhalt haben sollte, würde dies eine Vergrößerung der Oberfläche um näherungsweise 0,369 cm^2 zur Folge haben. Dabei ist zu beachten, dass eine Vergrößerung um 1 cm^3 keine infinitesimal kleine Änderung darstellt.

Aufgaben

6.4.3.1. Ein Haushalt konsumiert unter anderem die Güter X, Y und Z in den Mengen x, y, z. Die Nutzenfunktion lautet:

$$f(x; y; z) = 5x + 10y + 20z - \frac{1}{2}x^2 - \frac{1}{4}y^2 - z^2$$

Das Einkommen des Haushaltes, das für diese Güter verfügbar ist, beträgt 17 Geldeinheiten. Die Preise der Güter betragen eine Geldeinheit für X, zwei für Y, vier für Z.

Ermitteln Sie die optimale Kombination der Güter, die den Nutzen des Haushaltes maximiert.

6.4.3.2. Minimieren Sie die Kostenfunktion

$$y = 22 + \frac{1}{4}x_1^2 + \frac{1}{8}x_2^2 + \frac{1}{2}x_3^2$$

unter der Nebenbedingung

$$3x_1 + 2x_2 + 4x_3 = 25$$

6.4.3.3. Einem Versandhaus stehen zum Druck von Katalogen für bestehende Kunden und dünneren Auszugs-Katalogen für die Neukundengewinnung insgesamt 500 T € zur Verfügung.

Wie viel soll für den Druck von Hauptkatalogen (x) und wie viel für die Neukundengewinnungs-Kataloge (y) ausgegeben werden, um einen maximalen Gewinn zu erreichen?

Der Umsatz ist von diesen Ausgaben (x und y) wie folgt abhängig:

$$U(x; y) = \frac{40x}{2 + 0{,}002x} + \frac{30y}{3 + 0{,}0015y} \quad \text{(Angaben in T €)}$$

Die Kalkulation des Versandhauses ist so ausgerichtet, dass der Rohgewinn 15 % des Umsatzes ergibt, wovon die Ausgaben für die Kataloghersteilung x und y noch subtrahiert werden müssen.

7 Grundlagen der Integralrechnung

7.1 Unbestimmtes Integral

Zu den meisten mathematischen Operationen lassen sich Umkehroperationen bestimmen, die den Rechenvorgang wieder rückgängig machen. Beispielsweise ist die Umkehroperation zur Addition die Subtraktion, zur Multiplikation ist es die Division und zur Potenzrechnung ist es die Wurzelrechnung.

Umkehroperation

Auch zur Differentialrechnung gibt es eine Umkehroperation, die Integralrechnung, die aus der differenzierten Funktion (der ersten Ableitung) wieder die Ursprungsfunktion erzeugt.

In diesem Kapitel erfolgt eine kurze Einführung in die elementaren Grundlagen der Integralrechnung und die Integration von einfachen Funktionen mit nur einer unabhängigen Variablen.

Wenn die erste Ableitung f einer Funktion F bekannt ist ($F'(x) = f(x)$) und die Funktion F gesucht ist, so lässt sich dieses Problem mit Hilfe der Integralrechnung lösen.

Definition

Man bezeichnet F als Stammfunktion der gegebenen Funktion f, wenn die erste Ableitung von F die Funktion f ergibt.

$$F'(x) = f(x)$$

Beispiel

Gegeben ist eine Funktion $f(x) = x^3$

Wie lautet die zugehörige Stammfunktion, deren erste Ableitung die Funktion f ergibt?

$$F(x) = \frac{1}{4}x^4$$

$F(x) = \frac{1}{4}x^4$ ist eine Stammfunktion zu $f(x) = x^3$, da die erste Ableitung von F wieder f ergibt.

Bei der gefundenen Funktion F handelt es sich um eine, aber nicht um die einzige Stammfunktion zu f.

Weitere Stammfunktionen sind zum Beispiel:

$F(x) = \frac{1}{4}x^4 + 18 \qquad F'(x) = x^3 = f(x)$

$F(x) = \frac{1}{4}x^4 - 308.700 \qquad F'(x) = x^3 = f(x)$

Diese Beispiele zeigen, dass es keine eindeutige Lösung gibt.

Mehrere Stammfunktionen

Jede Funktion hat mehrere Stammfunktionen. Addiert man zu einer gefundenen Stammfunktion eine beliebige Konstante, erhält man eine weitere Stammfunktion, da jede Konstante beim Differenzieren wegfällt.

Integrationskonstante

Anders ausgedrückt: Wenn F eine Stammfunktion zu f ist, ist auch F + C eine Stammfunktion zu f. C ist eine beliebige Konstante (Integrationskonstante).

Die Stammfunktion wird mit der Integrationskonstanten angegeben.

Definition

Das unbestimmte Integral entspricht allen Stammfunktionen von f.
Man schreibt:

$$F(x) + C = \int f(x)\,dx$$

Dabei bedeuten $\int$ das Integralzeichen, f(x) der Integrand und x die Integrationsvariable.

Die Ermittlung von Stammfunktionen zu einer gegebenen Funktion, das Integrieren, erfordert wie das Differenzieren die Kenntnis der Integrale der elementaren Funktionen, mit deren Hilfe man die meisten Funktionen integrieren kann.

Stammfunktionen

- Stammfunktionen für einige wichtige elementare Funktionen:

$$\int 1\,dx = x + C$$

$$\int x^n dx = \frac{1}{n+1}x^{n+1} + C \qquad n \neq -1$$

$$\int \frac{1}{x}\,dx = \ln|x| + C \qquad \text{da } \ln x \text{ nur für } x > 0 \text{ definiert ist}$$

$$\int a^x\,dx = \frac{a^x}{\ln a} + C \qquad a \neq 1$$

$$\int e^x\,dx = e^x + C$$

- Summenregel:

Summenregel

$$\int (f(x) + g(x))\,dx = \int f(x)\,dx + \int g(x)\,dx = F(x) + G(x) + C$$

Zur Integration von komplexeren Funktionen kann auf Integrationsregeln zurück gegriffen werden, mit deren Hilfe diese Funktionen sich auf einfache Grundformen reduzieren lassen. Diese Regeln werden hier nicht behandelt; es soll eine Beschränkung auf das Integrieren von elementaren Funktionen erfolgen.

Umkehroperation zur Differentiation

Die erste Ableitung einer Funktion lässt sich geometrisch als die Steigung dieser Funktion interpretieren. Für das unbestimmte Integral ist eine solche anschauliche Deutung nicht möglich. Es lässt sich nur als Umkehroperation zur Differentiation erklären.

Aufgaben

Bestimmen Sie die Stammfunktion der folgenden Funktionen

7.1.1. $f(x) = x$

7.1.2. $f(x) = e^x + x^6$

7.1.3. $f(x) = 6x - 3$

7.1.4. $f(x) = \sqrt{x}$

7.1.5. $f(x) = \sqrt[7]{x} + 7$

7.1.6. $f(x) = \frac{1}{x^2}$

7.1.7. $f(x) = \frac{1}{\sqrt{x}}$

7.1.8. $f(x) = 5x^4 + 3x^2 - x + 2\sqrt{x} - 9$

7.2 Bestimmtes Integral

Flächeninhalt

Neben dieser nicht sehr anschaulichen Interpretation der Integration als Umkehrung der Differentialrechnung gibt es eine zweite Aufgabe der Integralrechnung. Sie liegt in der Berechnung eines Flächeninhaltes in einem vorgegebenen Intervall unter einer Kurve, die durch eine Funktion beschrieben wird.

Ausgehend von der abgebildeten Funktion, die stetig ist und oberhalb der x-Achse verläuft, ist die Fläche zwischen der Kurve und der x-Achse im Intervall von a bis b gesucht (vgl. Abb. 7.2-1).

Abbildung 7.2-1 *Bestimmtes Integral*

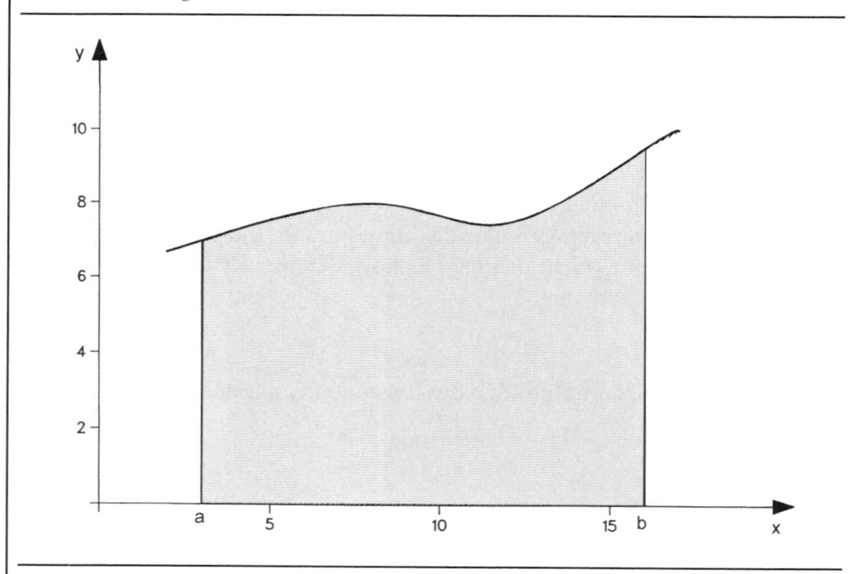

Rechteck-zerlegung

Ohne auf die Herleitung des bestimmten Integrals über Rechteckzerlegung und Ober- und Untersummen einzugehen, soll das bestimmte Integral folgendermaßen definiert werden:

Definition

$\int_a^b f(x)\,dx$ ist das bestimmte Integral der Funktion f in den Grenzen a und b

a ist die untere und b die obere Integrationsgrenze.

Das bestimmte Integral entspricht der Fläche, die zwischen einer oberhalb der x-Achse verlaufenden Kurve und der Abszisse (x-Achse) innerhalb des Intervalls (a, b) liegt.

Das bestimmte Integral lässt sich mit Hilfe von Stammfunktionen einfach ermitteln.

Es gilt:

$$\int_a^b f(x)\,dx = F(b) - F(a)$$

Diese Formel sagt aus, dass der Wert des bestimmten Integrals gleich der Differenz aus dem Wert einer Stammfunktion an der oberen Grenze und dem an der unteren Grenze ist.

Beispiel

Berechnung der Fläche unter der Funktion $f(x) = 2x^2$ zwischen den Integrationsgrenzen 1 und 3.

$$\int 2x^2\,dx = \frac{2}{3}x^3 + C = F(x)$$

$$\int_1^3 2x^2\,dx = F(3) - F(1) = \frac{54}{3} + C - \left(\frac{2}{3} + C\right) = \frac{54}{3} - \frac{2}{3} = \frac{52}{3} = 17,\overline{33}$$

Das Beispiel zeigt, dass die Integrationskonstante bei der Berechnung wegfällt, so dass von einer beliebigen Stammfunktion (mit beliebiger Integrationskonstante) ausgegangen werden kann.

Für das bestimmte Integral sind folgende Schreibweisen üblich:

Bestimmtes Integral

$$\int_a^b f(x)\,dx = [\,F(x)\,]_a^b = F(b) - F(a)$$

Aufgaben

Berechnen Sie folgende bestimmte Integrale

7.2.1. $\int_1^6 x^2\,dx$

7.2.2. $\int_{0}^{4} (\frac{1}{2}x^4)\, dx$

7.2.3. $\int_{0}^{1} e^x\, dx$

7.2.4. $\int_{-3}^{3} x^2\, dx$

Zu Beginn des Kapitels wurde zur Vereinfachung festgelegt, dass die Kurve der Funktion in dem betrachteten Intervall oberhalb der x-Achse verlaufen soll.

Wenn f unterhalb der x-Achse liegt, dann ist das Integral negativ.

Abbildung 7.2-2 *Flächenberechnung*

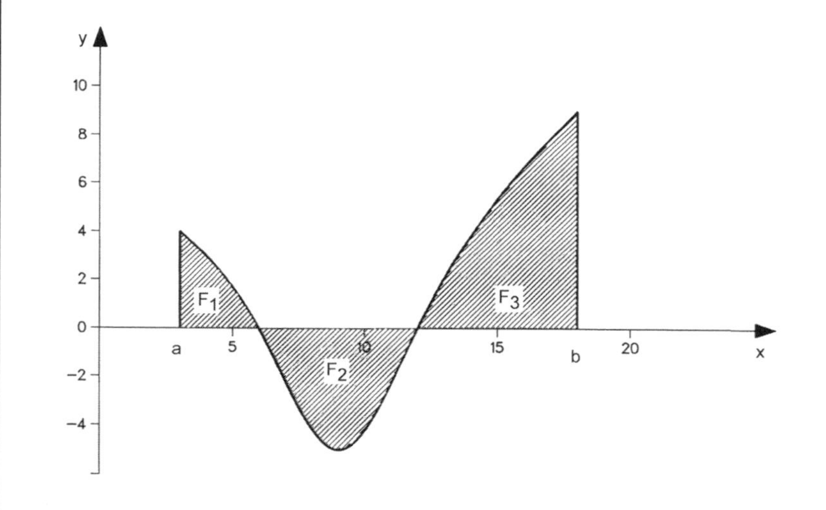

Eine Integration der Funktion aus Abbildung 7.2-2 von der unteren Integrationsgrenze a bis zur oberen b würde dazu führen, dass die Fläche zu klein ausgewiesen würde, da die Fläche oberhalb der x-Achse ($F_1 + F_3$) um den Wert der Fläche unterhalb vermindert würde: $F = F_1 - F_2 + F_3$

Nullstellen im Intervall

Aus diesem Grund ist es notwendig, zunächst zu überprüfen, ob die Funktion in dem angegebenen Intervall Nullstellen hat.

Dann teilt man das Intervall (a, b) in Teilintervalle auf, die jeweils bis zur nächsten Nullstelle reichen. Die Integrale über die Teilintervalle werden betragsmäßig erfasst.

Beispiel

Berechnen Sie die Fläche von $f(x) = x$ im Intervall $(-4; 4)$

Die Funktion hat eine Nullstelle bei $x = 0$.

$$\left|\int_{-4}^{0} x\,dx\right| + \left|\int_{0}^{4} x\,dx\right| = \left|\left[\frac{x^2}{2}\right]_{-4}^{0}\right| + \left|\left[\frac{x^2}{2}\right]_{0}^{4}\right|$$

$$= \left|0 - \frac{16}{2}\right| + \left|\frac{16}{2} - 0\right|$$

$$= 8 + 8 = 16$$

Dagegen hat das Integral im Intervall $(-4, 4)$ den Wert Null, da die beiden Flächenteile unterhalb und oberhalb der x-Achse gleich groß sind und sich gegenseitig aufheben.

Aufgaben

7.2.5. Berechnen Sie die Fläche zwischen x-Achse und der Funktion innerhalb der angegebenen Grenzen. Beachten Sie dabei, ob Nullstellen innerhalb des Intervalls liegen.

Fertigen Sie zur Kontrolle eine Skizze an.

a) $f(x) = 3x + 2$ $\quad a = 0 \quad b = 4$

b) $f(x) = 3x^2 - 6x$ $\quad a = -1 \quad b = 3$

7.2.6. Diskutieren Sie die Funktion $f(x) = 2x^3 - 4x^2 + 2x$

Skizzieren Sie die Funktion und berechnen Sie die Gesamtfläche, die von den Nullstellen eingeschlossen wird.

7.3 Wirtschaftswissenschaftliche Anwendungen

Die Bedeutung der Integralrechnung für wirtschaftliche Probleme liegt in den beiden beschriebenen Aufgabenstellungen.

Zum einen erlaubt die Integration die Umkehrung der Differentiation; also den Schluss vom Grenzverhalten einer ökonomischen Größe auf die Funktion selbst.

Zum anderen erlaubt sie die Berechnung von Flächen, die von ökonomischen Funktionen begrenzt werden.

- Schluss von der Grenzkostenfunktion auf die Gesamtkostenfunktion

Kostenfunktion

Aus dem Änderungsverhalten der Kosten bei alternativen Produktionsmengen lassen sich Rückschlüsse auf die Kostenfunktion ziehen.

Beispiel

Gegeben ist eine Kostenfunktion

$$K(x) = 3x^2 - 2x + 180$$

Diese Kostenfunktion setzt sich zusammen aus einem Bestandteil, der die variablen Kosten beschreibt

$$K_v(x) = 3x^2 - 2x$$

und den Fixkosten in Höhe von $K_f = 180$.

Die Grenzkostenfunktion lautet: $K'(x) = 6x - 2$

Der Versuch, aus dieser Grenzkostenfunktion durch Integration wieder zur Gesamtkostenfunktion zu gelangen, führt zu dem Ergebnis:

$$K(x) = \int K'(x)\,dx = \int (6x - 2)\,dx = 3x^2 - 2x + C = K_v(x) + C$$

Die Integrationskonstante entspricht den Fixkosten.

Fixkosten

Das Beispiel zeigt: aus der Kenntnis der Grenzkostenfunktion allein ist die Bestimmung der Gesamtkostenfunktion mit Hilfe der Integration nicht möglich. Zusätzlich ist es notwendig, die Höhe der Fixkosten zu kennen.

- Schluss von der Grenzumsatzfunktion auf die Umsatzfunktion

Umsatzfunktion

Da in der Umsatzfunktion keine fixen Bestandteile enthalten sind, die bei der Berechnung der ersten Ableitung verloren gingen, kann die Gesamtumsatzfunktion U(x) durch Integration aus der Grenzumsatzfunktion U'(x) ermittelt werden.

$$U(x) = \int U'(x)\, dx$$

7.3.1. Berechnen Sie die gewinnmaximale Absatzmenge mittels der folgenden Angaben.

Aufgabe

$K'(x) = 3x^2 - 6x + 3$

$K_f = 3$

$U'(x) = 16 - 4x$

Wie hoch ist der Gewinn, der dann erzielt wird, und welcher Preis gilt unter diesen Voraussetzungen?

Bestimmung der Fläche unter einer ökonomischen Funktion am Beispiel der Leistungskurve

Leistungskurve

Neben der Bestimmung von Stammfunktionen findet die Integralrechnung für die Wirtschaftswissenschaften eine weitere wichtige Anwendung bei der Bestimmung von Flächen unterhalb von ökonomischen Kurven. Dies soll am Beispiel einer Leistungskurve exemplarisch verdeutlicht werden.

Beispiel

Für ein Produktionsteam in der Automobilbranche gilt für einen Arbeitstag von sieben Stunden folgende Leistungsfunktion L gemessen in Stückzahl pro Stunde:

$$L(t) = 2000 - 506{,}25\, t + 225\, t^2 - 25\, t^3$$

- Wann werden die maximale und minimale Leistung erreicht? Wie hoch sind sie?
- Wie viel Stück werden an einem Arbeitstag (7 Stunden) produziert? Wie hoch ist die durchschnittliche Leistungsfähigkeit eines Tages? Wie hoch ist sie in der dritten Stunde?

Extremwertbestimmung

$$L'(t) = -506{,}25 + 450\, t - 75\, t^2 = 0$$

$$t^2 - 6\, t + 6{,}75 = 0$$

$$t_{1,2} = \frac{6}{2} \pm \sqrt{\frac{36}{4} - 6{,}75}$$

$$t_1 = 4{,}5 \quad t_2 = 1{,}5$$

$L''(4{,}5) = 450 - 150\ t = -225$

→ Maximum bei 4,5 Stunden; wobei hier zu beachten ist, dass dieses Maximum mit dem Maximum am Rand des Intervalls für t = 0 übereinstimmt

$L\ (4{,}5) = 2000$ Stück pro Stunde

$L''(1{,}5) = 450 - 150\ t = 225$

→ Minimum bei 1,5 Stunden

$L\ (1{,}5) = 1662{,}5$ Stück pro Stunde

Stückzahl und durchschnittliche Leistungsfähigkeit

an einem Arbeitstag: $\int (2.000 - 506{,}25\ t + 225\ t^2 - 25\ t^3)\ dx$

$[2000t - 253{,}125\ t^2 + 75\ t^3 - 6{,}25\ t^4]_0^7 = 12315{,}625$ Stück

durchschnittliche Leistungsfähigkeit pro Tag: 1759,375 Stück pro Stunde

durchschnittliche Leistungsfähigkeit in der 3. Stunde:

$\int (2.000 - 506{,}25\ t + 225\ t^2 - 25\ t^3)\ dx =$

$[2000t - 253{,}125\ t^2 + 75\ t^3 - 6{,}25\ t^4]_2^3 = 5240{,}625 - 3487{,}5$

$= 1753{,}125$ Stück pro Stunde

Bestimmung der Konsumentenrente

Neben der Bestimmung von Stammfunktionen findet die Integralrechnung für die Wirtschaftswissenschaften eine weitere wichtige Anwendung bei der Bestimmung der Konsumenten- und Produzentenrente.

Auf einem Markt stellt sich durch Gegenüberstellung von Angebots- und Nachfragefunktion ein Gleichgewichtspreis ein, der durch den Schnittpunkt der beiden Funktionen bestimmt ist.

Konsumentenrente

Manche Konsumenten wären aber auch bereit, einen höheren Preis als den Gleichgewichtspreis für das Produkt zu zahlen. Dadurch, dass sie das Produkt zu einem niedrigeren Preis erwerben können, sparen sie einen bestimmten Betrag, der Konsumentenrente genannt wird.

Produzentenrente

Ebenso wären auch einige Produzenten bereit, das Produkt zu einem niedrigeren Preis zu veräußern. Sie erzielen durch den Gleichgewichtspreis eine Mehreinnahme, die Produzentenrente.

Beispiel

Die Nachfrage nach einem bestimmten Gut ergibt sich aus der Nachfragefunktion:

$$p = 200 - \frac{1}{2}x$$

Die Angebotsfunktion lautet: $p = \frac{3}{4}x + 50$

Durch Gleichsetzen der Geradengleichungen ergibt sich der Schnittpunkt, der Gleichgewichtspreis und -menge angibt.

Bei einem Preis von $p_g = 140$ gleichen sich Angebot und Nachfrage aus.

Die abgesetzte Menge beträgt dann $x_g = 120$.

Einige der Käufer wären aber auch bei einem höheren Preis zum Kauf des Produktes bereit, bis zu einem Maximalpreis von 200 € könnte ein zusätzlicher Umsatz erzielt werden.

Die Käufer sparen also einen Betrag, die Konsumentenrente, die der Fläche A in Abbildung 7.3.-1 entspricht.

Abbildung 7.3-1

Konsumenten- und Produzentenrente

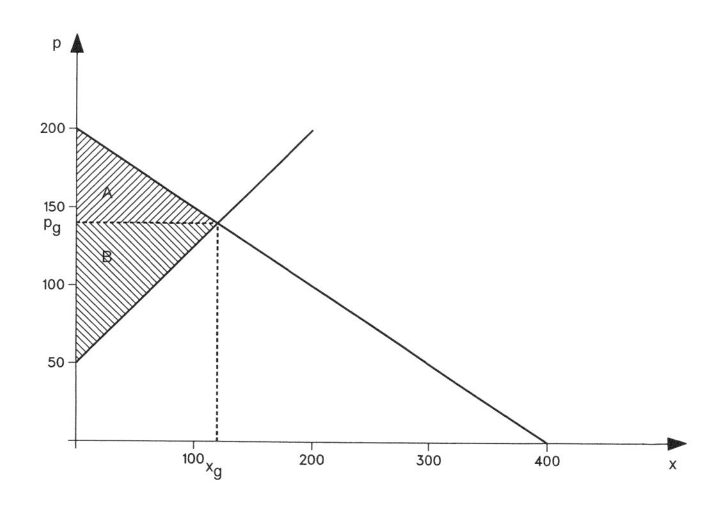

Auf der anderen Marktseite wären auch einige Produzenten bereit, ihre Produkte zu einem niedrigeren Preis zu verkaufen. Bis zu einem Minimalpreis von 50 € finden sich angebotene Güter.

Die Anbieter erzielen Mehreinnahmen (die Produzentenrente) in Höhe der Fläche B.

Die Bestimmung der Flächen ist in diesem Beispiel noch durch geometrische Berechnungen möglich, aber bei nichtlinearen Funktionen ist dazu die Integralrechnung notwendig.

$$A = 120 \cdot (200 - 140) \cdot \frac{1}{2} = 3.600$$

$$B = 120 \cdot (140 - 50) \cdot \frac{1}{2} = 5.400$$

oder

$$A = \int_0^{120} \left(200 - \frac{1}{2}x\right) dx - 120 \cdot 140$$

Wobei 120 · 140 dem Rechteck entspricht, das durch x_g und p_g begrenzt wird.

Dieses Rechteck gibt den erzielten Umsatz an.

$$A = \left[200x - \frac{1}{4}x^2\right]_0^{120} - 120 \cdot 140$$

$$= (24.000 - 3.600) - 0 - 16.800$$

$$= 3.600\ € \qquad \text{Konsumentenrente}$$

$$B = 120 \cdot 140 - \int_0^{120} \left(\frac{3}{4}x + 50\right) dx$$

$$= 120 \cdot 140 - \left[\frac{3}{8}x^2 + 50x\right]_0^{120}$$

$$= 16.800 - ((5.400 + 6.000) - 0)$$

$$= 5.400\ € \qquad \text{Produzentenrente}$$

Aufgaben

7.3.2. Die Häufigkeit n der Prüfungsnoten von 2300 Schülern beim Zentralabitur sei durch die Funktion $n(x) = s\,(-0{,}27\,x^2 + 1{,}62\,x - 1)$ angenähert, wobei x die Note ist und $0{,}7 \le x \le 5{,}3$ gilt.

a) Wie viel Prozent der Schüler haben eine Note zwischen 2,0 und besser?

b) Wie viel Prozent der Schüler fallen durch (schlechter als 4,0)?

c) Wie hoch ist der Skalierungsfaktor s, wenn die Fläche unter der Kurve der Zahl der Schüler entsprechen soll?

7.3.3. Die Nachfragefunktion für ein Produkt lautet:
$p = 10 - 0{,}005\, x^2$

Auf dem Markt gelte ein Preis von $p = 8$.

Ermitteln Sie die Konsumentenrente.

8 Matrizenrechnung

8.1 Bedeutung der Matrizenrechnung

Die Matrizenrechnung - als Teil der Linearen Algebra - hat für die Wirtschaftswissenschaften eine sehr große Bedeutung. Mit Hilfe der Matrizenrechnung lassen sich größere Datenblöcke, wie sie in der Ökonomie häufig vorkommen, kompakt verarbeiten. Beziehungen zwischen verschiedenen Blöcken von Daten können mit der Matrizenrechnung sehr übersichtlich - wie in einer Kurzschrift - dargestellt werden.

Anwendung in der Wirtschaft

In allen Bereichen der Wirtschaftswissenschaften, beispielsweise im Rechnungswesen, Controlling oder in der Kostenrechnung, beruhen viele Verfahren auf der Verarbeitung von Datenblöcken. In der Volkswirtschaftslehre basiert die Input-Output-Analyse, welche die Verflechtung zwischen den verschiedenen Sektoren einer Volkswirtschaft untersucht, auf der Matrizenrechnung. Die Methoden der Linearen Optimierung im Operations Research dienen einer Entscheidungsfindung zur Lösung betrieblicher Probleme mittels mathematischer Verfahren. Auch sie gehen auf Methoden der Matrizenrechnung zurück.

8.2 Begriff der Matrix

Rechteckige Anordnung

Eine Matrix ist eine rechteckige Anordnung von Elementen. Diese Elemente stellen im Allgemeinen reelle Zahlen dar; in der höheren Matrizenrechnung können die Elemente der Matrix aber auch Funktionen oder selbst wieder Matrizen sein.

$$\begin{pmatrix} a_{11} & a_{12} & a_{13} & \cdots & a_{1n} \\ a_{21} & a_{22} & a_{23} & \cdots & a_{2n} \\ \cdot & \cdot & \cdot & \cdots & \cdot \\ \cdot & \cdot & \cdot & \cdots & \cdot \\ a_{m1} & a_{m2} & a_{m3} & \cdots & a_{mn} \end{pmatrix}.$$

m x n-Matrix

Diese Matrix besteht aus m Zeilen und n Spalten. Sie hat m · n Elemente und wird auch als m x n-Matrix bezeichnet.

Die einzelnen Zahlen in der Matrix - die Elemente der Matrix - werden mit einem doppelten Index gekennzeichnet: a_{ij} Der erste Index i gibt die Zeile an, in der das Element steht. Der Index j bezeichnet die entsprechende Spalte. Das Element a_{34} steht beispielsweise in der 3. Zeile der 4. Spalte. Es ist üblich, Matrizen mit Großbuchstaben des lateinischen Alphabets zu kennzeichnen (A, B, C, ...).

Beispiel

Eine wichtige Aufgabe der Volkswirtschaftslehre besteht darin, die Außenhandelsbeziehungen zwischen verschiedenen Ländern zu analysieren. Vor allem bei einer größeren Zahl von Ländern ist es nur mit Hilfe der Matrizenrechnung möglich, die relevanten Zahlen übersichtlich darzustellen.

Die Außenhandelsbeziehungen der fünf Länder A, B, C, D, E innerhalb eines Jahres lassen sich wie folgt angeben:

Abbildung 8.2-1 *Außenhandelsbeziehungen*

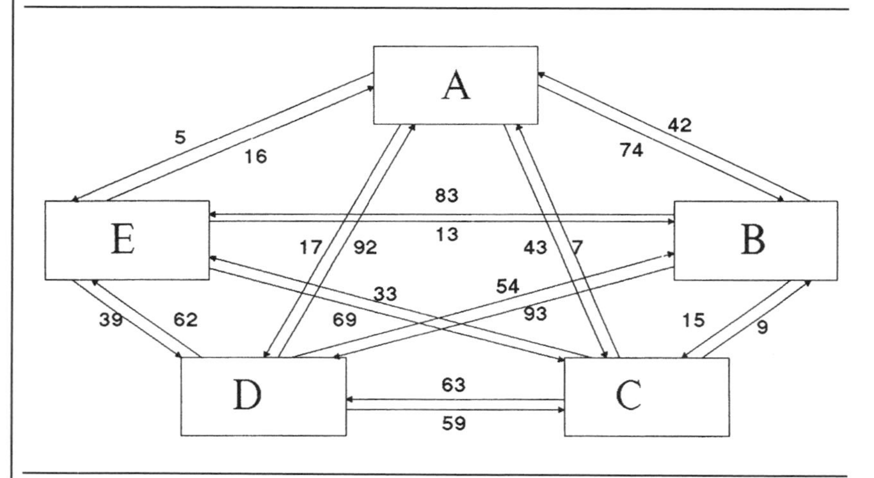

In der Abbildung werden alle Exporte und Importe zwischen den fünf Ländern dargestellt. Das Land D exportiert zum Beispiel für 54 Geldeinheiten (z. B. Milliarden US-Dollar) an das Land B und importiert im gleichen Jahr für 93 Geldeinheiten Güter aus diesem Land.

Die Abbildung 8.2-1 ist sehr unübersichtlich; die Außenhandelsbeziehungen lassen sich durch eine tabellarische Darstellung folgendermaßen angeben:

		Importe von Land				
		A	B	C	D	E
Exporte	A	0	42	7	92	16
	B	74	0	9	54	13
in	C	43	15	0	59	69
	D	17	93	63	0	39
Land	E	5	83	33	62	0

Matrizen werden ohne die Kopfzeile und Kopfspalte geschrieben, in denen die erklärenden Kennzeichnungen stehen. Die Außenhandelsbeziehungen zwischen den fünf Ländern lassen sich dann wie folgt in Matrixschreibweise angeben:

$$\mathbf{A} = \begin{pmatrix} 0 & 42 & 7 & 92 & 16 \\ 74 & 0 & 9 & 54 & 13 \\ 43 & 15 & 0 & 59 & 69 \\ 17 & 93 & 63 & 0 & 39 \\ 5 & 83 & 33 & 62 & 0 \end{pmatrix}$$

Die Außenhandelsbeziehungen sind jetzt übersichtlich dargestellt; weitere Berechnungen mit diesen Zahlen lassen sich nun einfach durchführen.

Es handelt sich hier um eine 5 x 5-Matrix, da sie aus fünf Zeilen und fünf Spalten besteht.

8.3 Spezielle Matrizen

■ Vektor

Für die praktische Anwendung sind einige spezielle Sonderformen von Matrizen zu unterscheiden.

Vektor

Eine Matrix, die nur aus einer Zeile oder einer Spalte besteht, heißt Vektor. Vektoren werden zur Unterscheidung von Matrizen mit Kleinbuchstaben gekennzeichnet.

Die Matrix

$$\mathbf{a} = \begin{pmatrix} a_1 \\ a_2 \\ a_3 \\ . \\ . \\ a_n \end{pmatrix}$$

Spaltenvektor

besteht aus einer einzigen Spalte; es handelt sich um einen Spaltenvektor.

Die Matrix $b' = (b_1 \; b_2 \; b_3 \; \ldots \; b_n)$

Zeilenvektor

heißt Zeilenvektor, da sie nur aus einer Zeile besteht.

In der Literatur ist es üblich, Zeilenvektoren mit apostrophierten Kleinbuchstaben (b') zu bezeichnen, um den Unterschied zu den Spaltenvektoren auf den ersten Blick deutlich zu machen.

Quadratische Matrix

Quadratische Matrix

Eine n x n-Matrix, deren Spalten- und Zeilenanzahl gleich ist (m = n), heißt quadratische Matrix.

Die Elemente mit dem gleichen Index für Zeile und Spalte bilden die Hauptdiagonale $(a_{11}, a_{22}, a_{33}, \ldots, a_{nn})$.

Die 5 x 5-Matrix zur Darstellung der Außenhandelsbeziehungen von fünf Ländern ist eine quadratische Matrix.

Auf der Hauptdiagonalen stehen nur Nullen, da kein Land Güter zu sich selbst exportieren oder von sich selbst importieren kann.

$$a_{11} = a_{22} = a_{33} = a_{44} = a_{55} = 0$$

Diagonalmatrix

Diagonalmatrix

Eine Diagonalmatrix ist eine quadratische Matrix, bei der alle Elemente außerhalb der Hauptdiagonalen gleich Null sind.

$$D = \begin{pmatrix} 5 & 0 & 0 & 0 \\ 0 & 3 & 0 & 0 \\ 0 & 0 & 1 & 0 \\ 0 & 0 & 0 & 8 \end{pmatrix}$$

Einheitsmatrix

Eine Diagonalmatrix, bei der alle Hauptdiagonalelemente gleich 1 sind, heißt Einheitsmatrix.

Einheitsmatrix

$$E = \begin{pmatrix} 1 & 0 & 0 & 0 \\ 0 & 1 & 0 & 0 \\ 0 & 0 & 1 & 0 \\ 0 & 0 & 0 & 1 \end{pmatrix}$$

Eine quadratische Matrix, bei der entweder alle Elemente unterhalb oder oberhalb der Hauptdiagonalen den Wert Null haben, wird obere bzw. untere Dreiecksmatrix genannt.

Obere Dreiecksmatrix

$$A = \begin{pmatrix} 3 & 3 & 6 & 1 \\ 0 & 5 & 8 & 0 \\ 0 & 0 & 4 & 1 \\ 0 & 0 & 0 & 7 \end{pmatrix}$$

Eine Matrix, deren sämtliche Elemente den Wert Null haben, wird Nullmatrix genannt. Wenn diese Matrix nur eine Zeile oder eine Spalte enthält, handelt es sich um einen Nullvektor.

Nullmatrix

8.4 Matrizenoperationen

8.4.1 Gleichheit von Matrizen

Zwei Matrizen A und B heißen gleich (A = B), wenn alle einander entsprechenden Elemente in den Matrizen gleich sind:

$$a_{ij} = b_{ij}$$

Gleichheit

Dazu müssen A und B beide m x n-Matrizen sein, das heißt sie müssen die gleiche Spalten- und Zeilenzahl besitzen.

8.4.2 Transponierte von Matrizen

Wenn man in einer Matrix A vom Typ m x n die Zeilen und Spalten vertauscht, entsteht die transponierte Matrix, die mit einem hochgestellten Index T oder mit einem Apostroph versehen wird(A^T oder A').

Zeilen und Spalten tauschen

$$a_{ij} \xrightarrow{\text{transponieren}} a_{ji}$$

A^T hat dann n Zeilen und m Spalten. Beim Transponieren ändert sich also der Typ der Matrix.

Beispiel

$$\mathbf{A} = \begin{pmatrix} 3 & 2,5 & 4 & 0 \\ 4,5 & 0 & 1,2 & 5 \end{pmatrix}$$

$$\mathbf{A}^T = \begin{pmatrix} 3 & 4,5 \\ 2,5 & 0 \\ 4 & 1,2 \\ 0 & 5 \end{pmatrix}$$

Die Transponierte der transponierten Matrix ergibt wieder die Ursprungsmatrix.

8.4.3 Addition von Matrizen

Addition und Subtraktion sind nur möglich, wenn die Matrizen vom gleichen Typ (von gleicher Ordnung) sind, das heißt die gleiche Zeilen- und Spaltenzahl besitzen.

Matrizen werden addiert, indem man die entsprechenden Elemente addiert. Die Subtraktion erfolgt analog.

Beispiel

$$\mathbf{A} = \begin{pmatrix} a_{11} & a_{12} & a_{13} \\ a_{21} & a_{22} & a_{23} \end{pmatrix} \quad \mathbf{B} = \begin{pmatrix} b_{11} & b_{12} & b_{13} \\ b_{21} & b_{22} & b_{23} \end{pmatrix}$$

$$\mathbf{A} + \mathbf{B} = \begin{pmatrix} a_{11} + b_{11} & a_{12} + b_{12} & a_{13} + b_{13} \\ a_{21} + b_{21} & a_{22} + b_{22} & a_{23} + b_{23} \end{pmatrix}$$

Beispiel

Die Lieferungen in Tonnen der Waschmittelabteilung eines Großhändlers an seine Kunden (vier Einzelhändler) sind für das erste Halbjahr eines Jahres in der folgenden Tabelle angegeben. Dabei werden vier Marken unterschieden.

	Lieferungen in t im 1. Halbjahr			
Marke	Kunde 1	Kunde 2	Kunde 3	Kunde 4
A	10	8	14	9
B	5	5	8	6
C	18	14	26	16
D	12	10	19	10

Im zweiten Halbjahr ergeben sich folgende Liefermengen:

Lieferungen in t im 2. Halbjahr

Marke	Kunde 1	Kunde 2	Kunde 3	Kunde 4
A	11	9	13	8
B	7	5	10	8
C	16	15	22	17
D	11	12	21	12

In Matrizenschreibweise lassen sich die beiden Tabellen vereinfacht darstellen.

$$A = \begin{pmatrix} 10 & 8 & 14 & 9 \\ 5 & 5 & 8 & 6 \\ 18 & 14 & 26 & 16 \\ 12 & 10 & 19 & 10 \end{pmatrix} \quad B = \begin{pmatrix} 11 & 9 & 13 & 8 \\ 7 & 5 & 10 & 8 \\ 16 & 15 & 22 & 17 \\ 11 & 12 & 21 & 12 \end{pmatrix}$$

Die Jahresliefermengen je Abnehmer und je Marke lassen sich durch die Addition der Lieferungen der beiden Halbjahre ermitteln. Gesamtlieferung des Jahres: $C = A + B$

$$C = A + B = \begin{pmatrix} 21 & 17 & 27 & 17 \\ 12 & 10 & 18 & 14 \\ 34 & 29 & 48 & 33 \\ 23 & 22 & 40 & 22 \end{pmatrix}$$

8.4.4 Multiplikation einer Matrix mit einem Skalar

1 x 1-Matrix

Unter einem Skalar versteht man eine beliebige reelle Zahl, also eine 1 x 1-Matrix. Eine Matrix A wird mit einem Skalar multipliziert, indem man jedes Element der Matrix mit dieser Zahl multipliziert.

Beispiel

Die Waschmittel, die der Großhändler an die Einzelhändler liefert, werden nur in 10 kg-Paketen gehandelt, so dass jede Tonne aus 100 Paketen besteht. Insgesamt wurde im betrachteten Jahr folgende Anzahl von Waschmittelpaketen verkauft: $D = 100 \cdot C$ Die Zahl 100 stellt hier den Skalar dar.

Gesamtlieferung des Jahres in Paketen:

$$D = 100 \cdot C = \begin{pmatrix} 2.100 & 1.700 & 2.700 & 1.700 \\ 1.200 & 1.000 & 1.800 & 1.400 \\ 3.400 & 2.900 & 4.800 & 3.300 \\ 2.300 & 2.200 & 4.000 & 2.200 \end{pmatrix}$$

8.4.5 Skalarprodukt von Vektoren

Die Multiplikation eines Zeilenvektors mit einem Spaltenvektor, die beide die gleiche Anzahl von Elementen enthalten, ergibt einen Skalar.

Zeilenvektor $\mathbf{a}' = \begin{pmatrix} a_1 & a_2 & a_3 & . & . & a_n \end{pmatrix}$

Spaltenvektor $\mathbf{b} = \begin{pmatrix} b_1 \\ b_2 \\ b_3 \\ . \\ . \\ b_n \end{pmatrix}$

Skalarprodukt

Das Skalarprodukt a'·b errechnet sich durch Summation der Produkte $a_i \cdot b_i$.

$$a' \cdot b = \begin{pmatrix} a_1 & a_2 & a_3 & . & . & a_n \end{pmatrix} \begin{pmatrix} b_1 \\ b_2 \\ b_3 \\ . \\ . \\ b_n \end{pmatrix}$$

$$= a_1 \cdot b_1 + a_2 \cdot b_2 + a_3 \cdot b_3 + \ldots + a_n \cdot b_n = \sum_{i=1}^{n} a_i \cdot b_i$$

Die Berechnung des Skalarproduktes ist nur bei Vektoren mit gleicher Elementanzahl möglich.

Beispiel

Aus der Matrix C des Beispiels zu den Waschmittelverkäufen eines Großhändlers lässt sich die gesamte Absatzmenge in Tonnen der einzelnen Waschmittelmarken durch Summation über die vier Kunden errechnen.

Von Marke A wurden vom Großhändler insgesamt 82 t verkauft, von B 54 t, von C 144 t und von D 107 t.

Die Verkaufsmengen lassen sich als Zeilenvektor darstellen:

$$\mathbf{x}' = \begin{pmatrix} 82 & 54 & 144 & 107 \end{pmatrix}$$

Die Deckungsbeiträge, die der Großhändler aus jeder Tonne bezieht, betragen bei Marke A 110 €, bei B 190 €, bei C 130 € und bei D 95 €.

Als Spaltenvektor dargestellt ergibt sich der Vektor d:

$$d = \begin{pmatrix} 110 \\ 190 \\ 130 \\ 95 \end{pmatrix}$$

Durch die Berechnung des Skalarproduktes ist es möglich, den insgesamt erreichten Deckungsbeitrag zu ermitteln.

$$x' \cdot d = (82 \;\; 54 \;\; 144 \;\; 107) \cdot \begin{pmatrix} 110 \\ 190 \\ 130 \\ 95 \end{pmatrix}$$

$$= 82 \cdot 110 + 54 \cdot 190 + 144 \cdot 130 + 107 \cdot 95$$

$$= 48.165$$

Insgesamt erzielt der Großhändler durch den Verkauf der vier Waschmittel an die vier Kunden einen Deckungsbeitrag von 48.165 €.

Die Multiplikation eines Spaltenvektors mit einem Zeilenvektor ($b \cdot a'$) ergibt dagegen eine Matrix und nicht einen Skalar (vgl. Multiplikation von Matrizen).

Eine Vertauschung der Vektoren bei der Multiplikation führt also nicht zum gleichen Ergebnis.

8.4.6 Multiplikation von Matrizen

Die Multiplikation von Matrizen soll anhand eines Beispiels erläutert werden.

Beispiel

Eine Krankenhausverwaltung mit fünf angeschlossenen Krankenhäusern sucht Bäckereien zur Belieferung mit Brot, Brötchen und Kuchen. Durch eine Ausschreibung soll der günstigste Lieferant gefunden werden.

Vier Unternehmen (B_1, B_2, B_3, B_4) bewerben sich um die Belieferung der Krankenhäuser. Die Preise, die die Bäckereien verlangen, sind in folgender Tabelle zusammengestellt (in €):

Bäckerei	Brot (Sorte G)	Brötchen (einfach)	Kuchen (Sorte S)
B_1	1,90	0,20	0,45
B_2	1,85	0,21	0,44
B_3	2,00	0,18	0,50
B_4	1,93	0,20	0,43

Die Krankenhausverwaltung benötigt die folgenden Mengen für die fünf Krankenhäuser (K_1, K_2, K_3, K_4, K_5):

	K_1	K_2	K_3	K_4	K_5
Brot	190	150	170	250	90
Brötchen	1400	1000	800	1250	800
Kuchen	600	300	300	500	200

Zum Vergleich der Angebote durch die vier Lieferanten lassen sich die Gesamtpreise pro Bäckerei für den Bedarf eines jeden Krankenhauses ermitteln. Durch Multiplikation der Preise der jeweiligen Lieferanten mit den Bedarfsmengen der einzelnen Produkte für jedes Krankenhaus ergeben sich die Gesamtkosten.

Für das Krankenhaus K_1 beispielsweise entstehen bei Belieferung durch die Bäckerei B_1 Gesamtkosten in Höhe von:

$$190 \cdot 1{,}90 + 1.400 \cdot 0{,}20 + 600 \cdot 0{,}45 = 911\ €$$

Es werden also die Elemente der ersten Zeile von der ersten Tabelle mit den entsprechenden Elementen der ersten Spalte aus der zweiten Tabelle multipliziert und aufsummiert.

Entsprechend lassen sich die übrigen Gesamtkosten berechnen.

Bäckerei	K_1	K_2	K_3	K_4	K_5
B_1	911	620	618	950	421
B_2	909,5	619,5	614,5	945	422,5
B_3	932	630	634	975	424
B_4	904,7	618,5	617,1	947	419,7

Die Krankenhausverwaltung sollte die Krankenhäuser K_1, K_2 und K_5 von der Bäckerei B_4 und die anderen beiden K_3 und K_4 von B_2 beliefern lassen, um die Gesamtkosten zu minimieren.

Multiplikation von Matrizen

Die Berechnung der Kostentabelle für jedes Krankenhaus und jeden Lieferanten entspricht der Multiplikation von zwei Matrizen.

Wenn man die Tabellen als Matrizen auffasst, sind die Elemente der Gesamtkostenmatrix Skalarprodukte der Zeilen der ersten Matrix mit den Spalten der zweiten Matrix.

$$A = \begin{pmatrix} 1{,}90 & 0{,}20 & 0{,}45 \\ 1{,}85 & 0{,}21 & 0{,}44 \\ 2{,}00 & 0{,}18 & 0{,}50 \\ 1{,}93 & 0{,}20 & 0{,}43 \end{pmatrix}$$

$$B = \begin{pmatrix} 190 & 150 & 170 & 250 & 90 \\ 1.400 & 1.000 & 800 & 1.250 & 800 \\ 600 & 300 & 300 & 500 & 200 \end{pmatrix}$$

$$C = A \cdot B = \begin{pmatrix} 911 & 620 & 618 & 950 & 421 \\ 909{,}5 & 619{,}5 & 614{,}5 & 945 & 422{,}5 \\ 932 & 630 & 634 & 975 & 424 \\ 904{,}7 & 618{,}5 & 617{,}1 & 947{,}5 & 419{,}7 \end{pmatrix}$$

Beispielsweise ergibt sich der Wert $c_{34} = 975$ als Skalarprodukt der dritten Zeile von A (Preise der Bäckerei B_3) mit der vierten Spalte von B (Bedarfsmengen des Krankenhauses K_4):

$$a_{31} \cdot b_{14} + a_{32} \cdot b_{24} + a_{33} \cdot b_{34} = c_{34}$$

Allgemein berechnet sich c_{ik}:

$$c_{ij} = \sum_{k=1}^{n} a_i k \cdot b_{kj}$$

oder vereinfacht ausgedrückt:

c_{ij} ist das Skalarprodukt der i-ten Zeile der 1. Matrix mit der j-ten Spalte der 2. Matrix

C: Zeilenzahl von A und Spaltenzahl von B

C hat die Zeilenzahl von A und die Spaltenzahl von B.

Das Produkt C aus den Matrizen A und B ist nur definiert, wenn die Spaltenzahl der ersten Matrix mit der Zeilenzahl der zweiten übereinstimmt.

Falksches Schema

Mit Hilfe des Falkschen Schemas wird eine anschauliche Berechnung von Matrizenmultiplikationen möglich und die Gefahr von Fehlern durch das Vertauschen von Zeilen und Spalten verringert.

$$A = \begin{pmatrix} a_{11} & a_{12} \\ a_{21} & a_{22} \\ a_{31} & a_{32} \\ a_{41} & a_{42} \end{pmatrix} \qquad B = \begin{pmatrix} b_{11} & b_{12} & b_{13} \\ b_{21} & b_{22} & b_{23} \end{pmatrix}$$

Falksches Schema zur Berechnung von $C = A \cdot B$

Skalarprodukt der entsprechenden Zeilen und Spalten

Das Falksche Schema ist besonders für Anfänger geeignet. Sollen zwei Matrizen A und B miteinander multipliziert werden ($C = A \cdot B$), wird die erste Matrix A unten links und die zweite Matrix B oben rechts aufgeschrieben. Danach werden waagerechte und senkrechte Hilfslinien gezogen. Die Matrix C wird nun wiederum als Skalarprodukt der entsprechenden Zeilen (1. Matrix) und Spalten (2. Matrix) berechnet.

		b_{11} b_{21}	b_{12} b_{22}	b_{13} b_{23}
a_{11}	a_{12}			
a_{21}	a_{22}			
a_{31}	a_{32}			
a_{41}	a_{42}			

		b_{11} b_{21}	b_{12} b_{22}	b_{13} b_{23}
a_{11}	a_{12}	c_{11}	c_{12}	c_{13}
a_{21}	a_{22}	c_{21}	c_{22}	c_{23}
a_{31}	a_{32}	c_{31}	c_{32}	c_{33}
a_{41}	a_{42}	c_{41}	c_{42}	c_{43}

Beispiel

$$A = \begin{pmatrix} 3 & 4 \\ 1 & 6 \\ 7 & 5 \\ 0 & 3 \end{pmatrix} \qquad B = \begin{pmatrix} 3 & 8 & 7 \\ 1 & 7 & 5 \end{pmatrix}$$

		3 1	8 7	7 5
3	4	13	52	41
1	6	9	50	37
7	5	26	91	74
0	3	3	21	15

Nicht kommutativ

In diesem Beispiel ist die Multiplikation von B · A nicht definiert. Die Matrizenmultiplikation ist nicht kommutativ. Es kommt im Gegensatz zur Multiplikation von reellen Zahlen auf die Reihenfolge an.

$$A \cdot B \neq B \cdot A$$

Beispiel

Die Kostentabelle für jedes Krankenhaus nach den Angeboten der Lieferanten soll nun mit Hilfe des Falkschen Schemas berechnet werden.

$$A = \begin{pmatrix} 1{,}90 & 0{,}20 & 0{,}45 \\ 1{,}85 & 0{,}21 & 0{,}44 \\ 2{,}00 & 0{,}18 & 0{,}50 \\ 1{,}93 & 0{,}20 & 0{,}43 \end{pmatrix} \qquad B = \begin{pmatrix} 190 & 150 & 170 & 250 & 90 \\ 1.400 & 1.000 & 800 & 1.250 & 800 \\ 600 & 300 & 300 & 500 & 200 \end{pmatrix}$$

			190	150	170	250	90
			1.400	1.000	800	1.250	800
			600	300	300	500	200
1,90	0,20	0,45	911	620	618	950	421
1,85	0,21	0,44	909,5	619,5	614,5	945	422,5
2,00	0,18	0,50	932	630	634	975	424
1,93	0,20	0,43	904,7	618,5	617,5	947,5	419,7

In den Wirtschaftswissenschaften wird die Matrizenrechnung häufig zur Analyse von zweistufigen Produktionsprozessen benötigt.

■ Beispiel: Analyse von zweistufigen Produktionsprozessen

Mehrstufige Produktionsprozesse

In einem Unternehmen werden aus drei Rohstoffen vier verschiedene Zwischenprodukte gefertigt, die wieder der Herstellung von zwei verschiedenen Endprodukten dienen.

Rohstoffe	Rohstoffbedarf für Zwischenprodukte			
	Z_1	Z_2	Z_3	Z_4
R_1	2	4	4	3
R_2	2	0	1	5
R_3	1	3	0	2

Um eine Einheit von Z_3 zu fertigen, werden vier Einheiten R_1 und eine Einheit R_2 benötigt. In Matrizenschreibweise ergibt sich:

$$A = \begin{pmatrix} 2 & 4 & 4 & 3 \\ 2 & 0 & 1 & 5 \\ 1 & 3 & 0 & 2 \end{pmatrix}$$

Wie groß ist der Rohstoffverbrauch pro Mengeneinheit der Endprodukte, wenn:

Zwischenprodukte	Zwischenproduktbedarf für Endprodukte	
	E_1	E_2
Z_1	5	0
Z_2	1	2
Z_3	0	4
Z_4	2	3

$$B = \begin{pmatrix} 5 & 0 \\ 1 & 2 \\ 0 & 4 \\ 2 & 3 \end{pmatrix}$$

Durch folgenden Gozintografen lässt sich die Situation darstellen.

Abbildung 8.4.6-1 *Gozintograf*

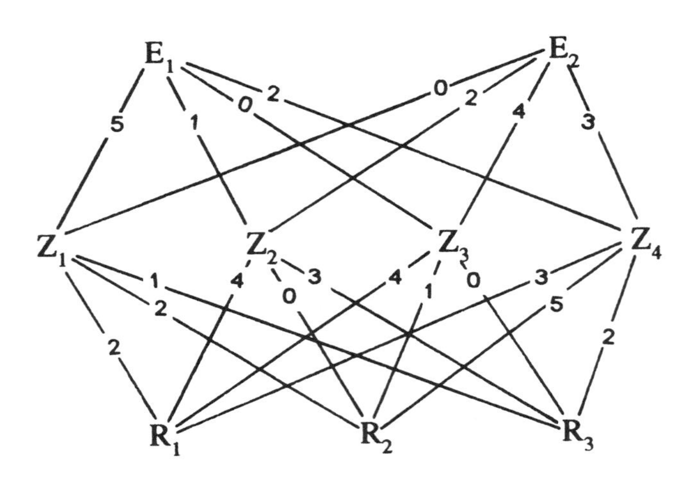

Durch Multiplikation der Matrizen lässt sich der Rohstoffverbrauch pro Mengeneinheit der Endprodukte ermitteln: $A \cdot B = C$

$$\begin{pmatrix} 2 & 4 & 4 & 3 \\ 2 & 0 & 1 & 5 \\ 1 & 3 & 0 & 2 \end{pmatrix} \cdot \begin{pmatrix} 5 & 0 \\ 1 & 2 \\ 0 & 4 \\ 2 & 3 \end{pmatrix} = \begin{pmatrix} 20 & 33 \\ 20 & 19 \\ 12 & 12 \end{pmatrix}$$

Rohstoffe	Rohstoffbedarf Für Endprodukt E_1	E_2
R_1	20	33
R_2	20	19
R_3	12	12

Zur Produktion einer Mengeneinheit des Endproduktes E_1 werden also 20 Mengeneinheiten des Rohstoffs R_1, ebenfalls 20 Einheiten R_2 sowie 12 Mengeneinheiten von R_3 benötigt.

Wie viel Geld muss das Unternehmen für die einzelnen Endprodukte für Rohstoffe pro Zeitperiode bezahlen, wenn:

Rohstoff	Preis (in €)
R_1	20
R_2	15
R_3	35

$$\begin{pmatrix} 20 & 15 & 35 \end{pmatrix} \begin{pmatrix} 20 & 33 \\ 20 & 19 \\ 12 & 12 \end{pmatrix} = \begin{pmatrix} 1120 & 1365 \end{pmatrix}$$

Das Unternehmen muss für die Produktion von jeweils einer Einheit von Endprodukt E_1 1.120 € und für das Endprodukt E_2 1.365 € pro Zeitperiode bezahlen.

8.4.7 Inverse einer Matrix

Eine quadratische Matrix A^{-1}, die mit der quadratischen Matrix A multipliziert die Einheitsmatrix ergibt, heißt inverse Matrix. Dabei ist es gleichgültig, ob die Multiplikation von rechts oder links erfolgt.

Inverse

$$A \cdot A^{-1} = A^{-1} \cdot A = E$$

Die Inverse ist nur für quadratische Matrizen definiert.

Allerdings existiert nicht für jede quadratische Matrix eine Inverse.

Beispiel

$$A = \begin{pmatrix} 1 & 3 \\ -2 & -2 \end{pmatrix}$$

$$A^{-1} = \begin{pmatrix} -0{,}5 & -0{,}75 \\ 0{,}5 & 0{,}25 \end{pmatrix}$$

$$A \cdot A^{-1} = \begin{pmatrix} 1 & 0 \\ 0 & 1 \end{pmatrix} = A^{-1} \cdot A$$

- Praktisches Verfahren zur Berechnung einer Inversen:

Schema

1. Bildung einer erweiterten Matrix

   (Anhängen der entsprechenden Einheitsmatrix an die Matrix A, zu der die Inverse gebildet werden soll)

2. Umformung der Matrix A in die Einheitsmatrix ausschließlich durch folgende Zeilenumformungen:

   - Vertauschen von zwei Zeilen
   - Multiplikation (Division) einer Zeile mit einer Konstanten (ungleich Null)
   - Addition (Subtraktion) einer Zeile zu einer anderen Zeile

   Wobei jeweils dieselben Umformungen an der entsprechenden Zeile der angehängten Einheitsmatrix vorgenommen werden müssen.

3. Gelingt die Umformung von A in die Einheitsmatrix, so ist die angehängte Matrix die Inverse A^{-1}.

   Gelingt die Umformung nicht, so existiert zu A keine Inverse.

Beispiel

$$A = \begin{pmatrix} 3 & 1 \\ 5 & 0 \end{pmatrix}$$

1. $$\left(\begin{array}{cc|cc} 3 & 1 & 1 & 0 \\ 5 & 0 & 0 & 1 \end{array}\right)$$

2. $$\left(\begin{array}{cc|cc} 3 & 1 & 1 & 0 \\ 5 & 0 & 0 & 1 \end{array}\right)$$ Vertauschen der beiden Zeilen

$$\left(\begin{array}{cc|cc} 5 & 0 & 0 & 1 \\ 3 & 1 & 1 & 0 \end{array}\right)$$ 1. Zeile: Division durch 5

$$\left(\begin{array}{cc|cc} 1 & 0 & 0 & 0{,}2 \\ 3 & 1 & 1 & 0 \end{array}\right)$$ 1. Zeile:Multiplikation mit (-3), Addition zur 2. Zeile

$$\left(\begin{array}{cc|cc} 1 & 0 & 0 & 0{,}2 \\ 0 & 1 & 1 & -0{,}6 \end{array}\right)$$

3. Die Umformung von A zur Einheitsmatrix ist gelungen. Also existiert die Inverse A^{-1} und ist

$$A^{-1} = \begin{pmatrix} 0 & 0{,}2 \\ 1 & -0{,}6 \end{pmatrix}$$

Probe

Probe: Zu zeigen ist, dass $A \cdot A^{-1} = A^{-1} \cdot A = E$

$$\begin{pmatrix} 3 & 1 \\ 5 & 0 \end{pmatrix} \cdot \begin{pmatrix} 0 & 0{,}2 \\ 1 & -0{,}6 \end{pmatrix} = \begin{pmatrix} 1 & 0 \\ 0 & 1 \end{pmatrix}$$

$$\begin{pmatrix} 0 & 0{,}2 \\ 1 & -0{,}6 \end{pmatrix} \cdot \begin{pmatrix} 3 & 1 \\ 5 & 0 \end{pmatrix} = \begin{pmatrix} 1 & 0 \\ 0 & 1 \end{pmatrix}$$

8.4.8 Input-Output-Analyse

Bei der Input-Output-Analyse wird eine sektoral verflochtene Einheit (z. B. eine Volkswirtschaft) untersucht. Die Produktionsmenge eines Sektors (Output) wird zum Teil in die eigene Produktion, zum Teil an die übrigen Sektoren (endogener Input) geliefert und der Rest steht der externen Nachfrage (z. B. zum Verkauf) zur Verfügung; zusätzlich werden (unabhängig vom endogenen Input) verschiedene Rohstoffe für die Produktion benötigt (exogener Input).

Folgende Symbole werden verwandt:

Symbole

E_I : endogener Input, endogener Verbrauch

X : Gesamtproduktionsvektor, Output

Y : Endnachfrage

A : Produktionskoeffizientenmatrix

R : Rohstoffverbrauchskoeffizientenmatrix

r : Rohstoffverbrauchsvektor, exogener Input

Neben der Analyse der aktuellen Situation erlaubt die Input-Output-Analyse die Beantwortung folgender Problemstellungen:

Fragestellungen

1. Wenn die Produktionsdaten für die einzelnen Sektoren vorgegeben sind: Welcher Endverbrauch und welcher Rohstoffverbrauch ergeben sich dann?
2. Wenn eine bestimmte Endnachfrage befriedigt werden soll: Wie hoch sind die erforderliche Gesamtproduktion der einzelnen Sektoren und der jeweilige Rohstoffverbrauch?
3. Wenn die Rohstoffmengen vorgegeben sind: Wie hoch ist die Gesamtproduktion der einzelnen Sektoren und was steht für die Endnachfrage zur Verfügung?

Beispiel

Ein Unternehmen bestehe aus drei produzierenden Abteilungen A, B, C und verwendet zwei Rohstoffe R_1 und R_2. In einem Berichtszeitraum ergaben sich folgende Daten:

	(endogener Verbrauch) empfangende Abteilung			Endnachfrage
Abteilung	A	B	C	
A	2	5	10	3
B	5	6	6	13
C	8	4	12	16
Rohstoff in Mengeneinheit	A	B	C	
R_1	40	30	40	
R_2	30	50	20	

Gesamtproduktion = Endogener Verbrauch + Endnachfrage

$$X = E_I + Y$$

$$X = \begin{pmatrix} 17 \\ 17 \\ 24 \end{pmatrix} + \begin{pmatrix} 3 \\ 13 \\ 16 \end{pmatrix} = \begin{pmatrix} 20 \\ 30 \\ 40 \end{pmatrix}$$

Die Matrix $\begin{pmatrix} 2 & 5 & 10 \\ 5 & 6 & 6 \\ 8 & 4 & 12 \end{pmatrix}$ gibt an,

wie viele Einheiten der Gesamtproduktion einer Abteilung für den endogenen Verbrauch benötigt werden. Ändert sich die Produktion, ändert sich auch die Matrix.

Gibt man dagegen den endogenen Input bezogen auf den Output an (d. h. wie viele Mengeneinheiten der Produkte benötigt jede Abteilung von sich und den anderen Abteilungen, um eine Einheit des eigenen Produktes herzustellen), so erhält man die Produktionskoeffizientenmatrix A, die unabhängig von der tatsächlichen Produktion die Verflechtungen des endogenen Verbrauchs angibt.

Produktionskoeffizientenmatrix

Die Produktionskoeffizientenmatrix errechnet sich folgendermaßen:

$$\begin{pmatrix} 2 & 5 & 10 \\ 5 & 6 & 6 \\ 8 & 4 & 12 \end{pmatrix} \xrightarrow{\text{Input bezogen auf Output}} \begin{pmatrix} \frac{2}{20} & \frac{5}{30} & \frac{10}{40} \\ \frac{5}{20} & \frac{6}{30} & \frac{6}{40} \\ \frac{8}{20} & \frac{4}{30} & \frac{12}{40} \end{pmatrix} \rightarrow \begin{pmatrix} 0{,}1 & 0{,}1\overline{6} & 0{,}25 \\ 0{,}25 & 0{,}2 & 0{,}15 \\ 0{,}4 & 0{,}1\overline{3} & 0{,}3 \end{pmatrix}$$

Produktionskoeffizientenmatrix A

Zum Beispiel bedeutet die Zahl 0,25 in der 1. Spalte und 2. Zeile von A, dass die Abteilung A von der Abteilung B 0,25 Einheiten von Produkt B benötigt, um eine Mengeneinheit des Produktes A herzustellen.

Die Produktionskoeffizientenmatrix A multipliziert mit dem jeweils geltenden Gesamtproduktionsvektor X, gibt den tatsächlichen endogenen Input E_I bei einer bestimmten Produktionslage an:

$$E_I = A \cdot X$$

$$X = A \cdot X + Y$$

Ebenso kann der benötigte Rohstoffverbrauch bezogen auf eine Produktionseinheit der Abteilungen A, B, C durch die Rohstoffverbrauchskoeffizientenmatrix angegeben werden.

Rohstoffverbrauchskoeffizientenmatrix

$$\begin{pmatrix} 40 & 30 & 40 \\ 30 & 50 & 20 \end{pmatrix} \xrightarrow[\text{bezogen auf Output}]{\text{Rohstoffverbrauch}} \begin{pmatrix} \frac{40}{20} & \frac{30}{30} & \frac{40}{40} \\ \frac{30}{20} & \frac{50}{30} & \frac{20}{40} \end{pmatrix} \to \begin{pmatrix} 2 & 1 & 1 \\ 1{,}5 & 1{,}\overline{6} & 0{,}5 \end{pmatrix}$$

Rohstoffverbrauchskoeffizientenmatrix R

Sie gibt für die jeweilige Abteilung an, wie viele Einheiten der Rohstoffe R_1 und R_2 gebraucht werden, um eine Einheit des eigenen Produktes herzustellen.

Die Rohstoffverbrauchskoeffizientenmatrix R multipliziert mit dem jeweils geltenden Gesamtproduktionsvektor X ergibt den tatsächlichen Rohstoffverbrauch r.

$$r = R \cdot X$$

Problemstellung 1

Welcher Endverbrauch und welcher Rohstoffverbrauch ergibt sich bei einer Produktionsvorgabe von:

$$X = \begin{pmatrix} 20 \\ 40 \\ 20 \end{pmatrix}$$

Endverbrauch: $X = A \cdot X + Y$

$$\begin{aligned} Y &= X - A \cdot X \\ &= E \cdot X - A \cdot X \\ &= (E - A) \cdot X \\ &= \left[\begin{pmatrix} 1 & 0 & 0 \\ 0 & 1 & 0 \\ 0 & 0 & 1 \end{pmatrix} - \begin{pmatrix} 0{,}1 & 0{,}1\overline{6} & 0{,}25 \\ 0{,}25 & 0{,}2 & 0{,}15 \\ 0{,}4 & 0{,}1\overline{3} & 0{,}3 \end{pmatrix} \right] \cdot \begin{pmatrix} 20 \\ 40 \\ 20 \end{pmatrix} \\ &= \begin{pmatrix} 0{,}9 & -0{,}1\overline{6} & -0{,}25 \\ -0{,}25 & 0{,}8 & -0{,}15 \\ -0{,}4 & -0{,}1\overline{3} & 0{,}7 \end{pmatrix} \cdot \begin{pmatrix} 20 \\ 40 \\ 20 \end{pmatrix} = \begin{pmatrix} 6{,}\overline{3} \\ 24 \\ 0{,}\overline{6} \end{pmatrix} \end{aligned}$$

Für den Endverbrauch stehen $6{,}\overline{3}$ Mengeneinheiten von Produkt A, 24 von Produkt B und $0{,}\overline{6}$ von Produkt C zur Verfügung.

Rohstoffverbrauch: $r = R \cdot X$

$$r = \begin{pmatrix} 2 & 1 & 1 \\ 1{,}5 & 1{,}\overline{6} & 0{,}5 \end{pmatrix} \cdot \begin{pmatrix} 20 \\ 40 \\ 20 \end{pmatrix} = \begin{pmatrix} 100 \\ 106{,}\overline{6} \end{pmatrix}$$

Es werden 100 Mengeneinheiten von Rohstoff R_1 und $106,\overline{6}$ von Rohstoff R_2 benötigt.

Problemstellung 2

Folgende Endnachfrage soll befriedigt werden:

$$Y = \begin{pmatrix} 10 \\ 30 \\ 20 \end{pmatrix}$$

Wie hoch sind die erforderliche Gesamtproduktion der einzelnen Sektoren und der jeweilige Rohstoffverbrauch?

$$X = A \cdot X + Y$$

$$Y = X - A \cdot X$$

$$Y = (E - A) \cdot X$$

$$(E - A)^{-1} \cdot Y = (E - A)^{-1} \cdot (E - A) \cdot X = X$$

$$X = (E - A)^{-1} \cdot Y$$

$$X = \begin{pmatrix} 1,5062 & 0,4184 & 0,6276 \\ 0,6555 & 1,4783 & 0,5509 \\ 0,9855 & 0,5206 & 1,8921 \end{pmatrix} \cdot \begin{pmatrix} 10 \\ 30 \\ 20 \end{pmatrix}$$

$$= \begin{pmatrix} 40,167 \\ 61,924 \\ 63,319 \end{pmatrix}$$

$$r = R \cdot X$$

$$r = \begin{pmatrix} 2 & 1 & 1 \\ 1,5 & 1,\overline{6} & 0,5 \end{pmatrix} \cdot \begin{pmatrix} 40,167 \\ 61,924 \\ 63,319 \end{pmatrix} = \begin{pmatrix} 205,57 \\ 195,11 \end{pmatrix}$$

Problemstellung 3

Die Rohstoffe sind auf folgende Mengen beschränkt: R_1 = 220 ME und R_2 = 200 ME. Wie hoch ist die mögliche Gesamtproduktion der einzelnen Sektoren und welche Endnachfrage kann befriedigt werden?

$$r = R \cdot X$$

$$R^{-1} \cdot r = X$$

Da R keine invertierbare Matrix ist (sie ist nicht quadratisch), ist die letzte Gleichung bei diesem Beispiel nicht nutzbar.

Aus der 1. Gleichung ergibt sich aber folgendes Gleichungssystem:

$$220 = \begin{pmatrix} 2 & 1 & 1 \end{pmatrix} \begin{pmatrix} x_1 \\ x_2 \\ x_3 \end{pmatrix} = 2x_1 + x_2 + x_3$$

$$200 = \begin{pmatrix} 1,5 & 1,\overline{6} & 0,5 \end{pmatrix} \begin{pmatrix} x_1 \\ x_2 \\ x_3 \end{pmatrix} = 1,5x_1 + 1,\overline{6}\, x_2 + 0,5\, x_3$$

Durch Umformungen ergibt sich folgender Zusammenhang:

$$x_1 = 180 - 2,\overline{3}\, x_2$$

$$x_3 = -140 + 3,\overline{6}\, x_2$$

Dieses Gleichungssystem hat viele Lösungen z. B. $x_3 = 60$ ME.

Daraus folgt für $x_1 = 52{,}73$ ME $x_2 = 54,\overline{54}$ ME.

Bei dieser Produktion ergibt sich eine Nachfrage von:

$$Y = X - AX = (E - A) \cdot X = \begin{pmatrix} 0,9 & -0,1\overline{6} & -0,25 \\ -0,25 & 0,8 & -0,15 \\ -0,4 & -0,1\overline{3} & 0,7 \end{pmatrix} \begin{pmatrix} 52,73 \\ 54,\overline{54} \\ 60 \end{pmatrix}$$

$$= \begin{pmatrix} 23,36 \\ 21,45 \\ 13,64 \end{pmatrix}$$

Es stehen also bei einer vorgegebenen Menge von 220 ME von Rohstoff R_1 und 200 ME von Rohstoff R_2 und von einer gewählten Produktionszahl von Abteilung C von 60 Einheiten maximal 23,36 Einheiten von Produkt A, 21,45 Einheiten von Produkt B und 13,64 Einheiten von Produkt C für die Nachfrage zur Verfügung.

Aufgaben

8.4.1. Führen Sie folgende Matrizenoperationen durch, oder begründen Sie, warum das nicht möglich ist.

a) $\begin{pmatrix} 1 & 7 \\ 8 & 3 \end{pmatrix} \cdot \begin{pmatrix} 5 \\ 6 \end{pmatrix}$

b) $(9 \quad 6 \quad -2) \cdot \begin{pmatrix} 1 & 0 & -3 & 2 \\ 3 & 7 & 5 & 0 \\ 3 & 9 & 6 & -6 \end{pmatrix}$

c) $\begin{pmatrix} 8 & 6 \\ 8 & -4 \\ 6 & 4 \end{pmatrix} \cdot \begin{pmatrix} 5 & -5 & 3 \\ 7 & 0 & -5 \end{pmatrix}$

d) $\begin{pmatrix} 6 & 8 & 9 \\ 8 & 4 & 9 \\ 5 & 4 & 9 \end{pmatrix} - \begin{pmatrix} 6 & 4 & 5 \\ 8 & 4 & 5 \\ 4 & 4 & 0 \end{pmatrix}$

e) $\begin{pmatrix} 1 \\ -3 \\ 6 \end{pmatrix} \cdot (1 \quad 8)$

f) $(9 \quad 5 \quad 0) \cdot \begin{pmatrix} 8 \\ 6 \\ 2 \end{pmatrix}$

g) $\begin{pmatrix} 6 & 6 \\ 1 & 9 \end{pmatrix} \cdot \begin{pmatrix} -4 & -3 \\ -9 & -4 \end{pmatrix}$

und Multiplikation in umgekehrter Reihenfolge

h) $\begin{pmatrix} 0 & -8 & 5 \\ 6 & 3 & -2 \end{pmatrix} + \begin{pmatrix} 5 & 4 \\ -3 & 0 \end{pmatrix}$

i) $\begin{pmatrix} 1 & -6 & 2 \\ -7 & 3 & 2 \\ 8 & 0 & -6 \end{pmatrix} \cdot \begin{pmatrix} 1 & 0 & 0 \\ 0 & 1 & 0 \\ 0 & 0 & 1 \end{pmatrix}$

8.4.2. Ein Unternehmen stellt drei Produkte her (P_1, P_2, P_3) und benötigt für die Produktion drei Maschinen (M_1, M_2, M_3).
Die notwendigen Maschinenzeiten sind in der folgenden Tabelle aufgeführt:

	Maschinenzeiten in Min.		
	M_1	M_2	M_3
P_1	2	8	6
P_2	5	8	5
P_3	4	6	6

Für die beiden Halbjahre eines Jahres sind folgende Absatzmengen geplant:

	1. Halbj.	2. Halbj.
P_1	80	100
P_2	100	90
P_3	50	40

a) Welche Maschinenzeiten bei den drei Maschinen werden zur Herstellung der für das erste Halbjahr geplanten Mengen benötigt?

b) Die Preise für die drei Produkte werden in beiden Halbjahren gleich sein:

	Preis
P_1	40
P_2	60
P_3	70

Wie hoch sind die gesamten Umsätze in den beiden Halbjahren?

c) Welche Betriebskosten werden durch die Produktion im ersten Halbjahr verursacht, wenn eine Betriebsstunde bei M_1 30 €, bei M_2 54 € und bei M_3 66 € kostet?

d) Zu den Betriebskosten kommen im ersten Halbjahr nur noch Kosten für Einzelteile in folgender Höhe pro Mengeneinheit der Endprodukte hinzu:

	Kosten für Einzelteile
P_1	24
P_2	28
P_3	15

Wie hoch wird der Gewinn des ersten Halbjahres sein?

8.4.3. Die Matrizenrechnung findet in der Ökonomie eine wichtige Anwendung, wenn die Materialverflechtungen in einem mehrstufigen Produktionsprozess analysiert werden sollen.

Ein Unternehmen stellt in einem mehrstufigen Produktionsprozess aus den Rohstoffen R_1, R_2 und R_3 die Halbfertigfabrikate H_1, H_2 und H_3 her.

Daraus werden die Einzelteile E_1, E_2 und E_3 montiert, aus denen dann in der letzten Stufe die Endprodukte P_1 und P_2 montiert werden.

Für eine Mengeneinheit der Halbfertigfabrikate werden folgende Rohstoffmengen verbraucht:

	H_1	H_2	H_3
R_1	2	4	2
R_2	5	8	8
R_3	5	3	2

Der Verbrauch der Halbfertigfabrikate für die Einzelteile ist:

	E_1	E_2	E_3
H_1	2	5	0
H_2	7	5	4
H_3	3	4	7

In der letzten Stufe werden dann folgende Mengen der Einzelteile für die Endprodukte benötigt:

	P_1	P_2
E_1	9	8
E_2	6	4
E_3	1	8

Stellen Sie die Matrix auf, die den Gesamtverbrauch an Rohstoffen für die Endprodukte angibt.

8.5 Lineare Gleichungssysteme

8.5.1 Problemstellung und ökonomische Bedeutung

Gleichungssysteme

Gleichungssysteme treten in vielen Bereichen der Wirtschaftswissenschaften auf; beispielsweise bei Schnittpunktbestimmungen, bei der Ermittlung des Cournotschen Punktes und bei der linearen Optimierung.

Wie im zweiten Kapitel beschrieben, treten die Variablen in einer linearen Gleichung nur in der ersten Potenz auf.

Eine lineare Gleichung mit mehreren Variablen hat allgemein die Form:

$$a_1 \cdot x_1 + a_2 \cdot x_2 + \ldots + a_n \cdot x_n = b \quad \text{bzw.} \quad \sum_{i=1}^{n} a_i \cdot x_i = b$$

Beispiel

$$7 \cdot x_1 + 5 \cdot x_2 - 2 \cdot x_3 = 6$$

Das Beispiel zeigt, dass eine einzelne lineare Gleichung mit mehreren unabhängigen Variablen nicht eindeutig lösbar ist.

Einige Lösungen der Beispielsfunktion sind:

$x_1 = 1 \quad x_2 = 1 \quad x_3 = 3$

$x_1 = 1 \quad x_2 = 2 \quad x_3 = 5{,}5$

$x_1 = 130 \quad x_2 = -18 \quad x_3 = 407$

Im Allgemeinen hat eine lineare Gleichung mit mehreren Variablen unendlich viele Lösungen.

Meistens stehen zur Lösung ökonomischer Probleme mehrere lineare Gleichungen zur Verfügung, welche die gleichen Variablen enthalten. Man spricht dann von einem linearen Gleichungssystem.

Lineares Gleichungssystem

Lineare Gleichungssysteme werden in der Praxis sehr häufig genutzt, da viele ökonomische Beziehungen linear sind; die einzelnen Größen verhalten sich also proportional zueinander.

Komplexe und umfangreiche Probleme werden zudem oft durch Vereinfachung auf lineare Modelle reduziert. Auch wenn die zugrunde liegenden Funktionsformen nicht linear sind, werden diese durch lineare Funktionen approximiert, um den Rechenaufwand in vertretbarem Rahmen zu halten.

Aufgrund der gestiegenen Möglichkeiten der Informationstechnologie konnten in den letzten Jahrzehnten die linearen Modelle in der Praxis auf immer komplexere Problemstellungen angewandt werden. Modelle, die aus mehreren tausend Gleichungen bestehen, sind keine Seltenheit.

Da derart komplexe mathematische Modelle nur noch mit Hilfe von elektronischen Datenverarbeitungsanlagen lösbar sind, wofür auch leistungsfähige Programme zur Verfügung stehen, sollen hier nur die elementaren mathematischen Grundlagen der linearen Gleichungssysteme behandelt werden.

8.5.2 Lineare Gleichungssysteme in Matrizenschreibweise

Mehrere lineare Gleichungen, die dieselben Variablen betreffen, bilden ein lineares Gleichungssystem. Ein lineares Gleichungssystem mit m Gleichungen und n Variablen ($x_1, x_2, \ldots, x_n$) hat allgemein die Form:

Allgemeine Form

$$\begin{array}{rcl} a_{11} \cdot x_1 + a_{12} \cdot x_2 + \ldots + a_{1n} \cdot x_n & = & b_1 \\ a_{21} \cdot x_1 + a_{22} \cdot x_2 + \ldots + a_{2n} \cdot x_n & = & b_2 \\ \cdot \quad \cdot \quad \cdot & & \cdot \\ \cdot \quad \cdot \quad \cdot & & \cdot \\ \cdot \quad \cdot \quad \cdot & & \cdot \\ a_{m1} \cdot x_1 + a_{m2} \cdot x_2 + \ldots + a_{mn} \cdot x_n & = & b_m \end{array}$$

Matrizenschreibweise

Für die Lösung des Gleichungssystems ist eine Darstellung in Matrizenschreibweise sinnvoll.

Koeffizientenmatrix

Die Matrix A ist eine Koeffizientenmatrix; sie umfasst die Vorzahlen der n Variablen.

$$\mathbf{A} = \begin{pmatrix} a_{11} & a_{12} & a_{13} & \cdots & a_{1n} \\ a_{21} & a_{22} & a_{23} & \cdots & a_{2n} \\ \cdot & \cdot & \cdot & \cdots & \cdot \\ \cdot & \cdot & \cdot & \cdots & \cdot \\ a_{m1} & a_{m2} & a_{m3} & \cdots & a_{mn} \end{pmatrix}$$

Das Produkt dieser Matrix A mit dem Spaltenvektor x

$$\mathbf{x} = \begin{pmatrix} x_1 \\ x_2 \\ . \\ . \\ x_n \end{pmatrix}$$

ergibt den Spaltenvektor b, die rechte Seite des Gleichungssystems.

$$b = \begin{pmatrix} b_1 \\ b_2 \\ . \\ . \\ b_m \end{pmatrix}$$

Matrizenschreibweise

$$\begin{pmatrix} a_{11} & a_{12} & a_{13} & \dots & a_{1n} \\ a_{21} & a_{22} & a_{23} & \dots & a_{2n} \\ . & . & . & \dots & . \\ . & . & . & \dots & . \\ a_{m1} & a_{m2} & a_{m3} & \dots & a_{mn} \end{pmatrix} \cdot \begin{pmatrix} x_1 \\ x_2 \\ . \\ . \\ x_n \end{pmatrix} = \begin{pmatrix} b_1 \\ b_2 \\ . \\ . \\ b_m \end{pmatrix}$$

Kurzform

In Kurzform lautet das Gleichungssystem nun:

$$\mathbf{A} \cdot \mathbf{x} = \mathbf{b}$$

Beispiel

Darstellung des folgenden Gleichungssystems in Matrizenschreibweise:

$$7x + 2y + -7z = 2$$

$$-6x - 3y + z = 3$$

$$x - 5y = 7$$

$$\begin{pmatrix} 7 & 2 & -7 \\ -6 & -3 & 1 \\ 1 & -5 & 0 \end{pmatrix} \cdot \begin{pmatrix} x \\ y \\ z \end{pmatrix} = \begin{pmatrix} 2 \\ 3 \\ 7 \end{pmatrix}$$

Homogen

Wenn alle Elemente des Vektors b den Wert Null haben, so wird das Gleichungssystem homogen genannt: $A \cdot x = 0$

Wenn wenigstens ein Element von Null verschieden ist, liegt ein inhomogenes Gleichungssystem vor: $A \cdot x = b$

Inhomogen

Die wichtigste Aufgabe der Matrizenrechnung liegt in der Lösung von inhomogenen linearen Gleichungssystemen.

Während sich ein Gleichungssystem mit drei bis vier Unabhängigen und der gleichen Anzahl von Variablen noch leicht ohne die Hilfe der Matrizenrechnung lösen lässt, bietet diese bei komplexeren Problemen entscheidende Vereinfachungen.

Um ein lineares Gleichungssystem lösen zu können, ist es zunächst notwendig, die lineare Abhängigkeit von Vektoren und den Rang einer Matrix zu definieren.

Lineare Abhängigkeit

8.5.3 Lineare Abhängigkeit von Vektoren

Eine Gleichung mit zwei Unbekannten lässt sich nicht eindeutig lösen.

Die Gleichung $2x + y = 4$ hat unendlich viele Lösungen. Diese liegen grafisch alle auf einer Geraden.

Um eine eindeutige Lösung bestimmen zu können, ist eine zweite Gleichung notwendig, beispielsweise: $10x - 11y = 4$

Durch Auflösen der ersten Gleichung nach y und Einsetzen in die zweite Gleichung findet man schnell die Lösung:

$$x = 1{,}5 \quad y = 1$$

Wenn die zweite Gleichung nun aber: $6x + 3y = 12$ gelautet hätte, wäre das Gleichungssystem

$$2x + y = 4$$

$$6x + 3y = 12$$

nicht eindeutig lösbar gewesen, wie leicht überprüft werden kann. Nach Auflösen der ersten Gleichung nach y und Einsetzen in die zweite erhält man: $0 = 0$

Der Grund dafür liegt darin, dass die zweite Gleichung genau das Dreifache der ersten darstellt, und somit keine neuen Informationen hinzukommen.

Die beiden Gleichungen sind linear abhängig und damit nicht eindeutig lösbar.

Linear abhängige Gleichungen

Die beiden Gleichungen kann man als Zeilenvektoren schreiben, dabei steht der senkrechte Strich in den Vektoren für das Gleichheitszeichen.

$$3 \cdot (2 \quad 1 \mid 4) - (6 \quad 3 \mid 12) = (0 \quad 0 \mid 0)$$

Wenn man die erste Gleichung mit drei multipliziert und davon die zweite subtrahiert, erhält man einen Nullvektor.

Wenn sich Vielfache von Vektoren so additiv verknüpfen lassen, dass das Ergebnis einen Nullvektor darstellt, heißen diese Vektoren linear abhängig.

Definition

Linearkombination

Unter einer Linearkombination von Vektoren versteht man die lineare Verknüpfung von Vektoren, die mit Skalaren gewichtet sind.

Beispiel

$$a = \begin{pmatrix} 5 \\ 3 \\ 9 \end{pmatrix} \quad b = \begin{pmatrix} 4 \\ 0 \\ 2 \end{pmatrix}$$

Der Vektor $c = \begin{pmatrix} 17 \\ 15 \\ 41 \end{pmatrix}$ ist eine Linearkombination von a und b, da:

$$c = 5 \cdot a - 2 \cdot b = \begin{pmatrix} 17 \\ 15 \\ 41 \end{pmatrix}$$

Definition

Die Vektoren $a_1, a_2, \ldots, a_n$ sind linear abhängig, wenn es möglich ist, eine Linearkombination zu finden, die einen Nullvektor ergibt. Die Skalare, mit denen multipliziert wird, dürfen nicht alle gleich Null sein.

Beispiel

Die Vektoren

$$a_1 = \begin{pmatrix} 4 \\ 2 \\ 2 \end{pmatrix} \quad a_2 = \begin{pmatrix} 7 \\ 3 \\ 0 \end{pmatrix} \quad a_3 = \begin{pmatrix} 6 \\ 6 \\ 4 \end{pmatrix} \quad a_4 = \begin{pmatrix} 6 \\ 4 \\ 5 \end{pmatrix}$$

sind linear abhängig, da folgende Linearkombination zu einem Nullvektor als Ergebnis führt:

$$8a_1 - 2a_2 + a_3 - 4a_4 = 8 \cdot \begin{pmatrix} 4 \\ 2 \\ 2 \end{pmatrix} - 2 \cdot \begin{pmatrix} 7 \\ 3 \\ 0 \end{pmatrix} + \begin{pmatrix} 6 \\ 6 \\ 4 \end{pmatrix} - 4 \cdot \begin{pmatrix} 6 \\ 4 \\ 5 \end{pmatrix} = \begin{pmatrix} 0 \\ 0 \\ 0 \end{pmatrix}$$

Die Tatsache, dass bei linear abhängigen Vektoren mindestens einer keine wesentlichen Zusatzinformationen bringt, ist für die Lösung von linearen Gleichungssystemen von entscheidender Bedeutung.

8.5.4 Rang einer Matrix

Die Lösbarkeit eines linearen Gleichungssystems

$$A \cdot x = b$$

hängt davon ab, ob die Zeilen und Spalten der Matrix A, die man auch als Vektoren betrachten kann, linear abhängig sind.

Wenn eine bestimmte Anzahl von Vektoren vorliegt, kann daraus eine maximale Anzahl von linear unabhängigen Vektoren bestimmt werden.

Definition

Der Rang eines Vektorensystems bezeichnet die Maximalzahl linear unabhängiger Vektoren.

In jeder Matrix ist die maximale Anzahl von linear unabhängigen Zeilen gleich der der linear unabhängigen Spalten.

Definition

Der Rang einer Matrix gibt die Maximalzahl linear unabhängiger Zeilen bzw. Spalten einer Matrix an.

Der Rang einer Matrix ist wichtig für die Überprüfung der Lösbarkeit von linearen Gleichungssystemen.

8.5.5 Lösung linearer Gleichungssysteme

Anhand eines einfachen Beispiels soll die Technik der Lösung linearer Gleichungssysteme gezeigt werden.

Beispiel

Ein Betrieb stellt drei Produkte X_1, X_2 und X_3 her. Die Preise dafür betragen p_1, p_2 und p_3.

Im Januar eines Jahres wurden zwei Einheiten von X_1, eine von X_2 und drei von X_3 verkauft. Damit wurde ein Umsatz von 23 Geldeinheiten erzielt.

Es gilt: $2 \cdot p_1 + 1 \cdot p_2 + 3 \cdot p_3 = 23$

Für die beiden folgenden Monate gilt:

$$1 \cdot p_1 + 3 \cdot p_2 + 2 \cdot p_3 = 19$$

$$2 \cdot p_1 + 4 \cdot p_2 + 1 \cdot p_3 = 19$$

Wie hoch sind die Preise der Produkte?

Durch Auflösung des Gleichungssystems lassen sich die drei Preise ermitteln.

$$
\begin{array}{ll}
\text{I} & 2p_1 + 1p_2 + 3p_3 = 23 \\
\text{II} & 1p_1 + 3p_2 + 2p_3 = 19 \\
\text{III} & 2p_1 + 4p_2 + 1p_3 = 19 \\
\text{I} - 2 \cdot \text{II} & -5p_2 - 1p_3 = -15 \\
 & p_3 = 15 - 5p_2 \\
\text{III} - 2 \cdot \text{II} & -2p_2 - 3p_3 = -19 \\
 & 2p_2 + 3p_3 = 19 \\
 & 2p_2 + 3(15 - 5p_2) = 19 \\
 & 2p_2 + 45 - 15p_2 = 19 \\
 & -13p_2 = -26 \\
 & p_2 = 2 \\
 & p_3 = 15 - 5 \cdot 2 \\
 & p_3 = 5 \\
\text{II} & p_1 + 3p_2 + 2p_3 = 19 \\
 & p_1 + 6 + 10 = 19 \\
 & p_1 = 3
\end{array}
$$

Eine Überprüfung der gefundenen Lösung ist durch Einsetzen der Lösungswerte in die Gleichungen möglich.

Matrizenschreibweise

Für den Fall eines inhomogenen linearen Gleichungssystems mit gleicher Anzahl von Variablen und Gleichungen lautet die Matrizenschreibweise:

$$
\begin{pmatrix} 2 & 1 & 3 \\ 1 & 3 & 2 \\ 2 & 4 & 1 \end{pmatrix} \cdot \begin{pmatrix} p_1 \\ p_2 \\ p_3 \end{pmatrix} = \begin{pmatrix} 23 \\ 19 \\ 19 \end{pmatrix}
$$

Erweiterte Matrix

Für die Lösung des Gleichungssystems wird die erweiterte Matrix $(A|b)$ gebildet, die aus der Matrix A und dem Spaltenvektor b besteht.

$$
(A|b) = \left(\begin{array}{ccc|c} 2 & 1 & 3 & 23 \\ 1 & 3 & 2 & 19 \\ 2 & 4 & 1 & 19 \end{array}\right)
$$

Bei der Lösung des linearen Gleichungssystems ohne Hilfe der Matrizenrechnung konnten folgende äquivalente Umformungen durchgeführt werden, die keinen Einfluss auf die Lösung hatten:

Äquivalente Umformungen

1. Umformung einzelner Gleichungen durch Multiplikation (Division) mit einer beliebigen Zahl außer Null
2. Addition (Subtraktion) eines Vielfachen einer Gleichung zu einer anderen
3. Vertauschung von zwei Gleichungen

Die gleichen äquivalenten Umformungen werden auch auf die erweiterte Koeffizientenmatrix angewendet. Dabei ist das Ziel, die Matrix (A|b) so umzuformen, dass an der Stelle von A eine Einheitsmatrix steht.

Die erweiterte Matrix (A|b)

$$(A|b)=\left(\begin{array}{ccccc|c} a_{11} & a_{12} & a_{13} & \dots & a_{1n} & b_1 \\ a_{21} & a_{22} & a_{23} & \dots & a_{2n} & b_2 \\ . & . & . & \dots & . & . \\ . & . & . & \dots & . & . \\ a_{m1} & a_{m2} & a_{m3} & \dots & a_{mn} & b_m \end{array}\right) \text{ soll umgeformt werden zu:}$$

$$(E|b^*)=\left(\begin{array}{ccccc|c} 1 & 0 & . & . & 0 & b_1^* \\ 0 & 1 & . & . & 0 & b_2^* \\ . & . & . & . & . & . \\ . & . & . & . & . & . \\ 0 & 0 & . & . & 1 & b_m^* \end{array}\right)$$

Die letzte Spalte stellt dann die gesuchten Lösungswerte für die Variablen dar.

Bei der Umformung von (A|b) sind folgende Zeilenoperationen zulässig (siehe Berechnung einer Inversen):

Zeilenoperationen

1. Vertauschen von zwei Zeilen
2. Multiplikation (Division) einer Zeile mit einer Konstanten (ungleich Null)
3. Addition (Subtraktion) einer Zeile zu einer anderen Zeile

Beispiel

Zur Berechnung der Preise für die drei Produkte, die das Unternehmen herstellt, ergibt sich die erweiterte Matrix:

$$(A|b)=\left(\begin{array}{ccc|c} 2 & 1 & 3 & 23 \\ 1 & 3 & 2 & 19 \\ 2 & 4 & 1 & 19 \end{array}\right) \rightarrow (E|b^*)=\left(\begin{array}{ccc|c} 1 & 0 & 0 & b_1^* \\ 0 & 1 & 0 & b_2^* \\ 0 & 0 & 1 & b_3^* \end{array}\right)$$

Lösung

$$\left(\begin{array}{ccc|c} 2 & 1 & 3 & 23 \\ 1 & 3 & 2 & 19 \\ 2 & 4 & 1 & 19 \end{array}\right)$$

Zeile 1 mit 0,5 multipliziert:

$$\left(\begin{array}{ccc|c} 1 & 0{,}5 & 1{,}5 & 11{,}5 \\ 1 & 3 & 2 & 19 \\ 2 & 4 & 1 & 19 \end{array}\right)$$

Zeile 1 mit (– 1) multipliziert und zur 2. addiert; sowie Zeile 1 mit (– 2) multipliziert und zur 3. addiert:

$$\left(\begin{array}{ccc|c} 1 & 0{,}5 & 1{,}5 & 11{,}5 \\ 0 & 2{,}5 & 0{,}5 & 7{,}5 \\ 0 & 3 & -2 & -4 \end{array}\right)$$

Zeile 2 durch 2,5 dividiert:

$$\left(\begin{array}{ccc|c} 1 & 0{,}5 & 1{,}5 & 11{,}5 \\ 0 & 1 & 0{,}2 & 3 \\ 0 & 3 & -2 & -4 \end{array}\right)$$

Zeile 2 mit (– 0,5) multipliziert und zur 1. addiert; sowie Zeile 2 mit (– 3) multipliziert und zur 3. addiert:

$$\left(\begin{array}{ccc|c} 1 & 0 & 1{,}4 & 10 \\ 0 & 1 & 0{,}2 & 3 \\ 0 & 0 & -2{,}6 & -13 \end{array}\right)$$

Zeile 3 durch (– 2,6) dividiert:

$$\left(\begin{array}{ccc|c} 1 & 0 & 1{,}4 & 10 \\ 0 & 1 & 0{,}2 & 3 \\ 0 & 0 & 1 & 5 \end{array}\right)$$

Zeile 3 mit (– 1,4) multipliziert und zur 1. addiert; sowie Zeile 3 mit (– 0,2) multipliziert und zur 2. addiert:

$$\left(\begin{array}{ccc|c} 1 & 0 & 0 & 3 \\ 0 & 1 & 0 & 2 \\ 0 & 0 & 1 & 5 \end{array}\right)$$

Damit ist das Ziel erreicht, und die Lösung kann abgelesen werden. Das zugehörige Gleichungssystem lautet:

$$p_1 = 3$$

$$p_2 = 2$$

$$p_3 = 5$$

Beispiel

Ein Unternehmen stellt aus drei Rohstoffen R_1, R_2 und R_3 drei Endprodukte E_1, E_2 und E_3 her. Für eine Mengeneinheit der Endprodukte sind folgende Mengeneinheiten der Rohstoffe notwendig:

	E_1	E_2	E_3
R_1	6	6	3
R_2	2	2	7
R_3	2	3	1

Insgesamt stehen von den Rohstoffen folgende Mengeneinheiten zur Verfügung:

$R_1 : 840$

$R_2 : 520$

$R_3 : 350$

Wie viele Einheiten der Endprodukte (x_1, x_2, x_3) können mit diesen Rohstoffmengen hergestellt werden?

$$\begin{pmatrix} 6 & 6 & 3 \\ 2 & 2 & 7 \\ 2 & 3 & 1 \end{pmatrix} \cdot \begin{pmatrix} x_1 \\ x_2 \\ x_3 \end{pmatrix} = \begin{pmatrix} 840 \\ 520 \\ 350 \end{pmatrix}$$

$$\left(\begin{array}{ccc|c} 6 & 6 & 3 & 840 \\ 2 & 2 & 7 & 520 \\ 2 & 3 & 1 & 350 \end{array}\right)$$

Zeile 1 durch 6 dividiert:

$$\left(\begin{array}{ccc|c} 1 & 1 & 0{,}5 & 140 \\ 2 & 2 & 7 & 520 \\ 2 & 3 & 1 & 350 \end{array}\right)$$

Zeile 1 mit (– 2) multipliziert und zur 2. und 3. addiert:

$$\left(\begin{array}{ccc|c} 1 & 1 & 0{,}5 & 140 \\ 0 & 0 & 6 & 240 \\ 0 & 1 & 0 & 70 \end{array}\right)$$

Jetzt ist ein Vertauschen der 2. und 3. Zeile sinnvoll:

$$\left(\begin{array}{ccc|c} 1 & 1 & 0{,}5 & 140 \\ 0 & 1 & 0 & 70 \\ 0 & 0 & 6 & 240 \end{array}\right)$$

Zeile 2 von Zeile 1 subtrahieren:

$$\left(\begin{array}{ccc|c} 1 & 0 & 0{,}5 & 70 \\ 0 & 1 & 0 & 70 \\ 0 & 0 & 6 & 240 \end{array}\right)$$

Zeile 3 durch 6 dividieren:

$$\left(\begin{array}{ccc|c} 1 & 0 & 0{,}5 & 70 \\ 0 & 1 & 0 & 70 \\ 0 & 0 & 1 & 40 \end{array}\right)$$

Zeile 3 mit (– 0,5) multiplizieren und zur 1. addieren:

$$\left(\begin{array}{ccc|c} 1 & 0 & 0 & 50 \\ 0 & 1 & 0 & 70 \\ 0 & 0 & 1 & 40 \end{array}\right)$$

Die Lösung, die durch Einsetzen in das Gleichungssystem leicht überprüft werden kann, lautet:

$$x_1 = 50$$

$$x_2 = 70$$

$$x_3 = 40$$

Neben dieser Methode der Lösung von linearen Gleichungssystemen mit Hilfe von Basistransformationen existieren weitere Verfahren, die hier nicht besprochen werden sollen:

Weitere Verfahren

1. Lösung mit Hilfe des Gaußschen Algorithmus
2. Lösung mit Hilfe der Inversen
3. Lösung mit Hilfe von Determinanten

8.5.6 Lösbarkeit eines linearen Gleichungssystems

Lineare Gleichungssysteme $A \cdot x = b$ müssen nicht in jedem Fall lösbar sein; und wenn sie lösbar sind, heißt das noch nicht, dass eine eindeutige Lösung existiert.

Rang der Matrix

Die Lösbarkeit hängt von dem Rang der Matrix A ab.

Allgemein gilt:

Eindeutige Lösung

1. Ein lineares Gleichungssystem $A \cdot x = b$ besitzt dann eine eindeutige Lösung, wenn der Rang der Matrix A mit der Zahl der Variablen n übereinstimmt. Außerdem muss der Rang von A genauso groß sein wie der der erweiterten Matrix $(A | b)$.

Mehrdeutige Lösung

2. Wenn die Rangzahl von A und $(A | b)$ zwar gleich aber kleiner als die Zahl der Variablen ist, ist das Gleichungssystem zwar lösbar aber nicht eindeutig lösbar. Das bedeutet, es existieren dann mehrere Lösungen.

Keine Lösung

3. Wenn der Rang der Matrix A ungleich (also kleiner) als der Rang von $(A | b)$ ist, bedeutet dies, dass das Gleichungssystem nicht lösbar ist. Es existiert dann keine Lösung.

Das bedeutet für das Lösungsverfahren bei einem linearen Gleichungssystem $A \cdot x = b$, wenn A sich in die Einheitsmatrix umformen lässt, ist das Gleichungssystem eindeutig lösbar (Fall 1, s. Kapitel 8.5.5).

Wenn dagegen in einer Zeile oder in mehreren Zeilen von $(A | b)$ nur Nullen auftreten, so dass keine Einheitsmatrix erzeugt werden kann, ist das Gleichungssystem mehrdeutig lösbar (Fall 2).

Wenn dagegen eine Zeile entsteht, die mit Ausnahme des Elementes in der Spalte b nur Nullen enthält, ist das Gleichungssystem nicht lösbar (Fall 3).

Mehrdeutig lösbar

Beispiel Fall 2:

$$\left(\begin{array}{ccc|c} 1 & 4 & 2 & 8 \\ 2 & 2 & -1 & 6 \\ -3 & 0 & 4 & -4 \end{array}\right)$$

$$\left(\begin{array}{ccc|c} 1 & 4 & 2 & 8 \\ 0 & -6 & -5 & -10 \\ 0 & 12 & 10 & 20 \end{array}\right)$$

$$\left(\begin{array}{ccc|c} 1 & 4 & 2 & 8 \\ 0 & 1 & 0,83 & 1,67 \\ 0 & 12 & 10 & 20 \end{array}\right)$$

$$\left(\begin{array}{ccc|c} 1 & 0 & -1,33 & 1,33 \\ 0 & 1 & 0,83 & 1,67 \\ 0 & 0 & 0 & 0 \end{array}\right)$$

Die letzte Zeile enthält nur Nullen, das Gleichungssystem ist mehrdeutig lösbar.

Der Grund dafür liegt darin, dass der Rang der Matrix zwei ist, da die drei Zeilenvektoren nicht linear unabhängig voneinander sind.

Die dritte Zeile ergibt sich durch Subtraktion der zweifachen 2. Zeile von der 1. Zeile. Die Umformung hat zu folgender Vereinfachung des ursprünglichen Gleichungssystems geführt:

$$x_1 + x_2 - 1{,}33x_3 = 133$$

$$0x_1 + x_2 + 0{,}83x_3 = 1{,}67$$

Lösungen dieses vereinfachten Gleichungssystems sind schnell zu finden, indem jeweils eine Variable (hier x_3) frei gewählt wird, z. B.:

$x_3 = 0$ $\quad x_1 = 133$ $\quad x_2 = 1{,}67$

$x_3 = 1$ $\quad x_1 = 134{,}33$ $\quad x_2 = 0{,}84$

usw.

Nicht lösbar

Beispiel Fall 3:

$$\left(\begin{array}{ccc|c} 1 & 2 & 3 & 12 \\ 0 & 4 & 4 & 14 \\ 2 & 2 & 4 & 12 \end{array}\right)$$

$$\left(\begin{array}{ccc|c} 1 & 2 & 3 & 12 \\ 0 & 4 & 4 & 14 \\ 0 & -2 & -2 & -12 \end{array}\right)$$

$$\left(\begin{array}{ccc|c} 1 & 2 & 3 & 12 \\ 0 & 1 & 1 & 3,5 \\ 0 & -2 & -2 & -12 \end{array}\right)$$

$$\left(\begin{array}{ccc|c} 1 & 0 & 1 & 5 \\ 0 & 1 & 1 & 3{,}5 \\ 0 & 0 & 0 & -5 \end{array}\right)$$

Die letzte Zeile enthält bis auf das Element der letzten Spalte nur Nullen. Das Gleichungssystem ist nicht lösbar, da die letzte Zeile eine falsche Information enthält: $0 = -5$

Die Matrix A hat einen kleineren Rang als die Matrix $(A|b)$.

Die dritte Spalte von A ergibt sich durch Addition der ersten beiden, so dass A einen Rang von zwei hat. Die erweiterte Matrix $(A|b)$ hat dagegen einen Rang von drei.

Aufgaben

8.5.6.1. Lösen Sie die Gleichungssysteme

a) $4x_1 - 2x_2 + 6x_3 = -148$

$x_1 + x_2 = 110$

$x_1 + 2x_2 + 20x_3 = 250$

b) $$\left(\begin{array}{cccc|c} 10 & 20 & 1 & 10 & 120 \\ 0 & 2 & 2 & 10 & 118 \\ 20 & 10 & 10 & 20 & 520 \\ 2 & 0 & 0 & 4 & 0 \end{array}\right)$$

8.5.6.2. Ein Unternehmen fertigt die Produkte P_i auf vier Anlagen A_1, A_2, A_3 und A_4.

Die Fertigungszeiten in Stunden sind in der folgenden Tabelle aufgeführt:

	P_1	P_2	P_3	P_4
A_1	0,5	1	3	0
A_2	1	0	3	1
A_3	2	0	4	0
A_4	0	1	1	1

Welche Mengen der vier Produkte können gefertigt werden, wenn alle Anlagen 40 Stunden in der Woche im Einsatz sind?

Stellen Sie das Gleichungssystem auf und lösen Sie das Problem mit Hilfe der Matrizenrechnung.

8.5.6.3. Ein Student benötigt für die Aufrüstung seines Computers 17 Chips vom Typ A und 13 Chips vom Typ B.

In einem Elektronikgeschäft werden diese Chips in zwei Packungseinheiten angeboten:

Packung 1 enthält 4 Chips Typ A und 2 Chips Typ B.
Packung 2 enthält 3 Chips Typ A und 3 Chips Typ B.
Wie viele Packungen von jeder Sorte muss der Student kaufen?
Stellen Sie das Gleichungssystem auf und lösen Sie das Problem mit Hilfe der Matrizenrechnung.

8.5.7 Innerbetriebliche Leistungsverrechnung

Schon die Aufgaben des letzten Kapitels haben praktische Anwendungsmöglichkeiten von linearen Gleichungssystemen in den Wirtschaftswissenschaften gezeigt.

Einer der wichtigsten Problemkreise innerhalb der Betriebswirtschaftslehre, der sich mit Hilfe von linearen Gleichungssystemen bearbeiten lässt, ist die innerbetriebliche Leistungsverrechnung.

Beispiel

Anhand eines einfachen Beispiels sollen die ökonomische Problemstellung und die Lösungsmethode vorgestellt werden.

Ein Unternehmen unterhält drei Abteilungen (P, Q, R) mit getrennten Kostenstellen, die unterschiedliche Leistungen (z. B. Heizung, Reinigung, Instandhaltung) für sich selbst und die anderen Abteilungen erbringen.

Alle Abteilungen sind durch gegenseitigen Leistungsaustausch miteinander verflochten.

Primärkosten

In jeder Abteilung fallen Primärkosten - wie Löhne, Rohstoffe, Abschreibungen - für die Erstellung der Leistungen an.

Sekundärkosten

Zusätzlich sind auch die Kosten zu berücksichtigen, die durch die Leistungsabgaben der anderen Abteilungen an die betrachtete Abteilung entstehen. Die Lieferungen von anderen Kostenstellen werden durch die Sekundärkosten erfasst.

Beispiel

Die Tabelle zeigt die Primärkosten, die erstellten Leistungen und die Liefermengen an die anderen Kostenstellen für die Abteilungen P, Q und R.

Abteilung	Primärkosten (Geld-einheiten)	Erstellte Leistung (Leistungs-Einheiten)	Leistungslieferung an Abteilung (Leistungseinheiten) P	Q	R
P	950	80	--	10	5
Q	150	50	20	--	10
R	550	50	30	10	--

Abteilung P hat also in der betrachteten Periode 80 Einheiten seiner Leistung erstellt, wovon 10 an Q und 5 an R abgegeben wurden. Der Rest von 65 Einheiten wird nach außen (an den Markt) gegeben. Bei Abteilung P entstanden Primärkosten in Höhe von 950 Geldeinheiten.

Innerbetriebliche Leistungsverrechnung

Abbildung 8.5.7-1

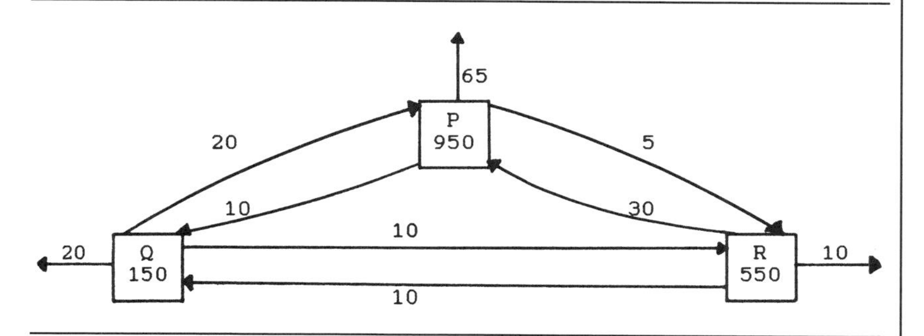

Eine grafische Darstellung dieser Daten führt zu obiger Abbildung. Dabei sind die Primärkosten in den jeweiligen Rechtecken angegeben.

Insgesamt erstellt die Abteilung P 80 Leistungseinheiten. Dafür fallen Primärkosten in Höhe von 950 Geldeinheiten an und Sekundärkosten durch die Leistungslieferungen von Q und R.

Verrechnungspreise

Um die Gesamtkosten - die Verrechnungspreise - von P zu ermitteln, müssten zunächst die von Q und R bekannt sein, damit auch die Sekundärkosten berücksichtigt werden können.

Die Verrechnungspreise von Q und R lassen sich wiederum nicht ermitteln, ohne dass die beiden anderen bekannt sind.

Es ist unmöglich, die Verrechnungspreise der Abteilungen nacheinander zu berechnen. Mit Hilfe der Matrizenrechnung wird jedoch eine gleichzeitige Bestimmung aller Verrechnungspreise ermöglicht. Auf diese Weise können die Gesamtkosten jeder Abteilung, die Verrechnungspreise für die untereinander ausgetauschten Leistungen sowie die Kosten der am Markt angebotenen Leistungen ermittelt werden.

Das Gleichungssystem dafür lautet:

$$
\begin{aligned}
80p - 20q - 30r &= 950 \\
-10p + 50q - 10r &= 150 \\
-5p - 10q + 50r &= 550
\end{aligned}
$$

Dabei sind p, q und r die Verrechnungspreise für P, Q und R.

$$
\left(\begin{array}{ccc|c} 80 & -20 & -30 & 950 \\ -10 & 50 & -10 & 150 \\ -5 & -10 & 50 & 550 \end{array}\right)
$$

Die Lösung dieses linearen Gleichungssystems führt zu dem Ergebnis:

$$
\left(\begin{array}{ccc|c} 1 & 0 & 0 & 20 \\ 0 & 1 & 0 & 10 \\ 0 & 0 & 1 & 15 \end{array}\right)
$$

Die Verrechnungspreise betragen demnach für P 20, für Q 10 und für R 15 Geldeinheiten.

Mit diesen Sätzen müssen die von den Abteilungen an den Hauptbetrieb abgegebenen Leistungen verrechnet werden, so dass die primären Kosten der Abteilungen gedeckt sind.

Die primären Gesamtkosten in den Abteilungen P, Q und R belaufen sich auf:

$$950 + 150 + 550 = 1650 \text{ GE}$$

Leistungslieferung an den Hauptbetrieb

Die Leistungslieferung von den Abteilungen P, Q und R an den Hauptbetrieb beträgt:

P : 65 ME multipliziert mit dem Verrechnungspreis 20 GE : 1300 GE
Q : 20 ME multipliziert mit dem Verrechnungspreis 10 GE : 200 GE
R : 10 ME multipliziert mit dem Verrechnungspreis 15 GE : 150 GE

1650 GE

Die Summe der Leistungslieferungen von P, Q und R deckt genau die primären Gesamtkosten der Abteilungen.

Auch die primären Kosten jeder Abteilung sind gedeckt. Beispielsweise ergibt sich für die Abteilung P folgende Rechnung:

Primäre Kosten:		950 GE
Erstellte Leistung:	80 LE x 20 GE =	1600 GE
Bezogene Leistung von Abt. Q:	20 LE x 10 GE =	200 GE -
Bezogene Leistung von Abt. R:	30 LE x 15 GE =	450 GE -
		950 GE

Die erstellte Leistung einer Abteilung vermindert um die bezogene Leistung der anderen Abteilungen deckt genau die primären Kosten dieser Abteilung.

9 Lineare Optimierung

9.1 Ungleichungen

Ungleichungen beschreiben die Beziehungen zwischen zwei mathematischen Ausdrücken, die nicht gleich sind.

Folgende Ungleichheitszeichen sind relevant:

Ungleichheitszeichen

$<$ kleiner	$a < b$	a kleiner b
$\leq$ kleiner gleich	$a \leq b$	a kleiner b oder a gleich b
$>$ größer	$a > b$	a größer b
$\geq$ größer gleich	$a \geq b$	a größer b oder a gleich b
$\neq$ ungleich	$a \neq b$	a ungleich b

Ungleichheitszeichen sind aus der Angabe des Definitionsbereiches bekannt, z. B. $\mathbb{D} = \{x \in \mathbb{R} \mid x \geq 0\}$.

Regeln für das Rechnen mit Ungleichungen $(a, b, c, d \in \mathbb{R})$

Regeln

1.	$a < b, b < c$	$\rightarrow a < c$	
2.	$a < b$	$\rightarrow a \pm c < b \pm c$	Beidseitiges Addieren (Subtrahieren) einer Zahl ändert den Sinn der Ungleichung nicht; entspricht dem Rechnen mit Gleichungen.
3a.	$a < b, c > 0$	$\rightarrow a \cdot c < b \cdot c$	Beidseitiges Multiplizieren mit einer positiven Zahl ändert den Sinn der Ungleichung nicht; entspricht dem Rechnen mit Gleichungen.
3b.	$a < b, c < 0$	$\rightarrow a \cdot c > b \cdot c$	Beidseitiges Multiplizieren mit einer negativen Zahl ändert den Sinn der Ungleichung: entspricht **nicht** dem Rechnen mit Gleichungen.

4a.	$a < b, d > 0$	$\rightarrow \frac{a}{d} < \frac{b}{d}$	Beidseitiges Dividieren durch eine positive Zahl ändert den Sinn der Ungleichung nicht; entspricht dem Rechnen mit Gleichungen.
4b.	$a < b, d < 0$	$\rightarrow \frac{a}{d} > \frac{b}{d}$	Beidseitiges Dividieren durch eine negative Zahl ändert den Sinn der Ungleichung; entspricht **nicht** dem Rechnen mit Gleichungen.

Die Regeln 4a. und 4b. ergeben sich aus den Regeln 3a. und 3b., wenn für $c = \frac{1}{d}$ geschrieben wird.

Ungleichungen lassen sich also ebenso umformen wie Gleichungen, nur bei der Multiplikation bzw. Division mit negativen Zahlen ändert sich der Sinn der Ungleichung; das Ungleichheitszeichen dreht sich um.

5.	$a < b$	$\rightarrow -a > -b$	Diese Regel leitet sich aus 3b. ab, Multiplikation mit (– 1)
6.	$0 < a < b, z > 0$	$\rightarrow a^z < b^z$	z. B. $z = 2 \quad 0 < a < b \quad a^2 < b^2$ $z = \frac{1}{2} \quad 0 < a < b \quad \sqrt{a} < \sqrt{b}$

Ungleichungen mit Unbekannten

Mit Hilfe der Rechenregeln lassen sich Ungleichungssysteme auf analoge Weise wie Gleichungssysteme lösen, mit Ausnahme der Multiplikation bzw. Division mit negativen Zahlen.

Beispiel

Für welche x gilt die Ungleichung: $50 - 16x < 2$?

$$50 - 16x < 2 \quad | -50$$

$$-16x < -48 \quad | :(-16) \qquad x > 3$$

Für alle $x > 3$ gilt diese Ungleichung.

Beispiel

$$\frac{4x-3}{2} - 2 < \frac{9x-5}{5} + 4 \quad | +2$$

$$\frac{4x-3}{2} < \frac{9x-5}{5} + 6 = \frac{9x-5+30}{5} = \frac{9x+25}{5} \quad | \text{ Hauptnenner}$$

$$\frac{20x-15}{10} < \frac{18x+50}{10} \qquad | \cdot 10$$

$$20x - 15 < 18x + 50 \qquad | +15 \; | -18x$$

$$2x < 65 \qquad x < 32{,}5$$

Für alle $x < 32{,}5$ gilt diese Ungleichung.

Lineare Ungleichungen mit mehreren Variablen

In diesem Buch werden nur lineare Ungleichungen mit mehreren Variablen vorgestellt.

Lineare Ungleichungen sind ebenso wie lineare Gleichungen Relationen, bei denen alle Variablen nur in der ersten Potenz und keine Produkte von Variablen miteinander auftreten.

Die linearen Ungleichungen haben dann die Form:

$$a_1x_1 + a_2x_2 + a_3x_3 + \ldots + a_nx_n \leq c$$

$a_1, \ldots, a_n, c \in \mathbb{R}$ und $x_1, \ldots, x_n$ unabhängige Variablen

Beispiel

Ein Textilunternehmen benutzt zur Herstellung zweier Exklusivstoffe S_1 und S_2 eine Spezialmaschine, die in der Woche maximal 120 Stunden zur Verfügung steht. Die Herstellung von 1 m^2 des Stoffes S_1 dauert 12 Minuten, die Herstellung von 1 m^2 S_2 8 Minuten. Die wöchentlichen Produktionsmengen sollen mit s_1 für den Stoff S_1 und s_2 für S_2 bezeichnet werden.

Für die Herstellung von s_1 Metern von Stoff S_1 wird die Maschine $12 \cdot s_1$ Minuten und für s_2 Meter von S_2 $8 \cdot s_2$ Minuten benutzt.

Kapazitätsbeschränkung

Für die wöchentlichen Produktionsmengen gilt folgende Beschränkung:

$$12 \cdot s_1 + 8 \cdot s_2 \leq 60 \cdot 120 = 7.200 \text{ Minuten}$$

Diese Beschränkung ergibt sich aus der begrenzten Maschinenzeit. Die obige Ungleichung wird deshalb Kapazitätsbeschränkung bzw. -bedingung genannt.

Nichtnegativitätsbedingungen

Da s_1 und s_2 nicht negativ sein können, ergeben sich die so genannten Nichtnegativitätsbedingungen $s_1 \geq 0$ und $s_2 \geq 0$.

Alle Mengenkombinationen von s_1 und s_2, die die Kapazitäts- und Nichtnegativitätsbedingungen erfüllen, sind mögliche wöchentliche Produktionsmengen des Textilunternehmens.

Grafische Darstellung von Ungleichungen

Eine lineare Ungleichung der Form $a_1x_1+a_2x_2 \leq b$ wird folgendermaßen in einem zweidimensionalen Koordinatensystem dargestellt:

Auf den Achsen werden die beiden Variablen x_1 und x_2 abgetragen. Die möglichen Kombinationen (Lösungen) für x_1 und x_2 aus der Ungleichung sind die einzelnen Punkte in diesem Koordinatensystem mit den Koordinaten $(x_1; x_2)$. Begrenzt wird die Lösungsmenge von oben durch die Gerade $a_1x_1+a_2x_2=b$ (von unten für eine Ungleichung $a_1x_1+a_2x_2 \geq b$).

Zuerst wird in das Koordinatensystem die Gerade $a_1x_1 + a_2x_2 = b$ eingezeichnet, und dann das entsprechende Feld unterhalb (bzw. oberhalb) der Gerade markiert.

Oft wird die Lösungsmenge außerdem von unten durch die Nichtnegativitätsbedingungen beschränkt.

Beispiel Weiterführung des Beispiels „Textilunternehmen"

- Einzeichnung der Geraden: $12s_1 + 8s_2 = 7.200$ wobei s_1 der Abszisse und s_2 der Ordinate entsprechen soll (die Zuordnung der Koordinatenachsen zu s_1 und s_2 ist willkürlich).

Für die Berechnung der notwendigen zwei Punkte eignen sich besonders die Schnittpunkte der Geraden mit den Achsen:

- Berechnung des Schnittpunktes mit der s_1-Achse:

$$s_2 = 0 \text{ und } s_1 = \frac{7.200}{12} = 600$$

- Berechnung des Schnittpunktes mit der s_2-Achse:

$$s_1 = 0 \text{ und } s_2 = \frac{7.200}{8} = 900$$

- Schraffur des Feldes unterhalb der Geraden, wobei das Feld durch die Nichtnegativitätsbedingungen von unten begrenzt wird.

Kapazitätsbeschränkung für das Beispiel Textilunternehmen — **Abbildung 9.1-1**

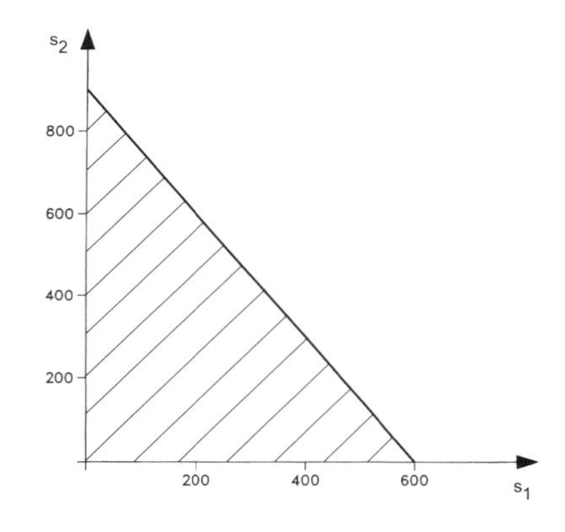

Die Punkte auf der Geraden stellen alle Mengenkombinationen dar, bei denen die Maschine voll ausgelastet wird.

Die übrigen Lösungen der Ungleichung werden durch den schraffierten Bereich dargestellt; dabei treten für die Maschine Leerzeiten auf.

9.2 Grafische Methode der linearen Optimierung

In diesem Kapitel sollen Extremwerte von linearen Funktionen bestimmt werden, wobei Nebenbedingungen zu beachten sind.

Grafisches Lösungsverfahren

Diese Nebenbedingungen, die oft Kapazitätsbeschränkungen ausdrücken, lassen sich in der Form von linearen Ungleichungen darstellen. Wenn dabei nicht mehr als zwei Variablen zu beachten sind, lässt sich dieses Problem grafisch lösen, wie anhand eines Beispiels gezeigt wird. Sind mehr als zwei Variablen zu berücksichtigen, muss ein analytisches Lösungsverfahren gewählt werden, zum Beispiel die Simplex-Methode.

Beispiel

Ein Unternehmen stellt zwei Produkte X_1 und X_2 her.

Beide Produkte durchlaufen vier Maschinentypen I, II, III und IV. Die Anzahl der maximal herstellbaren Produkte wird durch die Maschinenausstattung begrenzt, da diese Kapazität nicht kurzfristig verändert werden kann. Die wöchentliche Arbeitszeit in dem Unternehmen beträgt 40 Stunden; es wird also nur eine Schicht gefahren.

Die Maschine I benötigt 20 Minuten für die Herstellung einer Einheit von X_1 und ebenfalls 20 Minuten für X_2. Das Unternehmen verfügt über fünf Maschinen dieses Typs.

Maschine II braucht 7,5 Minuten für X_1 und 30 Minuten für die Herstellung einer Einheit von X_2. Drei Maschinen dieses Typs stehen zur Verfügung.

Maschine III, von der zwei Exemplare bereitstehen, wird nur von Produkt X_1 beansprucht. Eine Maschine kann in einer Stunde 7 Einheiten von X_1 bearbeiten.

Maschine IV ist nur einmal vorhanden. Sie wird 12 Minuten von X_2 beansprucht.

x_1 : Produktionsmenge von X_1

x_2 : Produktionsmenge von X_2

Durch die vorhandene Maschinenkapazität werden die Produktionsmöglichkeiten begrenzt. Die Nebenbedingungen schränken also den definierten Bereich ein.

Unter der Voraussetzung, dass unvollständig bearbeitete Produkte nicht zwischen gelagert werden können, sind die Mengenkombinationen von X_1 und X_2 zu suchen, die von allen vier Anlagen bearbeitet werden können.

Die Kapazitätsbeschränkungen lassen sich tabellarisch darstellen:

	pro Einheit beanspruchte Zeit in Std.		Anzahl Anlagen	Kapazität in Std.
Maschine	X_1	X_2		pro Woche
I	$\frac{1}{3}$	$\frac{1}{3}$	5	200
II	$\frac{1}{8}$	$\frac{1}{2}$	3	120
III	$\frac{1}{7}$	0	2	80
IV	0	$\frac{1}{5}$	1	40

Die Maschine I benötigt $\frac{1}{3}$ Stunde (20 Minuten), um eine Einheit von X_1 zu bearbeiten. Das bedeutet, dass sie insgesamt $\frac{1}{3}x_1$ Stunden an der Herstellung des ersten Produktes arbeitet. Zusätzlich benötigt sie $\frac{1}{3}x_2$ Stunden für Produkt X_2.

Insgesamt können die Maschinen des Typs I pro Woche nicht länger als 200 Stunden in Anspruch genommen werden. Die möglichen Produktionsmengen von X_1 und X_2 werden durch folgende Ungleichung begrenzt:

$$\frac{1}{3}x_1 + \frac{1}{3}x_2 \leq 200$$

Wenn das Gleichheitszeichen gilt, sind die Maschinen voll ausgelastet.

Bei Formulierung der übrigen Ungleichungen erhält man:

Maschine I	$\frac{1}{3}x_1 + \frac{1}{3}x_2$	$\leq$ 200
Maschine II	$\frac{1}{8}x_1 + \frac{1}{2}x_2$	$\leq$ 120
Maschine III	$\frac{1}{7}x_1$	$\leq$ 80
Maschine IV	$\frac{1}{5}x_2$	$\leq$ 40

Da negative Produktionsmengen betriebswirtschaftlich nicht relevant sind, sind zusätzlich die Nichtnegativitätsbedingungen zu beachten:

$$x_1 \geq 0 \qquad x_2 \geq 0$$

Grafische Darstellung

Durch eine grafische Darstellung der Ungleichungen ist das Produktionsprogramm, das von allen Maschinen bearbeitet werden kann, optisch erkennbar.

Abbildung 9.2-1 *Kapazitätsbeschränkungen*

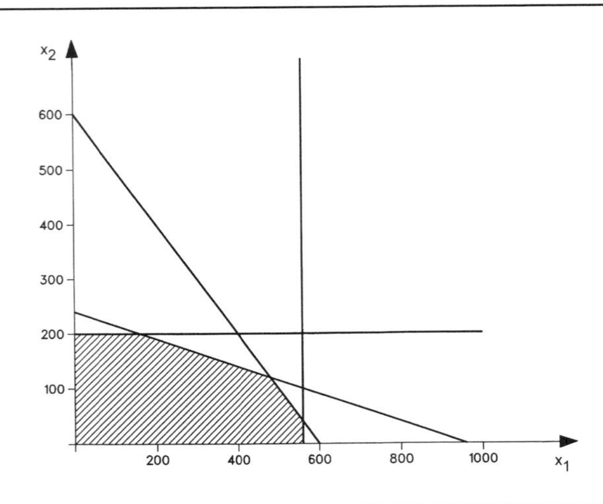

Die Nichtnegativitätsbedingungen schließen die anderen Quadranten des Koordinatensystems aus.

Zulässiger Bereich

Der zulässige Bereich liegt innerhalb des schraffierten Sechsecks, da die potenziellen Mengenkombinationen allen Ungleichungen gleichzeitig genügen müssen.

Das tatsächlich realisierte Produktionsprogramm soll so festgelegt werden, dass der Gewinn des Unternehmens maximiert wird.

Eine Mengeneinheit von X_2 erbringt einen Gewinn von 4 €, X_1 erzielt pro Stück einen Gewinn in Höhe von 2 €.

Die Gewinnfunktion lautet:

$$G = 2x_1 + 4x_2$$

Zielfunktion

Die Gewinnfunktion besitzt einen linearen Verlauf, sie soll maximiert werden. Diese zu optimierende Funktion wird bei der linearen Optimierung als Zielfunktion bezeichnet.

Aufgabenstellung

Damit lautet die Aufgabenstellung allgemein:

Optimiere die Zielfunktion bei Beachtung von Nebenbedingungen.

Im vorliegenden Beispiel handelt es sich bei der zu optimierenden Zielfunktion um eine Gewinnfunktion, deren Maximum gesucht ist. Die Nebenbedingungen sind die Kapazitätsbeschränkungen durch die gegebene Maschinenausstattung.

Die Zielfunktion ist eine Funktion mit drei Variablen. Durch Festlegen des Gewinns erhält man Isogewinngeraden, die in die grafische Darstellung des Ungleichungssystems eingetragen werden können.

Isogewinngerade

Wird in dem Beispiel ein Gewinn von G = 600 angenommen, so kann dieser beispielsweise durch $x_1 = 300$ und $x_2 = 0$ oder durch $x_1 = 0$, $x_2 = 150$ oder durch Mengenkombinationen, die auf der Geraden zwischen diesen Punkten liegen, erreicht werden.

Die Gerade $2x_1 + 4x_2 = 600$ beschreibt alle Kombinationen von X_1 und X_2, die zu einem Gewinn von 600 führen.

Wenn man weitere Isogewinngeraden, zum Beispiel die für G = 800 in die Abbildung einträgt, erkennt man, dass alle Isogewinngeraden parallel zueinander verlaufen. Die Steigung ist gleich, da sie durch das Verhältnis der Stückgewinne bestimmt wird.

Der Gewinn wird umso größer, je weiter die Isogewinngerade vom Koordinatenursprung entfernt ist.

Isogewinngerade

Abbildung 9.2-2

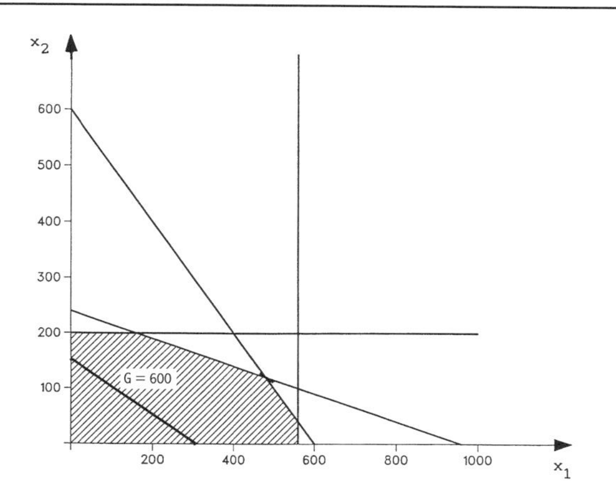

Ermittlung des Gewinnmaximums

Zur Ermittlung des Gewinnmaximums muss eine beliebige Isogewinngerade eingezeichnet werden. Diese wird dann parallel verschoben, bis sie am weitesten vom Nullpunkt entfernt ist, aber den durch die Nebenbedingungen definierten Bereich gerade noch berührt.

In dem Beispiel führt eine Parallelverschiebung der Isogewinngeraden zu dem Punkt, in dem sich die Kapazitätsgrenzen von Maschine I und II schneiden.

Abbildung 9.2-3 Gewinnmaximum

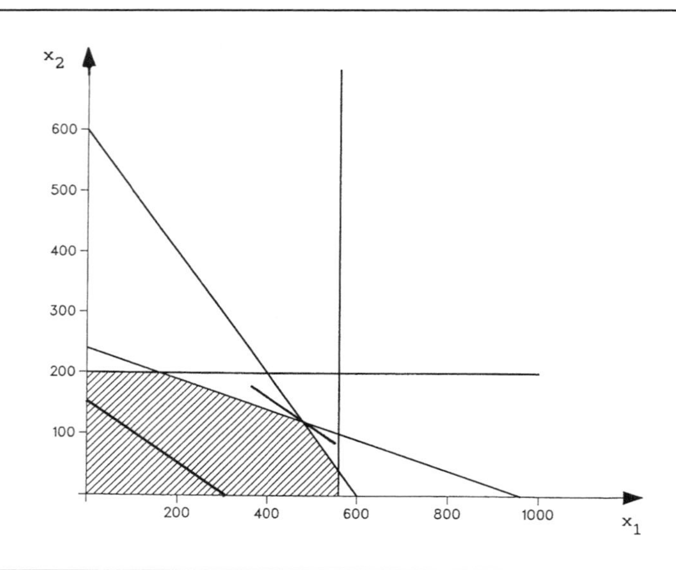

Schnittpunkt

Ermittlung des Schnittpunktes:

$$\frac{1}{3}x_1 + \frac{1}{3}x_2 = 200 \quad | \cdot 3$$

$$\frac{1}{8}x_1 + \frac{1}{2}x_2 = 120 \quad | \cdot 8$$

$$x_1 + x_2 = 600 \quad | -$$

$$x_1 + 4\,x_2 = 960 \quad |$$

$$3\,x_2 = 360$$

$$x_2 = 120 \qquad x_1 = 480$$

Der Gewinn wird maximal, wenn das Unternehmen 480 Einheiten von X_1 und 120 Einheiten von X_2 produziert. Der Gewinn beträgt dann:

$$G = 2 \cdot 480 + 4 \cdot 120 = 1.440$$

In diesem Beispiel ergab sich eine eindeutige Lösung. Es gibt Fälle, bei denen mehrdeutige Lösungen auftreten.

■ Allgemeine Vorgehensweise:

Schema

1. Einzeichnen aller Nebenbedingungen in ein Koordinatensystem.
2. Festlegung des zulässigen Bereiches.
3. Für einen beliebigen Funktionswert Eintragung der Zielfunktion.
4. Bestimmung des Extremwertes durch Parallelverschiebung.

   Wenn ein Maximum gesucht ist, wird die Zielfunktion so lange parallel nach oben verschoben, bis der zulässige Bereich gerade noch berührt wird.

   Bei der Bestimmung eines Minimums wird die Gerade möglichst nah parallel an den Koordinatenursprung geschoben.
5. Berechnung des grafisch ermittelten Punktes.
6. Wenn zwei benachbarte Punkte und damit auch alle Punkte auf deren Verbindungsstrecke Lösungen sind, ist die Lösung mehrdeutig.

Beispiel

Wenn die Stückgewinne im obigen Beispiel sich so ändern, dass gilt: $G = 3x_1 + 3x_2$, verlaufen die Isogewinngeraden parallel zu der Kapazitätsbegrenzung von Maschine I.

Durch Parallelverschiebung erkennt man, dass alle Punkte auf der Kapazitätsbegrenzung von I zwischen dem Schnittpunkt mit Maschine II und III den gleichen Gewinn erbringen.

Mehrdeutige Lösung

Abbildung 9.2-4

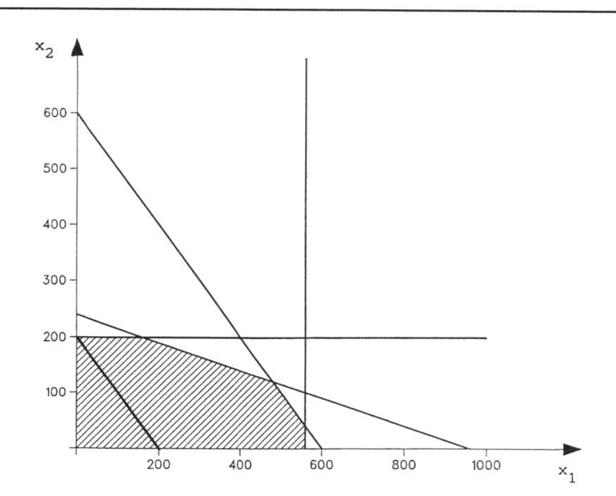

Beispiel

Ein Unternehmen, das eine Marktlücke in der Produktion von Spezialdünger gefunden hat, benötigt für einen Orchideen-Dünger zwei Rohstoffe R_1 und R_2. Diese Rohstoffe enthalten drei verschiedene Mineralien M_1, M_2 und M_3. Die Tabelle zeigt, wie viele Mengeneinheiten der Mineralien in einer Einheit von R_1 und R_2 enthalten sind.

	Mineralien		
Rohstoffe	M_1	M_2	M_3
R_1	50	100	20
R_2	50	10	50

Der Dünger soll in seiner endgültigen Mischung mindestens 300 Mengeneinheiten des Minerals M_1, 100 von M_2 und 200 von M_3 enthalten.

Die Kosten für R_1 betragen 5 Geldeinheiten und für R_2 4 Geldeinheiten.

Wie sollen die Rohstoffe gemischt werden, damit die erforderlichen Mineralien im Dünger sind und die Kosten minimiert werden?

Zielfunktion: $K = 5x_1 + 4x_2 \rightarrow$ Minimum

Nebenbedingungen:

$$50x_1 + 50x_2 \geq 300(M_1)$$

$$100x_1 + 10x_2 \geq 100(M_2)$$

$$20x_1 + 50x_2 \geq 200(M_3)$$

$$x_1 \geq 0 \qquad x_2 \geq 0$$

Abbildung 9.2-5 *Beispiel Spezialdünger*

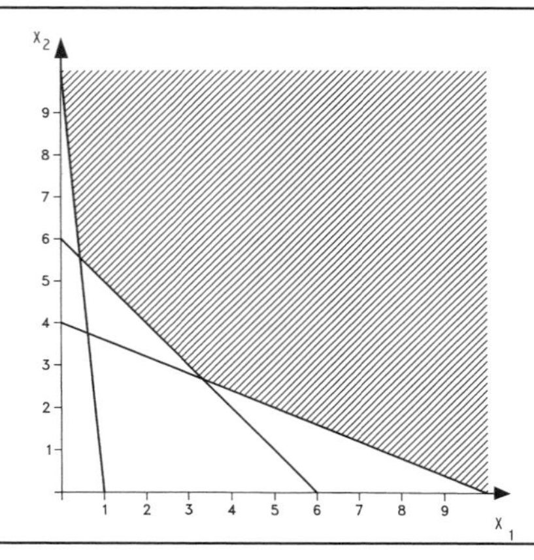

Minimierungsaufgabe

Da es sich in diesem Beispiel um eine Minimierungsaufgabe mit zu beachtenden Untergrenzen handelt, ist hier der Bereich oberhalb der eingezeichneten Kapazitätsbeschränkungen relevant.

Isokostengerade

Die Zielfunktion wird mittels einer beliebigen Isokostengerade eingezeichnet.

z. B. $40 = 5x_1 + 4x_2$

Durch Parallelverschiebung wird die Gerade bestimmt, die möglichst nah am Koordinatenursprung liegt, aber die zulässige Fläche gerade noch berührt.

Das Optimum liegt im Schnittpunkt der Nebenbedingungen zu M_1 und M_2.

$$
\begin{array}{rcrcll}
50x_1 & + & 50x_2 & = & 300 & \\
100x_1 & + & 10x_2 & = & 100 & | \cdot 5 \\
500x_1 & + & 50x_2 & = & 500 & | - \\
50x_1 & + & 50x_2 & = & 300 & | \\
 & & 450x_1 & = & 200 & \\
 & & x_1 & = & 0{,}44444 & \\
 & & x_2 & = & 5{,}55555 &
\end{array}
$$

Die Lösung ist nicht ganzzahlig, aber dennoch ökonomisch möglich und sinnvoll, da die Rohstoffe nach dem Gewicht in Mengeneinheiten (z. B. Tonnen) gemessen werden.

Um den Dünger zu mischen, sollten 0,4444 Mengeneinheiten des Rohstoffes R_1 und 5,5555 von R_2 verwendet werden.

Die Kosten betragen dann K = 24,4444

Abbildung 9.2-6 Kostenminimum

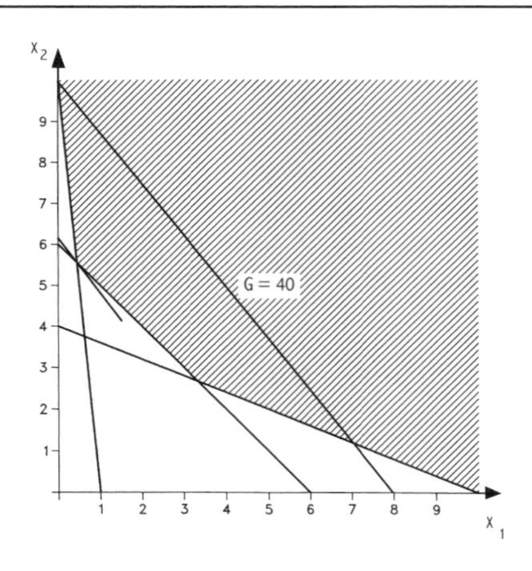

Aufgaben

9.2.1. Ein Unternehmen stellt CD-Player und Videorecorder her.

Beide Produkte durchlaufen bei der Produktion eine Anlage I, die der Vormontage dient. Für die Vormontage eines CD-Players sind 10 Minuten und für einen Videorecorder 15 Minuten erforderlich. Das Unternehmen verfügt über drei derartige Anlagen, die jeweils 40 Stunden pro Woche eingesetzt werden können.

Zur Endmontage durchlaufen die Geräte eine Anlage II, wobei an einem CD-Player 12 Minuten und an einem Videorecorder 30 Minuten gearbeitet wird. Im Unternehmen sind fünf Anlagen des Typs II für die Endmontage mit je 40 Wochenstunden im Einsatz.

Der Endkontrolleur beschäftigt sich mit jedem CD-Player 3 Minuten und mit jedem Videorecorder 5 Minuten. Er arbeitet 37 Stunden pro Woche.

Der Deckungsbeitrag für das Unternehmen beträgt bei einem CD-Player 30 € und bei einem Videorecorder 60 €.

Wie viele der Geräte muss das Unternehmen herstellen, um den Gewinn zu optimieren?

9.2.2. Ein Autohändler bezieht von seinem Großhändler zwei PKW-Modelle, wobei er eine Mindestabnahmeverpflichtung eingegangen ist. In einer bestimmten Periode muss er mindestens 30 PKW vom Typ A und 20 vom Typ B kaufen.

Auf seinem Firmengelände kann der Händler maximal 65 PKW A und 45 PKW B unterbringen.

Für Typ A gilt ein Einkaufspreis von 20.000 € und ein Verkaufspreis von 25.100 €. Typ B kostet im Einkauf 25.000 € und erbringt einen Verkaufserlös von 31.000 €.

Maximal stehen dem Händler 2 Mio. € für den Einkauf zur Verfügung.

Um den Verkauf des Typs B anzuregen, hat der Großhändler den Händler verpflichtet, mindestens für drei bestellte PKW vom Typ A einen vom Typ B abzunehmen.

Welche Mengen der beiden Autotypen soll der Autohändler bestellen, um seinen Gewinn zu maximieren?

9.3 Analytische Methode der linearen Optimierung

9.3.1 Problemstellung

Die grafische Lösung eines Problems der linearen Optimierung ist bei zwei Variablen leicht möglich. Bei drei Variablen müsste eine Darstellung im dreidimensionalen Raum erfolgen, und bei einer noch größeren Anzahl ist die grafische Methode nicht mehr anwendbar. Da die in der Praxis auftretenden Probleme weit komplizierter sind und oft Hunderte von Variablen beinhalten, sind mathematische Verfahren zur Lösung notwendig.

Operations Research

Die lineare Optimierung ist ein wichtiges Verfahren der Unternehmensforschung (Operations Research). Das bekannteste analytische Lösungsverfahren der linearen Optimierung ist die Simplex-Methode, deren Grundlagen in diesem Kapitel besprochen werden. Dabei werden sich die Beispiele auf den Fall mit nur zwei Variablen beschränken.

Bei einer größeren Zahl von Variablen ändert sich die Methode nicht, sie ist nur mit einem erheblich höheren Rechenaufwand verbunden. Solche Fälle werden im Allgemeinen mit Computer-Programmen gelöst.

Die Vorgehensweise bei der Lösung eines Problems der linearen Optimierung mittels der Simplex-Methode soll anhand der Aufgabe 1 des letzten Kapitels demonstriert werden.

Beispiel

Im Maximierungsbeispiel der Aufgabe 9.2.1. sucht ein Unternehmen die gewinnmaximale Kombination der Produkte X_1 (CD-Player) und X_2 (Videorecorder), wobei die Kapazitätsbeschränkungen in drei verschiedenen Fertigungsstufen beachtet werden müssen.

Die analytische Problemstellung lautet:

Zu maximierende Zielfunktion (Gewinnfunktion):

$$G = 30\,x_1 + 60\,x_2$$

Nebenbedingungen

$$\frac{1}{6}x_1 + \frac{1}{4}x_2 \leq 120$$

$$\frac{1}{5}x_1 + \frac{1}{2}x_2 \leq 200$$

$$\frac{1}{20}x_1 + \frac{1}{12}x_2 \leq 37$$

$$x_1 \geq 0 \qquad x_2 \geq 0$$

Abbildung 9.3-1 *Gewinnmaximum*

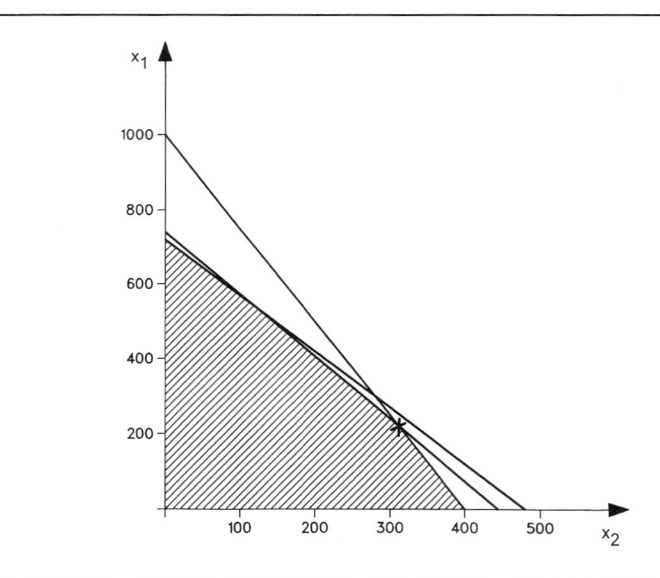

Die grafische Lösung führte zu einem Gewinnmaximum in Höhe von G = 25.320 € bei einer Produktionsmenge von $x_1 = 220$ und $x_2 = 312$, wie Abb. 9.3-1 zeigt.

Simplex-Methode

Die Simplex-Methode ist ein analytisches Verfahren zur Lösung von linearen Optimierungsaufgaben, das in mehreren Schritten zur gesuchten Lösung führt.

Dabei wird ein Eckpunkt des zugelassenen Bereiches berechnet und daraufhin geprüft, ob er das Optimum darstellt. Wenn das Optimum noch nicht erreicht ist, berechnet die Simplex-Methode eine weitere Lösung (Eckpunkt), die natürlich auch wieder im zulässigen Bereich liegt und eine Verbesserung des Ergebnisses bedeutet. Dieses Verfahren wird so lange wiederholt, bis das gesuchte Optimum ermittelt ist.

Um das Rechnen zu vereinfachen, werden die Ungleichungen in Gleichungen umgewandelt.

Schlupfvariablen

Die Kapazitätsbeschränkungen im obigen Beispiel besagen, dass die vorhandene Maschinenkapazität nicht überschritten werden darf. Durch die Erweiterung der Ungleichungen um die Schlupfvariablen ist eine Darstellung in Gleichungsform möglich. Die Schlupfvariablen Y_1, Y_2 und Y_3 symbolisieren die nicht genutzte Kapazität. Die Nebenbedingungsgleichungen besagen, dass die Summe aus genutzter und nicht genutzter Zeit genau der Kapazität der Anlage entsprechen muss.

Aufgabenstellung

Die Aufgabenstellung lautet nun:

Maximiere $G = 30x_1 + 60x_2$

Nebenbedingungen

unter Beachtung der Nebenbedingungen:

$$\frac{1}{6}x_1 + \frac{1}{4}x_2 + y_1 = 120$$

$$\frac{1}{5}x_1 + \frac{1}{2}x_2 + y_2 = 200$$

$$\frac{1}{20}x_1 + \frac{1}{12}x_2 + y_3 = 37$$

$$x_1 \geq 0 \quad x_2 \geq 0 \quad y_1 \geq 0 \quad y_2 \geq 0 \quad y_3 \geq 0$$

Gewinnfunktion

Die Gewinnfunktion wird umgeformt zu:

$$-30x_1 - 60x_2 + G = 0$$

Der Rechenaufwand zur Lösung des Gleichungssystems lässt sich durch eine Schematisierung verringern.

Zur rechnerischen Lösung werden üblicherweise zwei Methoden verwandt: Die Simplex-Methode und das verkürzte Simplex-Tableau, die im Folgenden nacheinander vorgestellt werden. Hierbei reicht es natürlich, eine Methode zu beherrschen. Die Interpretationsmöglichkeiten beider Methoden sind gleichwertig.

9.3.2 Simplex-Methode

Simplex-Tableau

Bei der Simplex-Methode werden die linearen Funktionen obigen Gleichungssystems in das so genannte Simplex-Tableau (oder Simplex-Tabelle) eingetragen. Dabei enthält das Tableau nur die Koeffizienten der Gleichungen (ähnlich der Matrizenschreibweise), und die Variablen werden zur Interpretationsvereinfachung in der Kopfzeile aufgeführt.

Häufig wird die letzte Spalte durch einen Doppelstrich von den übrigen getrennt, um das Gleichheitszeichen zu symbolisieren. Die Gewinnfunktion in der letzten Zeile wird ebenfalls von den Nebenbedingungen durch einen Strich getrennt.

Simplex-Tableau

X_1	X_2	Y_1	Y_2	Y_3	G	
$\frac{1}{6}$	$\frac{1}{4}$	1	0	0	0	120
$\frac{1}{5}$	$\frac{1}{2}$	0	1	0	0	200
$\frac{1}{20}$	$\frac{1}{12}$	0	0	1	0	37
–30	–60	0	0	0	1	0

Das Simplex-Tableau stellt eine verkürzte Schreibweise des Gleichungssystems dar. In jeder Zeile ist eine der Gleichungen enthalten.

Basislösung

Diese Ausgangstabelle wird als Basislösung bezeichnet.

In dieser Lösung nehmen von den fünf Variablen X_1, X_2, Y_1, Y_2, Y_3 drei Variablen einen Wert an, der ungleich Null ist. Es handelt sich dabei um die Variablen, in deren Spalten ein Einheitsvektor steht (eine 1 sonst 0). Diese Variablen befinden sich in der Lösung. Bei drei Beschränkungen können sich höchstens drei Variablen in der Lösung befinden.

Lösung des Ausgangstableaus

Die Lösung des Ausgangstableaus lautet:

$y_1 = 120 \quad y_2 = 200 \quad y_3 = 37$

Diese Lösung kann anhand der fettgedruckten Werte in der Tabelle abgelesen werden:

X_1	X_2	Y_1	Y_2	Y_3	G	
$\frac{1}{6}$	$\frac{1}{4}$	**1**	0	0	0	**120**
$\frac{1}{5}$	$\frac{1}{2}$	0	**1**	0	0	**200**
$\frac{1}{20}$	$\frac{1}{12}$	0	0	**1**	0	**37**
- 30	- 60	0	0	0	**1**	**0**

Die Variablen X_1 und X_2 gehören nicht zur Lösung und haben somit den Wert Null.

Diese Basislösung lässt sich so interpretieren, dass die nicht ausgeschöpfte Kapazität (d. h. die Schlupfvariablen) der ganzen zur Verfügung stehenden Kapazität entspricht. Beide Produkte werden nicht produziert. In der Abbildung entspricht diese Basislösung dem Koordinatenursprung. Der Gewinn lässt sich in dem rechten Feld der letzten Zeile ablesen; er beträgt 0.

Dass diese Lösung nicht optimal ist, ist unmittelbar einsichtig. Das Optimum ist dann gefunden, wenn in der letzten Zeile keine negativen Werte mehr auftreten. Es muss eine neue, bessere Lösung gesucht werden.

2. Schritt

Im zweiten Schritt wird eine Variable (X_1 oder X_2) in die Lösung aufgenommen; dafür muss eine der anderen heraus fallen. Welche Variable aufgenommen wird, kann anhand der letzten Zeile der Tabelle entschieden werden.

Steepest-Unit-Ascent-Version

Zunächst wird die Variable ausgewählt, der in der letzten Zeile der kleinste Wert zugeordnet ist. Das ist dann die Variable mit dem höchsten Gewinn pro Stück. Diese Auswahlmethode wird „Steepest-Unit-Ascent-Version“ genannt.

Im Beispiel ist X_2 zunächst in die Lösung hinein zu wählen, da - 60 der kleinste Wert in der untersten Zeile ist.

Pivot-Spalte

Eine Aufnahme von X_2 erreicht man dadurch, dass ein Einheitsvektor in der betreffenden Spalte erzeugt wird. Diese Spalte wird Pivot-Spalte genannt.

Dazu ist zunächst die Frage zu beantworten, an welcher Stelle die 1 zu platzieren ist. Die Ziffer 1 steht in der Zeile, die die produzierbare Stückzahl einschränkt.

Man berechnet für alle drei Fertigungsstufen, wie viele Einheiten von X_2 jeweils bearbeitet werden können. Diese Berechnung erfolgt durch Division der Werte in der letzten Spalte durch die entsprechenden der X_2-Spalte.

Anlage I : $120 : \frac{1}{4} = 480$

Anlage II : $200 : \frac{1}{2} = 400$

Endkontrolle: $37 : \frac{1}{12} = 444$

Pivot-Zeile

Die Anlage II kann nur 400 Einheiten von X_2 bearbeiten und begrenzt damit die Produktionsmenge. Dabei wird unterstellt, dass die Produkte vollständig bearbeitet werden müssen und Zwischenprodukte nicht gelagert werden können. Die zweite Zeile ist in dem Beispiel die so genannte Pivot-Zeile.

Pivot-Element

Damit steht fest, dass die Ziffer 1 innerhalb des Einheitsvektors in der zweiten Zeile der zweiten Spalte stehen soll. Dieses Element wird als Pivot-Element bezeichnet.

Für das Simplex-Tableau lassen sich die Rechenregeln anwenden, die auch für lineare Gleichungssysteme gelten. Die 1 lässt sich an der gewünschten Stelle durch Multiplikation der zweiten Zeile mit 2 erreichen.

X_1	X_2	Y_1	Y_2	Y_3	G	
$\frac{1}{6}$	$\frac{1}{4}$	1	0	0	0	120
$\frac{2}{5}$	1	0	2	0	0	400
$\frac{1}{20}$	$\frac{1}{12}$	0	0	1	0	37
- 30	- 60	0	0	0	1	0

Um an Stelle der übrigen Elemente der zweiten Spalte Nullen zu erzeugen, können Vielfache der zweiten Zeile, der Pivot-Zeile, zu den übrigen addiert werden. Man addiert

- zur 1. Zeile das $\left(-\frac{1}{4}\right)$ - fache der 2. Zeile
- zur 3. Zeile das $\left(-\frac{1}{12}\right)$ - fache der 2. Zeile

– zur 4. Zeile das 60 - fache der 2. Zeile und erhält die zweite Lösung.

X_1	X_2	Y_1	Y_2	Y_3	G	
$\frac{1}{15}$	0	1	$-\frac{1}{2}$	0	0	20
$\frac{2}{5}$	1	0	2	0	0	400
$\frac{1}{60}$	0	0	$-\frac{1}{6}$	1	0	$\frac{11}{3}$
– 6	0	0	120	0	1	24.000

Nun befinden sich die Variablen X_2, Y_1 und Y_3 in der Lösung mit den Werten, die sich in der letzten Spalte an der Stelle ablesen lassen, an der die jeweilige 1 steht.

$$x_2 = 400 \qquad y_1 = 20 \qquad y_3 = \frac{11}{3}$$

Das Produkt X_1 wird nicht produziert, von X_2 werden 400 Einheiten hergestellt. Die Anlage zur Vormontage hat Leerzeiten in Höhe von 20 Stunden, der Endkontrolleur ist in 3,67 Stunden nicht ausgelastet. Die Anlage zur Endmontage hat keine Leerzeiten.

Der Gewinn beträgt 24.000 €, wie rechts unten in der Tabelle abgelesen werden kann.

Grafisch liegt diese Lösung im Schnittpunkt der Kapazitätsbeschränkung II mit der X_2-Achse.

Verbesserte Lösung

Da in der letzten Zeile immer noch ein negativer Wert steht (– 6), ist die Optimallösung noch nicht erreicht. Die nächste, weiter verbesserte Lösung wird durch die gleiche Rechenmethode gefunden.

Pivotspalte

Pivotspalte ist die erste, da dort der einzige negative Wert steht.

Anlage I : $20 : \frac{2}{30} = 300$

Anlage II : $400 : \frac{2}{5} = 1000$

Endkontrolle: $\frac{11}{3} : \frac{1}{60} = 220$

Pivotelement

Das Pivotelement befindet sich in der dritten Zeile der ersten Spalte. Die Endkontrolle beschränkt die maximale Produktionsmenge von X_1.

An dieser Stelle wird eine 1 durch Multiplikation der ganzen Zeile mit 60 erzeugt.

X_1	X_2	Y_1	Y_2	Y_3	G	
$\frac{1}{15}$	0	1	$-\frac{1}{2}$	0	0	20
$\frac{2}{5}$	1	0	2	0	0	400
1	0	0	–10	60	0	220
–6	0	0	120	0	1	24.000

Durch Addition des

- $\left(-\frac{1}{15}\right)$ - fachen der 3. Zeile zur 1.
- $\left(-\frac{2}{5}\right)$ - fachen der 3. Zeile zur 2.
- 6 - fachen der 3. Zeile zur 4. ergibt sich:

X_1	X_2	Y_1	Y_2	Y_3	G	
0	0	1	$\frac{1}{6}$	–4	0	$\frac{16}{3}$
0	1	0	6	–24	0	312
1	0	0	–10	60	0	220
0	0	0	60	360	1	25.320

In der neuen Lösung befinden sich X_1, X_2 und Y_1.

Die Werte sind wieder in der letzten Spalte ablesbar.

$$x_1 = 220 \qquad x_2 = 312 \qquad y_1 = \frac{16}{3}$$

Das Unternehmen stellt von X_1 220 Einheiten und von X_2 312 Einheiten her und nimmt dabei auf der Anlage I (Vormontage) Leerzeiten von 5,33 Stunden in Kauf. Die anderen Anlagen und der Endkontrolleur sind voll ausgelastet. Der Gewinn beträgt G = 25.320 €.

Daran dass in der letzten Zeile keine negativen Werte stehen, kann man erkennen, dass das Optimum erreicht ist. Die gefundene Lösung stimmt mit der grafisch ermittelten überein.

Neben dieser Bestimmung des Optimums lassen sich aus dem Tableau Informationen darüber ablesen, ob eine Kapazitätssteigerung bei den voll ausgelasteten Anlagen sinnvoll ist.

Schattenpreise

In der letzten Zeile zu den Variablen, die nicht zur Lösung gehören, befinden sich Werte, die Auskunft über die so genannten Schattenpreise geben. Der Schattenpreis von Y_2 ist 60. Dieser sagt aus, dass der Gewinn um 60 € gesteigert werden könnte, wenn die Kapazität der zugehörigen Anlage (Endmontage) um eine Einheit (hier eine Stunde) gesteigert würde.

Zu Y_3 gehört ein Wert von 360. Eine Kapazitätssteigerung der Endkontrolle um eine Stunde würde eine Gewinnsteigerung von 360 € mit sich bringen.

Neben den Schattenpreisen lassen sich auch die übrigen Koeffizienten, die nicht in den Einheitsvektoren auftreten, interpretieren. Die Koeffizienten beziehen sich immer auf die Variable in deren Einheitsvektor gleichzeilig die „1" steht. Dies soll beispielhaft für die Koeffizienten der Spalte der Schlupfvariablen Y_2 erfolgen:

Eine Vergrößerung der Leerzeit von Anlage II um eine Stunde (eine Einheit) hat zur Folge:

- eine Verringerung der Leerzeit (Y_1) von Anlage I um $\frac{1}{6}$ Stunden ($\frac{1}{6}$ in 1. Zeile; Variable Y_1 hat eine „1" in der 1. Zeile)
- eine Verringerung der Produktionsmenge (X_2) der Videorecorder um 6 Stück
- eine Erhöhung der Produktionsmenge (X_1) der CD-Player um 10 Stück
- eine Gewinnschmälerung um 60 €

Analog ist eine Vergrößerung der Leerzeit der Endkontrolle (Y_3) zu interpretieren.

Die Werte gelten natürlich nur so lange, bis durch die Kapazitätsausweitung die Beschränkungen anderer Maschinen erreicht werden.

Schema zur Simplex-Methode:

Schema

1. Aufstellung des Simplex-Tableaus.
2. Tritt mindestens ein negativer Wert in der letzten Zeile auf, ist das Optimum noch nicht gefunden.
3. Pivotspalte: Spalte, in welcher der kleinste Wert der letzten Zeile auftritt.
4. Pivotzeile: Division der Werte der letzten Spalte durch die entsprechenden der Pivotspalte. Der kleinste Quotient bestimmt die Pivotzeile.
5. Pivotelement: Gemeinsames Element der Pivotzeile und -spalte. Erzeugung der 1 an dieser Stelle durch Umformung (Multiplikation) der Pivotzeile.
6. Erzeugung eines Einheitsvektors in der Pivotspalte: Addition eines Vielfachen der Pivotzeile zu den übrigen Zeilen.
7. Tritt mindestens ein negativer Wert in der letzten Zeile auf, weiter mit Punkt 3.
8. Tritt kein negativer Wert in der letzten Zeile auf, ist das Optimum gefunden. Die Lösung für die einzelnen Variablen und den Zielfunktionswert kann in der letzten Spalte abgelesen werden.

9.3.3 Verkürztes Simplex-Tableau

Im Folgenden soll eine weitere Variante der Simplex-Methode vorgestellt werden, die des verkürzten Simplex-Tableaus. Diese ist in der Praxis gebräuchlich, weil sie mit einem komprimierten Tableau arbeitet und für Computerprogramme schneller zu bewältigen ist.

Leider ist hierbei die Begründung der Vorgehensweise kompliziert und geht über das für die Wirtschaftswissenschaften benötigte mathematische Basiswissen hinaus.

Deshalb soll an dieser Stelle auf die mathematische Begründung der notwendigen Rechenregeln verzichtet werden und nur die Methode vorgestellt werden.

Die Interpretationsmöglichkeiten von beiden Methoden sind gleichwertig.

Die Methode des verkürzten Simplex-Tableaus wird an dem gleichen Beispiel (Maximierungsbeispiel der Aufgabe 9.2.1., s. Abb. 9.3-1) wie das der Simplexmethode erläutert, um einen Vergleich zu ermöglichen. Es genügt natürlich vollkommen, eine der beiden Methoden zu beherrschen.

Lösungsschritte

Auch das Lösen eines linearen Optimierungsproblems mit Hilfe der Methode des verkürzten Simplex-Tableaus lässt sich in mehrere Lösungsschritte unterteilen.

- 1. Umformulierung der Zielfunktion und Umwandlung der Nebenbedingungen in Gleichungen mit Hilfe von Schlupfvariablen

1. Umformulierung

Die Zielfunktion und die Nebenbedingungen werden analog zur Simplex-Methode zu linearen Gleichungen umformuliert (s. Problemstellung 9.3.1).

Die Aufgabenstellung lautet deshalb analog:

Maximiere $-30x_1 - 60x_2 + G = 0$

unter Beachtung der Nebenbedingungen:

$$\frac{1}{6}x_1 + \frac{1}{4}x_2 + y_1 = 120$$

$$\frac{1}{5}x_1 + \frac{1}{2}x_2 + y_2 = 200$$

$$\frac{1}{20}x_1 + \frac{1}{12}x_2 + y_3 = 37$$

$$x_1 \geq 0 \quad x_2 \geq 0 \quad y_1 \geq 0 \quad y_2 \geq 0 \quad y_3 \geq 0$$

- 2. Aufstellung des verkürzten Simplex-Tableaus

Verkürztes Simplex-Tableau

Das Ausgangstableau wird folgendermaßen aufgestellt:

Es werden nur die Koeffizienten der Variablen (X_1, X_2) in der Tabelle aufgelistet. Dabei stehen in der Kopfzeile die so genannten Nichtbasisvariablen (X_1, X_2). In der Vorspalte werden die Basisvariablen (Y_1, Y_2, Y_3, G) zur Kennzeichnung der entsprechenden Zeilen aufgeführt. Die letzte Spalte wird durch einen Strich getrennt, um das Gleichheitszeichen zu symbolisieren.

		Nichtbasisvariablen		
		X_1	X_2	
Basisvariablen	Y_1	$\frac{1}{6}$	$\frac{1}{4}$	120
	Y_2	$\frac{1}{5}$	$\frac{1}{2}$	200
	Y_3	$\frac{1}{20}$	$\frac{1}{12}$	37
	G	–30	–60	0

entspricht Gleichheitszeichen

Das Simplex-Tableau stellt eine verkürzte Schreibweise des Gleichungssystems dar. In jeder Zeile ist eine der Gleichungen enthalten. Diese Ausgangstabelle wird als Basislösung bezeichnet.

Das verkürzte Simplex-Tableau wird folgendermaßen interpretiert:

Interpretation

- Alle Nichtbasisvariablen (alle Variablen der Kopfzeile) haben den Wert 0.
- Alle Basisvariablen (Variablen der Vorspalte) haben den Wert, der hinter dem als Gleichheitszeichen zu verstehenden Strich der entsprechenden Zeile steht.

Für obiges Ausgangstableau gilt also:

$X_1, X_2 = 0,$ d. h. keine Produktion
$Y_1 = 120,$ d. h. die Leerzeit der Anlage I beträgt 120 Stunden
$Y_2 = 200,$ d. h. die Leerzeit der Anlage II beträgt 200 Stunden
$Y_3 = 37,$ d. h. die Leerzeit der Endkontrolle beträgt 37 Stunden
$G = 0,$ d. h. der Gewinn ist bei Nichtproduktion Null.

Ausgangstableau entspricht Koordinatenursprung

Dieses Ausgangstableau entspricht also – wie das Ausgangstableau der Simplexmethode - in der Grafik dem Koordinatenursprung (s. Abb. 9.3.1). Dass diese Lösung nicht optimal ist, ist unmittelbar einsichtig. Das Optimum ist dann gefunden, wenn in der letzten Zeile (Zielfunktionszeile) keine negativen Werte mehr auftreten.

3. Bestimmung des Pivotelementes

Pivotelement

In der ersten verbesserten Lösung (1. Iteration) wird zuerst analog zur Simplexmethode bestimmt, welche Nichtbasisvariable gegen welche Basisvariable ausgetauscht wird. D. h. mit anderen Worten für das Beispiel: die Produktionsmenge welchen Gutes soll als erstes berücksichtigt werden (Produktionsmenge X_i ungleich Null), und welche Anlage soll als erstes voll ausgelastet werden (d. h. welche Schlupfvariable Y_i soll gleich Null sein).

Welche Variable X_i aufgenommen wird, kann anhand der letzten Zeile der Tabelle entschieden werden.

Steepest-Unit-Ascent-Version

Zunächst wird die Variable ausgewählt, der in der letzten Zeile der kleinste Wert zugeordnet ist. Das ist dann die Variable mit dem höchsten Gewinn pro Stück. Diese Auswahlmethode wird „Steepest-Unit-Ascent-Version" genannt.

Pivot-Spalte

Im Beispiel ist X_2 zunächst in die Lösung hinein zu wählen, da – 60 der kleinste Wert in der untersten Zeile ist. Die Spalte, in der – 60 steht, wird Pivot-Spalte genannt.

Die Schlupfvariable, die gegen X_2 ausgetauscht wird, entspricht der Nebenbedingung, die zuerst voll ausgelastet wird. Dazu berechnet man für alle drei Fertigungsstufen, wie viele Einheiten von X_2 jeweils maximal bearbeitet werden können. Diese Berechnung erfolgt durch Division der Werte in der letzten Spalte durch die entsprechenden der X_2-Spalte.

Anlage I : $120 : \frac{1}{4} = 480$

Anlage II : $200 : \frac{1}{2} = 400$

Endkontrolle: $37 : \frac{1}{12} = 444$

Pivot-Zeile

Die Anlage II kann nur 400 Einheiten von X_2 bearbeiten und begrenzt damit die Produktionsmenge. Dabei wird unterstellt, dass die Produkte vollständig bearbeitet werden müssen und Zwischenprodukte nicht gelagert werden können. Die zweite Zeile ist in dem Beispiel die Pivot-Zeile.

	X_1	X_2 (Pivotspalte)		
Y_1	$\frac{1}{6}$	$\frac{1}{4}$	120	
Y_2	$\frac{1}{5}$	$\frac{1}{2}$	200	Pivotzeile
Y_3	$\frac{1}{20}$	$\frac{1}{12}$	37	
G	–30	–60	0	

X_2 wird in der 1. Iteration zur Basisvariablen (geht in die Lösung mit ein) und Y_2 zur Nichtbasisvariablen (Vollauslastung von Anlage II; $Y_2 = 0$).

4. Berechnung weiterer Iterationen bis zur Optimallösung

Vier Rechenregeln

Durch obigen Basisvariablentausch ändert sich das gesamte Simplex-Tableau. Dieses veränderte Tableau wird nach folgenden vier Rechenregeln berechnet:

1. An die Stelle des Pivotelementes (PE) tritt der Reziprokwert des PE.
2. Die übrigen Elemente der Pivotzeile (PZ) werden durch das PE des Ausgangstableaus bzw. der vorhergehenden Iteration dividiert.
3. Die übrigen Elemente der Pivotspalte (PS) werden mit (– 1) multipliziert und anschließend durch das PE des Ausgangstableaus bzw. der vorhergehenden Iteration dividiert.
4. Alle übrigen Elemente der verbesserten Lösung werden folgendermaßen gebildet: Element (Ausgangstableau bzw. vorhergehende Iteration) minus folgendem Produkt:

   gleichspaltiges Element der PZ (1. bzw. weitere Iteration) „mal" gleichzeiliges Element der PS (Ausgangstableau bzw. vorhergehende Iteration).

Das mit Hilfe dieser Rechenregeln neu berechnete Simplextableau stellt wiederum ein abgekürztes lineares Gleichungssystem dar. Dieses ist dasselbe Gleichungssystem, das im Ausgangstableau dargestellt ist. Es wurde so umformuliert, dass die Lösungen für die Basisvariablen unter den neuen Voraussetzungen direkt abgelesen werden können.

Basislösung

	X_1	X_2	
Y_1	$\frac{1}{6}$	$\frac{1}{4}$	120
Y_2	$\frac{1}{5}$	$\frac{1}{2}$	200
Y_3	$\frac{1}{20}$	$\frac{1}{12}$	37
G	–30	–60	0

1. Iteration

	X_1	Y_2	
Y_1	$\frac{1}{6}-\frac{2}{5}\cdot\frac{1}{4}$	$(-1)\cdot\frac{1}{4}\cdot 2$	$120-400\cdot\frac{1}{4}$
X_2	$2\cdot\frac{1}{5}$	2	$2\cdot 200$
Y_3	$\frac{1}{20}-\frac{2}{5}\cdot\frac{1}{12}$	$(-1)\cdot\frac{1}{12}\cdot 2$	$37-(400\cdot\frac{1}{12})$
G	$-30-\frac{2}{5}\cdot(-60)$	$(-1)\cdot(-60)\cdot 2$	$0-(400\cdot(-60))$

1. Iteration

	X_1	Y_2	
Y_1	$\frac{1}{15}$	$-\frac{1}{2}$	20
X_2	$\frac{2}{5}$	2	400
Y_3	$\frac{1}{60}$	$-\frac{1}{6}$	$\frac{11}{3}$
G	- 6	120	24.000

Die Interpretation der 1. Iteration lautet:

Interpretation

$X_1 = 0$	keine Produktion von CD-Playern
$X_2 = 400$	es werden 400 Videorecorder produziert
$Y_1 = 20$	Anlage I hat eine Leerzeit von 20 Stunden
$Y_2 = 0$	Anlage II ist voll ausgelastet
$Y_3 = 3,\overline{6}$	Endkontrolle hat eine Leerzeit von 3,67 Stunden
G = 24.000	Der Gewinn beträgt nun 24.000 €.

Diese Lösung entspricht in der Abb. 9.3-1 dem Schnittpunkt der Kapazitätsbeschränkung II mit der x_2-Achse.

Da in der letzten Zeile noch ein negativer Wert (– 6) auftritt, muss die Lösung in einer 2. Iteration verbessert werden. Sie berechnet sich nach den gleichen Regeln wie die 1. Iteration.

2. Iteration

	Y_3	Y_2	
Y_1	–4	$\frac{1}{6}$	$\frac{16}{3}$
X_2	–24	6	312
X_1	60	–10	220
G	360	60	25.320

Interpretation der Optimallösung

Interpretation

Die Optimallösung ist erreicht, da sich keine negativen Werte in der Zielfunktionszeile befinden.

$Y_2 = 0$; $Y_3 = 0$ Vollauslastung von Anlage II und der Endkontrolle

$Y_1 = 5,\bar{3}$ nicht ausgenutzte Kapazität von Anlage I (5,33 Stunden)

$X_1 = 220$; $X_2 = 312$; $G = 25.300$ €.

Bei einer produzierten Menge von 220 CD-Playern und 312 Videorecordern wird der maximale Gewinn von 25.300 € erreicht. Grafisch entspricht dies dem Schnittpunkt der Kapazitätsbeschränkung II und der Endkontrolle in der Abbildung 9.3-1.

Schema zur verkürzten Simplex-Methode

Schema

1. Umformulierung der Zielfunktion und Umwandlung der Nebenbedingungen in Gleichungen mit Hilfe von Schlupfvariablen
2. Aufstellung des verkürzten Simplex-Tableaus.

   Tritt mindestens ein negativer Wert in der letzten Zeile auf, ist das Optimum noch nicht gefunden.
3. Bestimmung des Pivotelementes:

   Pivotspalte: Spalte, in der der kleinste Wert in der Zielfunktionszeile auftritt.

   Pivotzeile: Division der Werte der letzten Spalte durch die entsprechenden der Pivotspalte.
   Der kleinste Quotient bestimmt die Pivotzeile.

   Pivotelement: Gemeinsames Element der Pivotzeile und -spalte.
4. Basisvariablentausch und Veränderung des Tableaus mit Hilfe der vier Rechenregeln.
5. Tritt mindestens ein negativer Wert in der letzten Zeile auf, weiter mit Punkt 3.
6. Tritt kein negativer Wert in der letzten Zeile auf, ist das Optimum gefunden.

   Die Lösung für die Basisvariablen (Variablen in der Vorspalte) kann in der letzten Spalte abgelesen werden. Die Nichtbasisvariablen (Variablen in der Vorzeile) haben den Wert 0.

5. Weitergehende Interpretationsmöglichkeiten

Interpretationsmöglichkeiten

Neben dieser Bestimmung des Optimums lassen sich darüber hinaus aus dem Lösungs-Tableau weit reichende Informationen ablesen.

Jedes Simplex-Tableau im Laufe der Simplex-Methode stellt ein und dasselbe Gleichungssystem in verschiedenen Formulierungen dar.

In vorliegenden Beispiel besteht das Gleichungssystem aus vier Gleichungen und sechs Variablen (X_1, X_2, Y_1, Y_2, Y_3 und G). Wenn man zwei Variablen gleich Null setzt, sind die anderen eindeutig bestimmt.

Das ursprüngliche Gleichungssystem ist so aufgebaut, dass es die Lösungen für die Variablen Y_1, Y_2, Y_3 und G angibt, wenn man die Variablen X_1 und X_2 gleich Null setzt:

$$\frac{1}{6}x_1 + \frac{1}{4}x_2 + y_1 = 120 \rightarrow y_1 = 120$$

$$\frac{1}{5}x_1 + \frac{1}{2}x_2 + y_2 = 200 \rightarrow y_2 = 200$$

$$\frac{1}{20}x_1 + \frac{1}{12}x_2 + y_3 = 37 \rightarrow y_3 = 37$$

$$-30\,x_1 - 60\,x_2 + G = 0 \rightarrow G = 0$$

Die Simplex-Methode besteht nun darin, dieses Gleichungssystem mit Hilfe der vier Rechenregeln so umzuformulieren, dass es von zwei anderen Variablen aufgebaut wird. Werden diese wiederum gleich Null gesetzt, lassen sich die anderen eindeutig und sofort bestimmen:

Optimallösung

	Y_3	Y_2	
Y_1	–4	$\frac{1}{6}$	$\frac{16}{3}$
X_2	–24	6	312
X_1	60	–10	220
G	360	60	25.320

Die Optimallösung ist die abgekürzte Schreibweise für folgendes Gleichungssystem, bei dem die Variablen Y_2 und Y_3 gleich Null gesetzt werden können und die Optimallösung sofort abgelesen werden kann.:

$$-4\,y_3 + \frac{1}{6}\,y_2 + y_1 = \frac{16}{3} \rightarrow y_1 = \frac{16}{3}$$

$$-24\,y_3 + 6\,y_2 + x_2 = 312 \rightarrow x_2 = 312$$

$$60\,y_3 - 10\,y_2 + x_1 = 220 \rightarrow x_1 = 220$$

$$360\,y_3 + 60\,y + G = 25.320 \rightarrow G = 25.320$$

Weitergehende Interpretationsmöglichkeit

Die weitergehende Interpretationsmöglichkeit ergibt sich jetzt daraus, dass man in dieses Gleichungssystem nicht nur Null, sondern verschiedene Werte für die Variablen Y_2 und Y_3 einsetzen kann.

Einschränkung der Arbeitszeit

Setzt man z. B. für Y_3 den Wert 1 ein, bedeutet dies eine Einschränkung der Arbeitszeit an Maschine III um eine Stunde (Erhöhung der Leerzeit um eine Stunde). Die geänderten Werte für die übrigen Variablen lassen sich aufgrund des Gleichungssystems einfach errechnen: ($Y_3 = 1$ und $Y_2 = 0$)

$$-4 + y_1 = \frac{16}{3} \rightarrow y_1 = \frac{16}{3} + 4 = 9\,\frac{1}{3}$$

$$-24 + x_2 = 312 \rightarrow x_2 = 312 + 24 = 336$$

$$60 - x_1 = 220 \rightarrow x_1 = 220 - 60 = 160$$

$$360 + G = 25.320 \rightarrow G = 25.320 - 360 = 25.260$$

Der maximale Gewinn unter diesen Umständen beträgt nun 25.260 € bei einer Produktion von 160 CD-Playern und 336 Videorecordern. Die Endkontrolle ist weiterhin voll ausgelastet, und die nicht ausgenutzte Kapazität von Anlage I beträgt 9,33 Stunden.

Die Auswirkungen einer Arbeitszeitverkürzung bei Maschinenanlage III (z. B. aufgrund neuer Tarifvereinbarungen) lassen sich also sofort errechnen, ohne dass die Simplex-Methode mit einer neuen Kapazitätsbeschränkung für Maschinenanlage III neu angewandt werden muss.

Gültigkeit des Gleichungssystems

Genauso lassen sich die Auswirkungen anderer Arbeitszeitverkürzungen berechnen, wobei beachtet werden muss, dass das Gleichungssystem nur in bestimmten Intervallen gültig ist. Z. B. ist eine Bewertung einer Arbeitszeitverkürzung bei Maschinenanlage III von 4 Stunden nicht möglich, da die dritte Gleichung $240 - x_1 = 220$ für x_1 den nicht definierten Wert – 20 (negative Produktionsmenge) ergeben würde.

Erhöhung der Arbeitszeit

Auf dieselbe Weise wie oben können natürlich auch Auswirkungen von Überstunden (negative Werte für Y_2 und Y_3) leicht bestimmt werden.

- Vergleich der beiden Tableaus

Optimallösung Simplex (ST)

X_1	X_2	Y_1	Y_2	Y_3	G	
0	0	1	$\frac{1}{6}$	–4	0	$\frac{16}{3}$
0	1	0	6	–24	0	312
1	0	0	–10	60	0	220
0	0	0	60	360	1	25.320

Optimallösung des verkürzten Simplex-Tableaus (VST)

	Y_3	Y_2	
Y_1	- 4	$\frac{1}{6}$	$\frac{16}{3}$
X_2	- 24	6	312
X_1	60	- 10	220
G	360	60	25.320

Das verkürzte Simplex-Tableau (VST) ergibt sich aus dem Simplex-Tableau (ST), indem man die ersten 3 Spalten des ST weglässt und die Variablen X_1, X_2, Y_1 als Spalte $\begin{pmatrix} Y_1 \\ X_2 \\ X_1 \end{pmatrix}$ entsprechend der Stelle der „1" im Einheitsvektor des ST vor die übrig gebliebenen Spalten setzt.

Aufgabe

9.3.1. Ein Unternehmen stellt zwei Produkte X_1 und X_2 her.

Die Produkte durchlaufen drei Maschinentypen, deren Einsatzzeit begrenzt ist.

Von der Maschine I und III sind jeweils zwei Exemplare vorhanden, Maschine II steht nur einmal zur Verfügung.

Die wöchentliche Arbeitszeit beträgt 40 Stunden.

Die Maschine I benötigt eine Stunde für die Herstellung einer Einheit von X_1 und doppelt so lange für X_2.

Maschine II braucht eine Stunde für X_1 und halb so lange für X_2.

Maschine III benötigt 1,6 Stunden für die Herstellung einer Einheit von X_1 und genauso lange für das zweite Produkt.

Die Gewinnfunktion lautet: $G = 30x_1 + 50x_2$

Bestimmen Sie das Gewinnmaximum mit Hilfe der Simplex-Methode.

10 Finanzmathematik

10.1 Grundlagen der Finanzmathematik

10.1.1 Folgen

Ordnet man den Natürlichen Zahlen N,I = 1, 2, 3, 4, … durch eine beliebige Vorschrift je genau eine reelle Zahl zu, so entsteht eine Zahlenfolge a_1, a_2, a_3, a_4, …

1	2	3	4	5	. . .	n	. . .	Natürliche Zahlen
|	|	|	|	|		|		
a_1	a_2	a_3	a_4	a_5	. . .	a_n	. . .	Reelle Zahlen

Durch die Zuordnung $n \rightarrow a_n$ ist eine Funktion definiert.

Zahlenfolge

Eine Funktion, durch die jeder Natürlichen Zahl eine Reelle Zahl zugeordnet wird, heißt Zahlenfolge. Man schreibt $a_1, a_2, a_3, \ldots, a_n, \ldots$ oder (a_n).

Die a_n heißen Glieder der Folge.
a_1 bzw. a_0 heißt Anfangsglied der Folge.

Beispiele

$3, 3, 3, 3, 3, \ldots$	$a_n = 3$
$1, 2, 3, 4, 5, \ldots$	$a_n = n$
$1, \frac{1}{2}, \frac{1}{3}, \frac{1}{4}, \frac{1}{5}, \ldots$	$a_n = \frac{1}{n}$
$\frac{2}{3}, \frac{4}{5}, \frac{6}{7}, \frac{8}{9}, \frac{10}{11} \ldots$	$a_n = \frac{2n}{2n+1}$

Im Folgenden sollen arithmetische und geometrische Folgen behandelt werden, auf denen die Finanzmathematik basiert.

Arithmetische Folgen

Bei einer arithmetischen Folge ist der Abstand zwischen zwei aufeinander folgenden Folgengliedern immer gleich groß, das heißt die Differenz $a_{n+1} - a_n$ zweier aufeinander folgender Glieder ist konstant.

Arithmetische Folge

> Eine Folge (a_n), bei der für alle aufeinander folgenden Folgenglieder gilt
> $a_{n+1} - a_n = d = const$ heißt arithmetische Folge.

Beispiele

arithmetische Folge	Differenz $d = a_{n+1} - a_n$	Bildungsgesetz $a_{n+1} = a_n + d$
2, 2, 2, 2, 2,...	0	$a_{n+1} = a_n$
1, 2, 3, 4, 5,...	1	$a_{n+1} = a_n + 1$
$\frac{3}{2}, \frac{5}{2}, \frac{7}{2}, \frac{9}{2}, \ldots$	1	$a_{n+1} = a_n + 1$
200, 175, 150, 125,	-25	$a_{n+1} = a_n + (-25)$
$\frac{2}{7}, \frac{1}{7}, 0, -\frac{1}{7}, -\frac{2}{7}, \ldots$	$-\frac{1}{7}$	$a_{n+1} = a_n + \left(-\frac{1}{7}\right)$

Eine arithmetische Folge ist eindeutig durch das Anfangsglied a_1 und die konstante Differenz d bestimmt.

Beispiel 2 und 3 zeigen Folgen mit gleichem d aber unterschiedlichem Anfangsglied.

Bildungsgesetz der arithmetischen Folge

Für die Glieder einer arithmetischen Folge gilt:

$$a_1 = a_1$$

$$a_2 = a_1 + d$$

$$a_3 = a_2 + d = a_1 + d + d = a_1 + 2d$$

$$\vdots$$

$$a_n = a_1 + (n-1) \cdot d$$

Das Bildungsgesetz einer arithmetischen Folge mit dem Anfangsglied a_1 und der konstanten Differenz d lautet demnach:

$$a_n = a_1 + (n-1) \cdot d$$

Beispiel

Wie lautet das 150. Glied einer arithmetischen Folge mit dem Anfangsglied 7 und dem konstanten Summanden 3,5?

$$a_1 = 7$$
$$d = 3{,}5$$
$$n = 150$$
$$a_{150} = 7 + (150 - 1) \cdot 3{,}5$$
$$= 528{,}5$$

Anhand des Bildungsgesetzes lassen sich auch andere Fragestellungen lösen:

Beispiel

Welchen Wert hat das Anfangsglied a_1 bei einer arithmetischen Folge mit $d = -5$ und $a_{11} = -8$?

$$a_1 = a_n - (n-1)\, d$$
$$a_1 = -8 - (11 - 1)\,(-5)$$
$$= 42$$

Beispiel

In einer Versuchsreihe soll die Schutzwirkung eines Bleches in Abhängigkeit von seiner Dicke geprüft werden. Die Versuchsreihe beginnt bei einer Blechstärke von 0,3 cm und soll mit einer Verringerung von 0,000125 m pro Versuch fortgeführt werden. Im wievielten Versuch wird die Blechstärke von 0,15 cm getestet? Wie viele Experimente umfasst die Versuchsreihe?

gegeben:
$$a_n = 0{,}0015 \text{ m}$$
$$a_1 = 0{,}003 \text{ m}$$
$$d = -0{,}000125 \text{ m}$$

gesucht: n

$$a_n = a_1 + (n - 1) \cdot d$$
$$0{,}0015 = 0{,}003 + (n - 1) \cdot (-0{,}000125)$$
$$\frac{-0{,}0015}{-0{,}000125} + 1 = n$$
$$n = 13$$

Mit dem 13. Experiment ist die ursprüngliche Blechdicke halbiert. Der 13. Versuch ist damit gleichzeitig der erste in der zweiten Hälfte der Versuchsreihe. Die gesamte Versuchsreihe umfasst also 24 Experimente. Beim 25. wäre eine Dicke von Null erreicht.

Geometrische Folgen

Bei einer geometrischen Folge ist der Quotient $q = \frac{a_{n+1}}{a_n}$ zwischen zwei aufeinander folgenden Folgengliedern immer gleich groß, das heißt q ist konstant.

Jedes Glied der Folge außer a_1 ergibt sich dadurch, dass man das vorausgehende Glied mit einem konstanten Faktor q multipliziert.

Geometrische Folge

Eine Folge (a_n), bei der für alle aufeinander folgenden Folgenglieder gilt:

$\frac{a_{n+1}}{a_n} = q = \text{const}$ heißt geometrische Folge.

Beispiel

geometrische Folge	Differenz $q = \frac{a_{n+1}}{a_n}$	Bildungsgesetz $a_{n+1} = a_n \cdot q$
2, 2, 2, 2, 2,...	1	$a_{n+1} = a_n$
1, 2, 4, 8, 16,...	2	$a_{n+1} = a_n \cdot 2$
3, 6, 12, 24, ...	2	$a_{n+1} = a_n \cdot 2$
4; 2; 1; 0,5; 0,25 ...	$\frac{1}{2}$	$a_{n+1} = a_n \cdot \frac{1}{2}$
$1, -\frac{1}{5}, \frac{1}{25}, -\frac{1}{125}, \ldots$	$-\frac{1}{5}$	$a_{n+1} = a_n \cdot (-\frac{1}{5})$

Eine geometrische Folge ist eindeutig durch das Anfangsglied a_1 und den konstanten Faktor q bestimmt. Die Beispiele 2 und 3 zeigen Folgen mit gleichen Quotienten q. Zur eindeutigen Festlegung der Folgen muss zusätzlich das Anfangsglied angegeben sein.

Bildungsgesetz der geometrischen Folge

Für die Glieder einer geometrischen Folge gilt:

$$
\begin{aligned}
a_1 &= a_1 \\
a_2 &= a_1 \cdot q \\
a_3 &= a_2 \cdot q = a_1 \cdot q \cdot q = a_1 \cdot q^2 \\
&. \\
&. \\
a_n &= a_1 \cdot q^{n-1}
\end{aligned}
$$

Das Bildungsgesetz einer geometrischen Folge mit dem Anfangsglied a_1 und dem konstanten Faktor q lautet:

$$a_n = a_1 \cdot q^{n-1}$$

Beispiel

Wie lautet das 93. Glied einer geometrischen Folge mit $a_1 = \frac{3}{7}$ und $q = 1{,}06$?

$$a_{93} = \frac{3}{7} \cdot 1{,}06^{92} = 91{,}2353$$

In diesem Beispiel wurde a_n berechnet; es sind aber auch andere Fragestellungen möglich, wie folgende Beispiele zeigen:

Beispiel

Bei einer geometrischen Folge ist das erste (1) und das letzte Glied (128) sowie $q = 2$ bekannt. Wie viele Glieder hat die Folge?

In diesem Fall ist n die Unbekannte. Durch Logarithmieren lässt sich die Gleichung nach n auflösen.

$$\begin{aligned}
a_n &= a_1 \cdot q^{n-1} \\
q^{n-1} &= \frac{a_n}{a_1} \\
(n-1)\log q &= \log \frac{a_n}{a_1} \\
n \log q &= \log \frac{a_n}{a_1} + \log q \\
n &= \frac{\log \frac{a_n}{a_1}}{\log q} + 1 \\
n &= \frac{\log \frac{128}{1}}{\log 2} + 1 \\
n &= \frac{2{,}1072}{0{,}301} + 1 \\
&= 7 + 1 \\
&= 8
\end{aligned}$$

Beispiel

In einem Betrieb soll die Geschwindigkeit eines Fließbandes täglich um 1 Prozent erhöht werden. Wie hoch ist die Produktion am 30. April, wenn sie am 1. April 100 Stück/Tag beträgt?

gegeben: $a_1 = 100$

$q = 1{,}01$

$n = 30$

gesucht: a_{30}

$a_{30} = 100 \cdot 1{,}01^{29} = 133{,}4504$

Die Produktion beträgt am 30. April 133 Stück.

Eines der wichtigsten Einsatzgebiete der geometrischen Folge ist die Zinseszinsrechnung (s. Kapitel 10.2.2.3.).

Aufgabe

10.1.1. Eine Zeitung soll dreißig Mal gefaltet werden. Dabei wird unterstellt, dass sie am Anfang 1 mm dick ist.

- Welche Dicke hat die dreißig Mal gefaltete Zeitung?
- Welche Dicke hat die einhundert Mal gefaltete Zeitung?

10.1.2 Reihen

Summiert man die Glieder einer Zahlenfolge, so erhält man eine Reihe.

Definition

Gegeben sei eine Folge (a_n)

1. (a_n) ist endlich: $\sum_{i=1}^{n} a_i = a_1 + a_2 + a_3 + \ldots + a_n$ heißt endliche Reihe.

2. (a_n) ist unendlich: $\sum_{i=1}^{\infty} a_i = a_1 + a_2 + a_3 + \ldots + a_n + \ldots$ heißt unendliche Reihe.

Die Summe $S_n = \sum_{i=1}^{n} a_i = a_1 + a_2 + a_3 + \ldots + a_n$

heißt n-te Partialsumme (n-te Teilsumme) der Folge.

Im Folgenden sollen Reihen arithmetischer und geometrischer Folgen behandelt werden.

Arithmetische Reihe

Arithmetische Reihe

Eine Reihe, die aus den ersten n Gliedern einer arithmetischen Folge gebildet wird, heißt eine (endliche) arithmetische Reihe.

Die unendliche arithmetische Reihe ist von keinerlei Bedeutung, da ihre Summe über alle Grenzen wächst.

Summenformel der arithmetischen Reihe

Für eine arithmetische Reihe gilt:

$$\sum_{i=1}^{n} a_i = a_1 + a_2 + a_3 + \ldots + a_{n-1} + a_n$$

$$= a_1 + a_1 + d + a_1 + 2d + \ldots + a_1 + (n-2)d + a_1 + (n-1)\,d$$

Nun wird folgender „Trick" angewendet: man schreibt alle Summanden noch einmal in umgekehrter Reihenfolge unter die Summanden der Reihe und addiert dann beide Reihen.

$$\sum_{i=1}^{n} a_i = a_1 + a_1+d + \ldots + a_1+(n-2)d + a_1 + (n-1)d$$

$$\sum_{i=1}^{n} a_i = a_1+(n-1)d + a_1+(n-2)d + \ldots + a_1+d + a_1$$

$$2\sum_{i=1}^{n} a_i = 2a_1+(n-1)d + 2a_1+(n-1)d + \ldots + 2a_1+(n-1)d + 2a_1+(n-1)d$$

Der rechte Teil der Gleichung hat n gleiche Summanden: $2 \cdot a_1 + (n-1) \cdot d$

Damit ergibt sich folgende abkürzende Schreibweise:

$$2\sum_{i=1}^{n} a_i = n \cdot (2a_1+(n-1) \cdot d)$$

$$\sum_{i=1}^{n} a_i = \frac{n}{2} \cdot (2a_1+(n-1)d)$$

$$= \frac{n}{2} \cdot (a_1 + a_1+(n-1)d)$$

$$= \frac{n}{2} \cdot (a_1 + a_n)$$

Man erhält die beiden Formeln:

Arithmetische Reihe

$$\sum_{i=1}^{n} a_i = \frac{n}{2} \cdot (2a_1+(n-1)d)$$

$$\sum_{i=1}^{n} a_i = \frac{n}{2} \cdot (a_1 + a_n)$$

Beispiel

Anekdote: Als der berühmte Mathematiker Carl Friedrich Gauß (1777 - 1855) noch eine der unteren Schulklassen besuchte, wollte sein Lehrer die Schüler für längere Zeit beschäftigen und stellte folgende Aufgabe:

„Addiere die Ganzen Zahlen von 1 bis 100."

Nach kurzer Zeit beendete Gauß diese Aufgabe. Wie war er vorgegangen?

Er hatte den gleichen „Trick" angewendet, mit dem oben die Summenformel der arithmetischen Reihe ermittelt wurde.

$$
\begin{array}{lcccccccccccccc}
S & = & 1 & + & 2 & + & 3 & + & \dots & 98 & + & 99 & + & 100 \\
\underline{S} & = & \underline{100} & + & \underline{99} & + & \underline{98} & + & \dots & \underline{3} & + & \underline{2} & + & \underline{1} \\
2 \cdot S & = & 101 & + & 101 & + & 101 & + & \dots & 101 & + & 101 & + & 101
\end{array}
$$

$$2 \cdot S = 100 \cdot 101$$

$$S = 50 \cdot 101 = 5.050$$

Beispiel

Bestimme die Summe einer arithmetischen Reihe mit 100 Gliedern, $a_1 = -15$ und $d = 3$ mit Hilfe beider Summenformeln

1. $$\sum_{i=1}^{n} a_i = \frac{n}{2} \cdot (2a_1 + (n-1)d)$$

$$\sum_{i=1}^{100} a_i = 50\,(-30 + 99 \cdot 3) = 13.350$$

2. $$\sum_{i=1}^{n} a_i = \frac{n}{2} \cdot (a_1 + a_n)$$

$$a_n = a_1 + (n-1)d$$

$$a_{100} = -15 + 99 \cdot 3 = 282$$

$$\sum_{i=1}^{100} a_i = 50 \cdot (-15 + 282) = 13.350$$

Beispiel

Welche Höhe erreichen die übereinander gelegten Bleche?

(siehe Beispiel Arithmetische Folge):

$$\sum_{i=1}^{24} a_i = 12 \cdot (0{,}003 + 0{,}000125) = 0{,}0375 \text{ m}$$

Geometrische Reihe

Geometrische Reihe

Eine Reihe, deren Glieder eine geometrische Folge (endlich oder unendlich) bilden, nennt man eine geometrische Reihe.

Im Gegensatz zur unendlichen arithmetischen Reihe ist die Betrachtung der unendlichen geometrischen Reihe durchaus sinnvoll, da sie einen Grenzwert und damit einen endlichen Wert besitzen kann (s. Kap. 10.1.3 und 10.1.4).

Summenformel der geometrischen Reihe

Für eine geometrische Reihe gilt:

$$\sum_{i=1}^{n} a_i = a_1 + a_2 + a_3 + \ldots + a_{n-1} + a_n$$

$$= a_1 + a_1 \cdot q + a_1 \cdot q^2 + \ldots + a_1 \cdot q^{n-2} + a_1 \cdot q^{n-1}$$

Auch hier lässt sich die Summenformel mit Hilfe eines kleinen „Tricks" ableiten: man multipliziert beide Seiten der Gleichung mit q und subtrahiert dann die Summe

$$q \cdot \sum_{i=1}^{n} a_i \quad \text{von} \quad \sum_{i=1}^{n} a_i$$

Die einzelnen Glieder der Reihen werden dazu um einen Summanden versetzt untereinander geschrieben.

$$\sum_{i=1}^{n} a_i = a_1 + a_1q + a_1q^2 + a_1q^3 + \ldots + a_1q^{n-2} + a_1q^{n-1}$$

$$-q \cdot \sum_{i=1}^{n} a_i = a_1q + a_1q^2 + a_1q^3 + \ldots + a_1q^{n-2} + a_1q^{n-1} + a_1q^n$$

$$\sum_{i=1}^{n} a_i - q \cdot \sum_{i=1}^{n} a_i = a_1 - a_1q^n$$

$$\sum_{i=1}^{n} a_i \cdot (1-q) = a_1 \cdot (1-q^n)$$

Summe der geometrischen Reihe

$$\sum_{i=1}^{n} a_i = a_1 \cdot \frac{1-q^n}{1-q} = a_1 \cdot \frac{q^n-1}{q-1} \quad \text{für } q \neq 1$$

$$\sum_{i=1}^{n} a_i = a_1 + a_1 + \ldots + a_1 = n \cdot a_1 \qquad \text{für } q = 1$$

Beispiel

Bestimme die Summe einer geometrischen Reihe mit 100 Gliedern, $a_1 = \frac{2}{3}$ und $q = 1{,}2$!

$$\sum_{i=1}^{100} a_i = \frac{2}{3} \cdot \frac{1{,}2^{100} - 1}{1{,}2 - 1} = 276.059.911{,}733$$

Aufgaben

10.1.2.1. Ein Betrieb erhält den Auftrag, 14.000 Nähmaschinen herzustellen. In der ersten Woche (5 Arbeitstage) können täglich 45 Stück produziert werden. Diese Stückzahl soll in den folgenden Wochen um 50 Einheiten je Woche erhöht werden.

Nach wie vielen Wochen ist der Auftrag erfüllt?

Wie viel Stück werden in der letzten Woche hergestellt?

10.1.2.2. In einer Legende wird erzählt, dass der Erfinder des Schachspiels sich folgendes „bescheidene" Ehrengeschenk ausbat: Für das erste der 64 Schachfelder ein Reiskorn, für das zweite zwei, für das dritte vier, für das vierte acht Körner, usw. bis zum 64. Spielfeld.

- Wie viele Reiskörner hat sich der Erfinder ausgebeten?
- Wie viel Tonnen Reis hätte er bekommen müssen, wenn man annimmt, dass 50 Reiskörner ein Gramm wiegen?

Im Jahre 2009 wurden weltweit 680 Mio. Tonnen Reis produziert. Wie viele Jahre müssten sämtliche Ernten (bei gleich bleibender Erntemenge) an den Erfinder abgetreten werden?

10.1.3 Grenzwerte von Folgen

Bei unendlichen Zahlenfolgen (a_n) interessiert man sich besonders für ihr Verhalten, wenn n sehr groß wird.

Bei manchen unendlichen Folgen nähern sich die Glieder einer bestimmten Zahl. Beispielsweise nähern sich die Glieder der Folge $\left(\frac{1}{n}\right) = 1, \frac{1}{2}, \frac{1}{3}, \frac{1}{4}, \ldots$ der Null.

Betrachtet man irgendeine Umgebung von Null, so liegen immer unendlich viele Glieder in dieser Umgebung, aber höchstens endlich viele außerhalb. Das bedeutet fast alle Glieder liegen in jeder beliebigen Umgebung von Null.

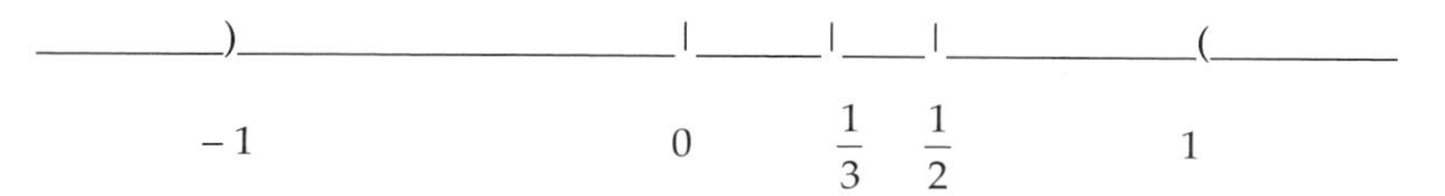

$)-1\,;1\,($ enthält alle Glieder außer 1

$)-\frac{1}{2}\,;\frac{1}{2}\,($ enthält alle Glieder außer $1, \frac{1}{2}$

$)-\frac{1}{3}\,;\frac{1}{3}\,($ enthält alle Glieder außer $1, \frac{1}{2}, \frac{1}{3}$

. . .

$)-\frac{1}{n}\,;\frac{1}{n}\,($ enthält alle Glieder außer $1, \frac{1}{2}, \frac{1}{3}, \ldots, \frac{1}{n}$

Konvergenz

> Eine Zahl g heißt Grenzwert einer unendlichen Zahlenfolge (a_n), wenn fast alle Glieder der Folge in jeder (noch so kleinen) Umgebung von g liegen und außerhalb nur endlich viele.
>
> Eine Folge, die einen Grenzwert besitzt, heißt konvergent.
>
> Man schreibt: $\lim\limits_{n\to\infty} a_n = g$
>
> Lies: limes von a_n für n gegen unendlich ist gleich g

Beispiele

1. $a_n = 3 + \frac{2}{n}$

$$\lim_{n\to\infty} \left(3 + \frac{2}{n}\right) = 3$$

2. $a_n = \frac{3+n+n^2}{n^2}$

$$\lim_{n\to\infty} \frac{3+n+n^2}{n^2} = \lim_{n\to\infty} \left(\frac{3}{n^2} + \frac{n}{n^2} + \frac{n^2}{n^2}\right) =$$

$$\lim_{n\to\infty} \frac{3}{n^2} + \lim_{n\to\infty} \frac{n}{n^2} + \lim_{n\to\infty} \frac{n^2}{n^2} = 0 + 0 + 1 = 1$$

3. $a_n = \frac{n^2}{n+1}$

$$\lim_{n\to\infty} \frac{n^2}{n+1} = \lim_{n\to\infty} \frac{n}{1+\frac{1}{n}} = \lim_{n\to\infty} \frac{n}{1} = \lim_{n\to\infty} n = \infty$$

Das heißt es existiert kein Grenzwert.

4. $a_n = (-1)^n$

$(a_n) = -1, 1, -1, 1, -1, 1, \ldots$

Es existiert kein Grenzwert.

Zwar liegen unendlich viele Glieder der Folge in jeder noch so kleinen Umgebung von 1 bzw. – 1, aber auch unendlich viele außerhalb. Solche Punkte 1 und – 1 nennt man Häufungspunkte.

Häufungspunkt

Eine Zahl h heißt Häufungspunkt einer unendlichen Zahlenfolge (a_n), wenn unendlich viele Glieder der Folge in jeder (noch so kleinen) Umgebung von h liegen.

Es wird in dieser Definition keine Bedingung an die Anzahl der Glieder außerhalb der betrachteten Umgebung gestellt; es können sowohl endlich viele als auch unendlich viele sein.

Grenzwert und Häufungspunkt

Wenn nur endlich viele Glieder außerhalb der betreffenden Umgebung liegen, handelt es sich um einen Grenzwert.

Ein Grenzwert ist somit auch gleichzeitig ein Häufungspunkt.

Ein Häufungspunkt ist aber selten ein Grenzwert, wie Beispiel 3 und das folgende zeigen.

Beispiel

$$(a_n) \text{ mit: } \begin{cases} a_{2n} = 3 \\ a_{2n+1} = 2n + 1 \end{cases}$$

Es handelt sich um eine Folge, bei der allen geraden Gliedern die drei und allen ungeraden Gliedern $2n + 1$ zugeordnet wird.

3 ist ein Häufungspunkt der Folge, aber kein Grenzwert, da unendlich viele Glieder außerhalb jeder Umgebung von 3 liegen.

10.1.4 Grenzwerte von Reihen

Bei der Grenzwertbetrachtung von Reihen geht es um die Frage, ob eine Reihe einen endlichen Wert besitzt. Der Begriff der Konvergenz von Zahlenfolgen wird auf folgende Weise übertragen: Es wird untersucht, ob die Folge der Partialsummen

$$S_n = \sum_{i=1}^{n} a_i$$

für $n \to \infty$ gegen einen Grenzwert konvergiert.

Summe der unendlichen Reihe

> Konvergiert die Folge (S_n) der Partialsummen einer unendlichen Reihe gegen einen Grenzwert S, so heißt S die Summe der unendlichen Reihe.
>
> Die Reihe ist dann konvergent. Man schreibt:
>
> $$\lim_{n\to\infty} S_n = \lim_{n\to\infty} \sum_{i=1}^{n} a_i = S = \sum_{i=1}^{\infty} a_i$$

Arithmetische Reihe (unendlich)

Eine unendliche arithmetische Reihe ist nur konvergent, wenn $a_1 = d = 0$. Ansonsten ist sie divergent, da ihre Summe unendlich groß (bzw. klein) wird.

Geometrische Reihe (unendlich)

Geometrische Reihen können sowohl divergent als auch konvergent sein. Ob die Reihe einen endlichen Wert hat oder gegen Unendlich strebt, hängt allein vom Quotienten q ab.

$$S_n = \sum_{i=1}^{n} a_i = a_1 \cdot \frac{1-q^n}{1-q} \qquad q \neq 1$$

$$\lim_{n\to\infty} S_n = \lim_{n\to\infty} a_1 \cdot \frac{1-q^n}{1-q} = \frac{a_1}{1-q} + \lim_{n\to\infty} a_1 \cdot \frac{-q^n}{1-q}$$

$$= \frac{a_1}{1-q} - \frac{a_1}{1-q} \lim_{n\to\infty} q^n$$

Es genügt zu untersuchen, ob die Folge (q^n) einen Grenzwert besitzt:

$|q| > 1: \lim_{n\to\infty} q^n = \pm\infty$ divergent

Damit ist auch $\sum_{i=1}^{\infty} a_i$ divergent.

$|q| < 1: \lim_{n\to\infty} q^n = 0$ konvergent

Damit ist der Grenzwert von $\lim\limits_{n\to\infty} S_n = \sum\limits_{i=1}^{\infty} a_i$ gleich $\dfrac{a_1}{1-q}$

$|q| = 1: \lim\limits_{n\to\infty} S_n = \lim\limits_{n\to\infty} \sum\limits_{i=1}^{n} a_i = \lim\limits_{n\to\infty} (n \cdot a_i)$ divergent für $a_1 \neq 0$

Unendliche geometrische Reihen sind nur dann konvergent, wenn $-1 < q < +1$ oder $a_1 = 0$ ist.

Mit Hilfe der Grenzwerte von Reihen kann die Eulersche Zahl e definiert werden (zum Fakultätsbegriff n! vgl. Kap. 11.1):

Definition Eulersche Zahl

$$e = \sum_{i=1}^{\infty} \frac{1}{i!} = \lim_{n\to\infty} \sum_{i=1}^{n} \frac{1}{i!} \quad \text{mit} \quad S_n = 1 + \frac{1}{1!} + \frac{1}{2!} + \frac{1}{3!} + \ldots + \frac{1}{n!}$$

Eine weitere Definition von e mittels Grenzwerten lautet:

$$e = \lim_{n\to\infty} \left(1 + \frac{1}{n}\right)^n$$

$$e^x = \sum_{n=1}^{\infty} \frac{x}{n!} = \lim_{n\to\infty} \left(1 + \frac{x}{n}\right)^n$$

10.2 Finanzmathematische Verfahren

10.2.1 Abschreibungen

Die Abschreibung ist eine Methode, die Wertminderung langlebiger Güter des Anlagevermögens (meist Maschinen und Gebäude) im Rechnungswesen zu berücksichtigen. In diesem Kapitel sollen ausschließlich die gebräuchlichen Verfahren der Zeitabschreibung (Anschaffungskosten verteilt auf die wirtschaftliche Nutzungsdauer) behandelt werden:

- Lineare Abschreibung
- Arithmetisch-degressive Abschreibung
- Digitale Abschreibung
- Geometrisch-degressive Abschreibung

Auf die Darstellung der betriebswirtschaftlich zu begründenden Vor- bzw. Nachteile der Verfahren wird verzichtet.

Symbole

Folgende Symbole werden verwendet:

A = Anschaffungswert
R = Restwert (Wert am Ende der Nutzungsdauer)
n = Nutzungsdauer
a_i = Abschreibungsbetrag im Zeitraum i
A – R = Gesamtabschreibungsbetrag

Lineare Abschreibung

Lineare Abschreibung

Die jährlichen Abschreibungsbeträge a sind konstant, das heißt a ergibt sich aus dem Gesamtabschreibungsbetrag A – R geteilt durch die Nutzungsdauer:

$$a = \frac{A - R}{n}$$

Beispiel

Eine Maschine, die für 70.000 € angeschafft wurde, hat nach fünf Jahren Nutzungsdauer einen Wert von 9.000 €.

Wie hoch sind die jährlichen Abschreibungsbeträge, wenn die lineare Abschreibung unterstellt wird?

$$a = \frac{70.000 - 9.000}{5} = 12.200$$

Der gesamte Abschreibungsverlauf wird in einer Tabelle dargestellt:

Jahr	Abschreibung	Restbuchwert
1	12.200	57.800
2	12.200	45.600
3	12.200	33.400
4	12.200	21.200
5	12.200	9.000

Arithmetisch-degressive Abschreibung

Die jährlichen Abschreibungsbeträge a_i nehmen von Jahr zu Jahr um denselben Betrag d ab, die Abschreibungsbeträge bilden also eine arithmetische Folge:

$$a_1 = a_1$$
$$a_2 = a_1 - d$$
$$a_3 = a_1 - 2d$$
$$.$$
$$.$$
$$a_n = a_1 - (n-1)\,d$$

Bestimmung von d

Die Gesamtabschreibung A – R beträgt:

$$A - R = a_1 + a_2 + \ldots + a_n$$
$$= \frac{n}{2}(2a_1 + (n-1)d) \quad \text{(arithmetische Summenformel)}$$

Daraus lässt sich die Formel für d ableiten:

Arithmetisch-degressive Abschreibung

$$d = \frac{2(n \cdot a_1 - (A - R))}{n(n-1)}$$

Bedingungen für den ersten Abschreibungsbetrag a_1

An die Wahl des ersten Abschreibungsbetrages werden folgende Bedingungen gestellt
einerseits: d muss positiv sein, das ist nur dann der Fall, wenn:

$$n\,a_1 - (A - R) \geq 0$$

$$a_1 \geq \frac{A - R}{n} \quad \text{wobei} \quad \frac{A - R}{n} \quad \text{der lineare Abschreibungsbetrag ist}$$

andererseits: auch der letzte Abschreibungsbetrag a_n muss größer als Null sein:

$$a_n \geq 0: \quad a_n = a_1 - (n-1)d \geq 0$$

$$a_1 \geq (n-1)d$$

$$a_1 \geq \frac{(n-1)\,2\,(na_1 - (A - R))}{n(n-1)}$$

$$\geq \frac{2(na_1 - (A - R))}{n} = 2a_1 - \frac{2\,(A - R)}{n}$$

$$a_1 \leq \frac{2\,(A - R)}{n} \qquad \text{doppelter Abschreibungsbetrag}$$

Der erste Abschreibungsbetrag muss zwischen einfachem und doppeltem linearen Abschreibungsbetrag liegen.

Beispiel

Eine Maschine, die für 70.000 € angeschafft wurde, hat nach fünf Jahren einen Restwert von 9.000 €. Der erste Abschreibungsbetrag soll 15.000 € betragen. Stellen Sie den Abschreibungsplan für die arithmetisch-degressive Abschreibung auf!

Der lineare Abschreibungsbetrag beträgt a = 12.200 € (s. Bsp. lineare Abschreibung). Damit erfüllt der erste Abschreibungsbetrag obige Bedingungen:

$$a = 12.200 \leq a_1 \leq 24.400 = 2a$$

$$d = \frac{2\,(5 \cdot 15.000 - (70.000 - 9.000))}{5 \cdot 4} = 1.400$$

Jahr	Abschreibung	Restbuchwert
1	15.000	55.000
2	13.600	41.400
3	12.200	29.200
4	10.800	18.400
5	9.400	9.000

Digitale Abschreibung

Die digitale Abschreibung ist eine arithmetisch-degressive Abschreibung, bei der der letzte Abschreibungsbetrag a_n mit der Differenz d zwischen den jährlichen Abschreibungsbeträgen übereinstimmt: $d = a_n$

Die Abschreibungsbeträge in den Jahren 1, …, n ergeben sich somit als:

Jahr	Abschreibung
N	$a_n = a$
$n - 1$	$a + d = 2a$
$n - 2$	$2a + d = 3a$
.	.
.	.
2	$(n - 1)\,a$
1	na

Damit ergibt sich für den Gesamtabschreibungsbetrag a:

$$A - R = a + 2a + 3a + \ldots + (n-1)\,a + na$$

$$= \frac{n}{2}\,(na + a) \quad \text{Summenformel der arithmetischen Reihe}$$

$$= \frac{n}{2}\,n\,(n+1)$$

Aufgelöst nach a ergibt sich folgende Formel:

Digitale Abschreibung

$$a = \frac{2 \cdot (A - R)}{n(n+1)}$$

Beispiel

Eine Maschine, die für 70.000 € angeschafft wurde, hat nach fünf Jahren Nutzungsdauer einen Wert von 9.000 €. Stellen Sie den Abschreibungsplan für die digitale Abschreibung auf!

$$a = \frac{2\,(70.000 - 9.000)}{5 \cdot 6} = 4.066,\overline{6}$$

Jahr	Abschreibung	Restbuchwert
1	20.333,3	49.666,6
2	16.266,6	33.400
3	12.200	21.200
4	8.133,3	13.066,6
5	4.066,6	9.000

- Geometrisch-degressive Abschreibung

Die jährlichen Abschreibungsbeträge errechnen sich nach einem konstanten Prozentsatz aus dem Restbuchwert.

Beispiel

Es ist A = 50.000 €, n = 3 und der konstante Prozentsatz 20 %.

Jahr	Abschreibung	Restbuchwert
1	$0{,}2 \cdot 50.000 = 10.000$	40.000
2	$0{,}2 \cdot 40.000 = 8.000$	32.000
3	$0{,}2 \cdot 32.000 = 6.400$	25.600

Sowohl die Restbuchwerte als auch die Abschreibungsbeträge bilden eine geometrische Folge mit $q = 0{,}8$.

Im Allgemeinen sind A, R und n vorgegeben, und p muss bestimmt werden.

Bestimmung von p

Betrachtet man die geometrische Folge der Restbuchwerte, so lässt sich folgende Tabelle aufstellen:

Jahr	Restbuchwerte
0	$R = A$
1	$R_1 = A - A\frac{p}{100} = A\left(1-\frac{p}{100}\right)$
2	$R_2 = R_1 - R_1\frac{p}{100} = R_1\left(1-\frac{p}{100}\right) = A\left(1-\frac{p}{100}\right)^2$
3	$R_3 = A\left(1-\frac{p}{100}\right)^3$
.	
.	
n	$R_n = A\left(1-\frac{p}{100}\right)^n$

Am Ende der Nutzungsdauer n verbleibt der Restwert

$$R_n = R = A\left(1-\frac{p}{100}\right)^n$$

Sind A, R und n gegeben, ergibt sich für p:

$$R = A\left(1-\frac{p}{100}\right)^n$$

$$\sqrt[n]{R} = \sqrt[n]{A}\left(1-\frac{p}{100}\right)$$

Geometrisch-degressive Abschreibung

$$p = \left(1-\sqrt[n]{\frac{R}{A}}\right)\cdot 100$$

Eine Maschine, die für 70.000 € angeschafft wurde, hat nach fünf Jahren Nutzungsdauer einen Wert von 9.000 €. Stellen Sie den Abschreibungsplan für die geometrisch-degressive Abschreibung auf!

Beispiel

$$p = \left(1 - \sqrt[5]{\frac{9.000}{70.000}}\right) \cdot 100 = 33{,}6518\ \%$$

Jahr	Abschreibung	Restbuchwert
1	23.556,2867	46.443,7131
2	15.629,1633	30.814,5498
3	10.369,6625	20.444,8873
4	6.880,0800	13.564,8069
5	4.564,8069	9.000,0000

Aufgabe

10.2.1. Ein Betrieb möchte eine Anlage mit Anschaffungskosten von 500.000 € auf einen Restwert von 10.000 € abschreiben.

a) Bei der geometrisch-degressiven Abschreibung wird ein Prozentsatz von 25 % vorgegeben.

Wie lange muss das Unternehmen abschreiben?

b) Während der Abschreibungsdauer soll nach dem fünften Jahr auf die lineare Abschreibung gewechselt werden.

Stellen Sie einen Abschreibungsplan unter der Voraussetzung auf, dass die Abschreibungszeit insgesamt zehn Jahre beträgt.

10.2.2 Zinsrechnung

10.2.2.1 Begriffe der Zinsrechnung

Zinsen sind das Entgelt für ein leihweise überlassenes Kapital.

Nachschüssige und vorschüssige Zinsen

Nachschüssige (vorschüssige) Zinsen sind Zinsen, die am Ende (Anfang) einer Periode fällig werden. Im Folgenden sollen unter dem Begriff Zinsen stets nachschüssige Zinsen verstanden werden, da vorschüssige Zinsen nur eine geringe praktische Bedeutung haben.

Symbole

p Zinssatz

q Zinsfaktor, d. h. $q = 1 + \frac{p}{100}$

K_0 Anfangskapital: Kapital zu Beginn der Laufzeit

K_n Endkapital: Kapital nach der n-ten Periode bzw. am Ende der Laufzeit

10.2.2.2 Einfache Verzinsung

Bei der einfachen Verzinsung werden in den einzelnen Perioden nur die Zinsen für das Anfangskapital gezahlt, die bisher gezahlten Zinsen werden also nicht mitverzinst.

Die Zinsen nach n Perioden berechnen sich wie folgt:

Zinsen nach 1 Jahr: $z_1 = K_0 \cdot \frac{p}{100}$

Zinsen nach 2 Jahren: $z_2 = K_0 \cdot \frac{p}{100} + K_0 \cdot \frac{p}{100} = 2 \cdot K_0 \cdot \frac{p}{100}$

Zinsen der 1. und 2. Periode

Zinsen nach 3 Jahren: $z_3 = 3 \cdot K_0 \cdot \frac{p}{100}$

Zinsen nach n Jahren: $z_n = n \cdot K_0 \cdot \frac{p}{100}$

Für das Endkapital K_n gilt:

$$K_n = K_0 + z_n = K_0 + n \cdot K_0 \cdot \frac{p}{100}$$

$$= K_0 \cdot (1 + n \cdot \frac{p}{100})$$

Einfache Verzinsung

$$K_n = K_0 \cdot (1 + n \cdot \frac{p}{100})$$

Beispiel

Eine Privatperson hat einem Freund für fünf Jahre 100.000 € zu einem Zinssatz von 6 % geliehen. Wie hoch ist das Endkapital?

$$K_n = 100.000 \cdot (1 + 5 \cdot \frac{6}{100}) = 130.000\ €$$

Durch Umformung der Formel $K_n = K_0 \cdot (1 + n \cdot \frac{p}{100})$ lassen sich K_0, n und p berechnen.

Einfache Verzinsung

$$K_0 = \frac{K_n}{1 + n \cdot \frac{p}{100}}$$

$$n = \left(\frac{K_n}{K_0} - 1\right) \cdot \frac{100}{p}$$

$$p = \left(\frac{K_n}{K_0} - 1\right) \cdot \frac{100}{n}$$

Aufgaben

10.2.2.2.1. Ein Kapital soll in zehn Jahren bei 5 % Zinsen 54.000 € betragen. Wie hoch muss das Anfangskapital bei einfacher Verzinsung sein?

10.2.2.2.2. Wann verdoppelt sich ein Kapital bei 6 % Zinsen und einfacher Verzinsung?

10.2.2.2.3. Wie hoch muss der Zinssatz sein, wenn in zehn Jahren aus 20.000 € 50.000 € bei einfacher Verzinsung werden sollen?

10.2.2.3 Zinseszinsrechnung

Bei der Zinseszinsrechnung werden sowohl das Anfangskapital als auch die Zinsen in den Perioden verzinst, das heißt die Zinsen werden dem Kapital jeweils zugeschlagen und von da an mitverzinst. Das Anfangskapital entwickelt sich folgendermaßen:

Anfangskapital: K_0

Kapital nach dem 1. Jahr: $K_1 = K_0 + K_0 \cdot \frac{p}{100}$

$$= K_0 \cdot (1 + \frac{p}{100})$$

$$= K_0 \cdot q \quad | \quad q = 1 + \frac{p}{100} \quad \text{Zinsfaktor}$$

Kapital nach dem 2. Jahr: $K_2 = K_1 + K_1 \cdot \frac{p}{100}$

$$= K_1 \cdot (1 + \frac{p}{100})$$

$$= K_0 \cdot q \cdot q$$

$$= K_0 \cdot q^2$$

Kapital nach dem 3. Jahr: $K_3 = K_0 \cdot q^3$

Kapital nach dem n. Jahr: $K_n = K_0 \cdot q^n$

Zinseszinsen

Für das Endkapital K_n gilt also: $K_n = K_0 \cdot q^n$

Beispiel

Jemand hat 100.000 € für fünf Jahre zu einem Zinssatz von 6 % bei einer Bank angelegt. Wie hoch ist das Endkapital?

$$K_n = 100.000 \cdot (1 + \frac{6}{100})^5 = 133.822{,}56 \text{ €}$$

In diesem Beispiel wurde K_n berechnet.

Die Bestimmung von K_0 bei gegebenem K_n, q und n bezeichnet man als Bestimmung des Barwertes oder Diskontierung (Abzinsung) eines Kapitals.

Diskontierung

$$K_0 = \frac{1}{q^n} \cdot K_n$$

$\frac{1}{q^n}$ wird Abzinsungsfaktor genannt

Die Diskontierung lässt in den Wirtschaftswissenschaften Vergleiche zwischen zu verschiedenen Zeiten fälligen Kapitalen zu, wie folgende Beispiele zeigen.

Beispiel

Herr H. will seiner Tochter Mareike in zehn Jahren ein Studium mit 50.000 € finanzieren. Er kann einen Sparvertrag mit 7 % Zinsen abschließen.

Welche Summe muss er jetzt einzahlen?

$$K_0 = K_n \cdot \frac{1}{q^n}$$

$$K_0 = 50.000 \cdot \frac{1}{1{,}07^{10}} = 25.417{,}46 \text{ €}$$

Beispiel

P. kann in fünf Jahren für einen Oldtimer (Kaufpreis 7.500 €) 10.000 € und in zehn Jahren 15.000 € erhalten. Er könnte sein Geld alternativ für 11 % Zinsen anlegen. Vergleichen Sie die Barwerte.

$$K_0 = 7.500\ €$$

$$K_0 = 10.000 \cdot \frac{1}{1{,}11^5} = 5.934{,}51\ €$$

$$K_0 = 15.000 \cdot \frac{1}{1{,}11^{10}} = 5.282{,}77\ €$$

Es ist also sinnvoller, das Geld zu 11 % Zinsen anzulegen.

Durch Umformung der Formel $K_n = K_0 \cdot q^n$ ergeben sich für K_0, p und n:

Formeln zur Zinseszinsrechnung

$$K_0 = \frac{1}{q^n} \cdot K_n$$

$$p = \left(\sqrt[n]{\frac{K_n}{K_0}} - 1\right) \cdot 100$$

$$n = \frac{\log \frac{K_n}{K_0}}{\log q}$$

Aufgaben

10.2.2.3.1. Wann verdoppelt sich ein Kapital bei 6 % Zinseszinsen?

10.2.2.3.2. Frau S. will 150.000 € für fünf Jahre anlegen.

Sie erhält zwei Angebote:
Bank A bietet ihr 6,5 % Zinseszinsen
Bank B zahlt ihr nach 5 Jahren 200.000 € aus.
Welches Angebot ist günstiger?
Begründen Sie über
a) Vergleich der Endkapitale.
b) Vergleich der Barwerte.
c) Vergleich der Zinssätze.

10.2.2.4 Unterjährige Verzinsung

Bei der unterjährigen Verzinsung handelt es sich um eine Zinseszinsrechnung, bei der die Intervalle der Verzinsung kleiner als ein Jahr sind.

Beispiel

Legt ein Sparer 10.000 € zu 2 % halbjährlichen Zinsen an, erhält er nach sechs Monaten 200 € Zinsen, die dem Anfangskapital zugerechnet (10.200 €) und bereits im zweiten Halbjahr mitverzinst werden. Die Zinsen im zweiten Halbjahr betragen 204 €.

Das Endkapital beträgt nach einem Jahr 10.404 €.

Demgegenüber wächst das Endkapital nach einem Jahr bei einem Jahreszins von 4 % auf 10.400 €.

Handelt es sich allgemein um eine unterjährige Verzinsung mit m Zinsperioden pro Jahr und dem Jahreszinssatz p, so beträgt der Zinssatz pro Periode p/m. Damit ändert sich die Formel der Zinseszinsrechnung für K_n folgendermaßen:

Zinseszinsrechnung	unterjährige Verzinsung
n Zinsperioden	$n \cdot m$ Zinsperioden
p Zinssatz	$\frac{p}{m}$ Zinssatz
$K_n = K_0 \cdot \left(1 + \frac{p}{100}\right)^n$	$K_n = K_0 \cdot \left(1 + \frac{\frac{p}{m}}{100}\right)^{n \cdot m}$
	$= K_0 \cdot \left(1 + \frac{p}{m \cdot 100}\right)^{n \cdot m}$

Beispiel

Bei jährlicher Verzinsung erhält man aus einem Kapital von 100.000 € nach fünf Jahren bei einem Zinssatz von 6 % 133.822,56 € (s. Bsp. Zinseszins).

Wie hoch wäre das Endkapital bei monatlicher Verzinsung?

$$K_n = 100.000 \cdot \left(1 + \frac{6}{12 \cdot 100}\right)^{12 \cdot 5}$$

$$= 134.885{,}02 \text{ €}$$

Bei der unterjährigen Verzinsung wächst also ein Kapital schneller als bei der jährlichen Verzinsung, obwohl der Jahreszinssatz p derselbe ist.

Beim vorangegangenen Beispiel wird der 6 prozentige Jahreszins in einen 0,5 prozentigen Monatszins umgerechnet.

Effektiver Jahreszins

Es stellt sich die Frage: Wie hoch müsste der Jahreszins der jährlichen Verzinsung sein, um dasselbe Wachstum eines Kapitals zu erreichen wie bei der unterjährigen Verzinsung? Damit ist die Frage nach dem effektiven Jahreszins p^* gestellt.

Das Endkapital von beiden Verzinsungen soll gleich sein, es muss also gelten:

$$K_n = K_n$$

$$K_0 \cdot \left(1 + \frac{p^*}{100}\right)^n = K_0 \cdot \left(1 + \frac{p}{m \cdot 100}\right)^{n \cdot m}$$

$$1 + \frac{p^*}{100} = \left(1 + \frac{p}{m \cdot 100}\right)^m$$

$$p^* = \left(\left(1 + \frac{p}{m \cdot 100}\right)^m - 1\right) \cdot 100$$

Der effektive Jahreszins ist ein Maßstab zum Vergleich verschiedener unterjähriger Anlageformen.

Beispiel

Wie hoch ist der effektive Jahreszins bei einem Jahreszins von 6 %

– bei jährlicher Verzinsung (m = 1)

$$p^* = \left(\left(1 + \frac{6}{1 \cdot 100}\right)^1 - 1\right) \cdot 100 = 6\ \%$$

– bei halbjähriger Verzinsung (m = 2)

$$p^* = \left(\left(1 + \frac{6}{2 \cdot 100}\right)^2 - 1\right) \cdot 100 = 6{,}09\ \%$$

– bei vierteljährlicher Verzinsung (m = 4)

$$p^* = \left(\left(1 + \frac{6}{4 \cdot 100}\right)^4 - 1\right) \cdot 100 = 6{,}1364\ \%$$

– bei monatlicher Verzinsung (m = 12)

$$p^* = \left(\left(1 + \frac{6}{12 \cdot 100}\right)^{12} - 1\right) \cdot 100 = 6{,}1678\ \%$$

– bei täglicher Verzinsung (m = 360)

$$p^* = \left(\left(1 + \frac{6}{360 \cdot 100}\right)^{360} - 1\right) \cdot 100 = 6{,}1831\ \%$$

Aufgaben

10.2.2.4.1. Wann verdoppelt sich ein Kapital bei 6 % Jahreszinsen und monatlicher Verzinsung?

10.2.2.4.2. Herr P. erhält von seiner Bank zur Anlage eines Kapitals von 100.000 € folgende zwei Vorschläge:

a) einen effektiven Jahreszins von 8,5 %

b) einen Zinssatz von 8 % bei monatlicher Verzinsung

Welche Anlageform ist für Herrn P. am günstigsten?

Wie groß sind der effektive Jahreszins und sein Kapital nach 10 Jahren?

10.2.2.5 Stetige Verzinsung

Bei der stetigen Verzinsung handelt es sich um eine Zinseszinsrechnung, bei der die Intervalle der Verzinsung als unendlich klein angenommen werden. Die Zinsen werden in jedem Augenblick dem Kapital zugerechnet und mitverzinst.

Das bedeutet für die Formel zur unterjährigen Verzinsung, dass m gegen Unendlich geht.

$$K_n = K_0 \cdot \left(1 + \frac{p}{m \cdot 100}\right)^{n \cdot m}$$

Symbole

n Anzahl der Jahre

m Anzahl der Intervalle im Jahr

$\frac{p}{m}$ Zinssatz in einem Intervall

Da m unendlich groß wird, gilt für K_n bei der stetigen Verzinsung:

$$K_n = \lim_{m\to\infty} K_0 \cdot \left(1 + \frac{p}{m \cdot 100}\right)^{n\cdot m}$$

$$= K_0 \cdot \lim_{m\to\infty} \left(1 + \frac{p}{m \cdot 100}\right)^{n\cdot m}$$

Nach den Potenzregeln ist folgende Umformung möglich:

$$K_n = K_0 \cdot \lim_{m\to\infty} \left(\left(1 + \frac{p}{m \cdot 100}\right)^{m}\right)^{n}$$

$$= K_0 \cdot \lim_{m\to\infty} \left(\left(1 + \frac{\frac{p}{100}}{m}\right)^{m}\right)^{n}$$

Nach Kap. 10.1.4 gilt nun:

$$\lim_{m\to\infty} \left(1 + \frac{\frac{p}{100}}{m}\right)^{m} = e^{\frac{p}{100}}$$

Damit ergibt sich für K_n:

$$K_n = K_0 \cdot \left(e^{\frac{p}{100}}\right)^{n}$$

$$= K_0 \cdot e^{\frac{p\cdot n}{100}}$$

Stetige Verzinsung

$$K_n = K_0 \cdot e^{\frac{p\cdot n}{100}}$$

Diese Gleichung wird als Wachstumsfunktion bezeichnet.

Die stetige Verzinsung hat in der eigentlichen Zinsrechnung keine Bedeutung, jedoch für viele Wachstumsvorgänge, beispielsweise bei der Analyse demografischer und ökologischer Entwicklungen sowie in den Naturwissenschaften.

Dabei wird unterstellt, dass in unendlich kleinen Abständen etwas hinzukommt oder abnimmt, wie es beispielsweise beim radioaktiven Zerfall, beim Wachstum eines Holzbestandes, beim Bevölkerungswachstum oder beim Wachstum von Viren, Bakterien oder Algen der Fall ist.

Der effektive Jahreszins einer stetigen Verzinsung berechnet sich folgendermaßen (s. unterjährige Verzinsung):

$$p^* = \lim_{m\to\infty} \left(\left(1 + \frac{p}{m \cdot 100}\right)^m - 1 \right) \cdot 100$$

Effektiver Jahreszins einer stetigen Verzinsung

$$p^* = \left(e^{\frac{p}{100}} - 1 \right) \cdot 100$$

Beispiel

Welche Summe ergibt sich für ein Anfangskapital von 2.500 € bei einem Zinssatz von 9,3 % nach fünf Jahren

a) bei jährlicher Verzinsung?

b) bei stetiger Verzinsung?

Wie hoch sind die effektiven Jahreszinsen bei a) und b)?

a) $K_n = 2.500 \cdot 1{,}093^5 = 3.899{,}79$ €

$p^* = 9{,}3\ \%$

b) $K_n = K_0 \cdot e^{\frac{p \cdot n}{100}}$

$= 2.500 \cdot e^{\frac{46{,}5}{100}}$, da $n \cdot p = 5 \cdot 9{,}3 = 46{,}5$

$= 2.500 \cdot e^{0{,}465} = 3.980{,}04$

$p^* = 9{,}7462\ \%$

Aufgaben

10.2.2.5.1. Wann verdoppelt sich ein Kapital bei 6 % Zinsen und stetiger Verzinsung?

10.2.2.5.2. Welche der folgenden Alternativen ist für die Anlage von 5.000 € für zehn Jahre optimal?

a) 9 % Zinseszins
b) 8,9 % halbjährige Verzinsung
c) 8,7 % stetige Verzinsung

10.2.2.5.3. Bei einem Bohnenanbau wird bei 13 % der Pflanzen ein Pilzbefall festgestellt. Eine Verarbeitung der befallenen Pflanzen ist nicht möglich. Am fünften Tag nach der Feststellung des Pilzbefalls wird ein Ernteausfall von 18 % der Pflanzen registriert.

a) Welche tägliche Wachstumsrate hat der Pilzbefall?
b) Nach wie vielen Tagen ist die halbe Ernte vernichtet?
c) Die Bohnen benötigen ab dem Zeitpunkt der Pilzbefallfeststellung noch 30 Tage zur Reife.

Wie viel Prozent der Ernte sind dann vernichtet, wenn keine Gegenmaßnahmen getroffen werden?

10.2.3 Rentenrechnung

Unter einer Rente versteht man in der Finanzmathematik gleich bleibende Zahlungen, die in regelmäßigen Abständen geleistet werden.

Zur Vereinfachung wird hier vorausgesetzt, dass die Zahlungsbeträge gleich hoch sind und die Verzinsung nachschüssig erfolgt. Bei diesen Zahlungen kann es sich sowohl um Auszahlungen als auch um Einzahlungen handeln. Diese Definition entspricht nicht einer Rente im allgemeinen Sprachgebrauch.

Symbole

Rente – regelmäßige Zahlungen (Ein- und Auszahlungen)

r – Rate (die einzelne Zahlung); alle Zahlungsbeträge sind gleich hoch

R_n – Rentenendwert; Gesamtwert einer Rente am Ende der Zahlungen

R_0 – Rentenbarwert; Gesamtwert einer Rente am Anfang der Zahlungen

q – Zinsfaktor, mit dem die Raten in jedem Jahr verzinst werden

$$q = 1 + \frac{p}{100}$$

vorschüssige Rente – Rentenraten werden zu Beginn eines Jahres fällig

nachschüssige Rente – Rentenraten werden am Ende eines Jahres fällig

■ Ableitung der Formel zur Berechnung des Rentenendwertes:

achschüssige Rente

Bei der nachschüssigen Rente wird die 1. Rate r am Ende des 1. Jahres gezahlt. Nach Ablauf von n Jahren ist diese 1. Rate r (n– 1)-mal verzinst worden. Der Wert dieser 1. Rate r am Ende der Laufzeit beträgt also $r \cdot q^{n-1}$.

Die 2. Rate würde nach n Jahren nur (n – 2)-mal verzinst, da sie erst am Ende des 2. Jahres gezahlt wurde.

Es ergibt sich folgende Aufstellung für die einzelnen Zahlungen:

Jahre	Rate	Anzahl der Verzinsungen von r	Endwert der Rate
1	r	n-1	$r \cdot q^{n-1}$
2	r	n-2	$r \cdot q^{n-2}$
3	r	n-3	$r \cdot q^{n-3}$
.	.	.	.
.	.	.	.
n-2	r	2	$r \cdot q^2$
n-1	r	1	$r \cdot q$
n	r	0	r

Der Rentenendwert setzt sich aus den Endwerten der einzelnen Raten zusammen:

$$R_n = r \cdot q^{n-1} + r \cdot q^{n-2} + \ldots + r \cdot q^2 + r \cdot q + r = r \cdot \sum_{i=1}^{n} q^{i-1}$$

Der Rentenendwert entspricht also der n-ten Partialsumme einer geometrischen Reihe. Nach der Summenformel für geometrische Reihen ergibt sich für den Rentenendwert bei nachschüssiger Rente:

Rentenendwert

$$R_n = r\,\frac{q^n - 1}{q - 1}$$

Vorschüssige Rente

Bei der vorschüssigen Rente wird jede Rate zu Beginn eines Jahres gezahlt. Damit wird jede Rate gegenüber der nachschüssigen Rente ein Jahr länger verzinst. Der Rentenendwert R_n^* einer vorschüssigen Rente beträgt:

$$R_n^* = r \cdot q \cdot q^{n-1} + r \cdot q \cdot q^{n-2} + \ldots + r \cdot q \cdot q^2 + r \cdot q \cdot q + r \cdot q$$

$$= r \cdot q \cdot \sum_{i=1}^{n} q^{i-1}$$

Rentenendwert vorschüssige Rente

$$R_n^* = r \cdot q\,\frac{q^n - 1}{q - 1}$$

Beispiel

S. legt jährlich 5.000 € zu 6 % Zinsen an.

a) Welcher Betrag ergibt sich nach 12 Jahren bei nachschüssiger Verzinsung?

b) Welcher bei vorschüssiger Verzinsung?

a) $R_n = r \dfrac{q^n - 1}{q - 1} = 5.000 \dfrac{1{,}06^{12} - 1}{0{,}06} = 84.349{,}71$ €

b) $R_n^* = r \cdot q \dfrac{q^n - 1}{q - 1} = 5.000 \cdot 1{,}06 \dfrac{1{,}06^{12} - 1}{0{,}06} = 84.349{,}71 \cdot 1{,}06 = 89.410{,}69$ €

Neben der Frage nach dem Rentenendwert treten noch zwei weitere charakteristische Fragestellungen in der Rentenrechnung auf:

1. Die Frage nach dem Gesamtwert der Rente zu einem bestimmten Zeitpunkt (Diskontierung), beispielsweise die Frage nach dem Barwert einer Rente
2. Die Bestimmung der Raten aus vorgegebenem Bar- oder Endwert

Beispiel

Herr L. möchte ab dem 66. Geburtstag zusätzlich zu seiner Rente zehn Jahre lang über einen jährlichen Betrag von 6.000 € verfügen (nachschüssig).

a) Wie hoch muss das Kapital am 66. Geburtstag sein, wenn Herr L. einen Zinssatz von 6 % unterstellt?
b) Wie hoch ist der Endwert der Rente?
c) Welche regelmäßigen jährlichen Einzahlungen muss Herr L. leisten, wenn er das Kapital in 15 Jahren vorschüssig zu 7 % ansparen will?

a) Es muss der Barwert der zusätzlichen Rente von Herrn L. zu seinem 66. Geburtstag bestimmt werden.

Dabei ist $R_0 = \dfrac{R_n}{q^n}$

und $R_n = r \dfrac{q^n - 1}{q - 1}$ (nachschüssig)

$$R_0 = r \frac{q^n - 1}{q^n(q - 1)}$$

$$= 6.000 \cdot \frac{1{,}06^{10} - 1}{1{,}06^{10} \cdot 0{,}06}$$

$$= 44.160{,}52 \text{ €}$$

b) $R_n = R_0 \cdot q^n$

$= 44.160{,}52 \cdot 1{,}06^{10} = 79.084{,}77$ €

c) Die Rate r erhält man aus der Formel für den Rentenendwert (vorschüssig):

$$R_n^* = r \cdot q \, \frac{q^n - 1}{q - 1}$$

$$r = \frac{R_n^* \cdot (q-1)}{q \cdot (q^n - 1)}$$

wobei $R_n^* = 44.160{,}52$ € der Barwert der zusätzlichen Rente von Herrn L. an seinem 66. Geburtstag ist.

$$r = \frac{44.160{,},52 \cdot 0{,}07}{1{,}07 \cdot (1{,}07^{15} - 1)} = 1.642{,}38 \text{ €}$$

Aufgaben

10.2.3.1. In einem Bausparvertrag sollen jedes Jahr 3.600 € bei 3 % Zinsen angespart werden (nachschüssig).

a) Wie hoch ist das Bausparguthaben nach zehn Jahren?
b) Nach zehn Jahren wird die doppelte Bausparsumme ausgezahlt, die Schuld wird zu 5 % verzinst.

Nach weiteren zehn Jahren soll die Schuld abgetragen sein. Wie hoch sind die Raten?

10.2.3.2. Herr B. besitzt einen Wohnwagen, den er heute für 20.000 € verkaufen oder zehn Jahre lang für jährlich 2.100 € nachschüssig vermieten kann (danach ist der Wohnwagen schrottreif). Die Mieteinnahmen sowie den Verkaufspreis könnte Herr B. zu 7 % verzinsen.

Welche Alternative ist für Herrn B. günstiger?

10.2.4 Tilgungsrechnung

Die Tilgungsrechnung ist eine Weiterentwicklung der Zinseszins- und Rentenrechnung. Sie behandelt die Rückzahlung von Schulden, die zumeist in Teilbeträgen in einem vorher vereinbarten Zeitrahmen erfolgt.

Die jährlichen Zahlungen (Annuitäten) schließen die zwischenzeitlich fälligen Zinsen und einen Tilgungsbetrag ein. Nur die Tilgungsbeträge senken die Schulden. Die Restschuld nach m Jahren ist also gleich der Anfangsschuld minus der Tilgungsbeträge:

Annuitäten

$$K_m = K_0 - T_1 - T_2 - T_3 - \ldots - T_m$$

Um einen Tilgungsvorgang übersichtlich darstellen zu können, ist ein Tilgungsplan unerlässlich. In ihm werden tabellarisch für jedes Jahr die Restschuld, die fälligen Zinsen, die Tilgungsrate und die zu zahlende Annuität aufgelistet.

In diesem Kapitel sollen zwei Hauptarten der Tilgungsrechnung vorgestellt werden, die Ratentilgung und die Annuitätentilgung.

Ratentilgung

Während der gesamten Dauer einer Ratentilgung ist die jährliche Tilgungsrate gleich hoch. Soll eine Schuld K_0 in n Jahren getilgt werden, so lässt sich die Tilgungsrate T folgendermaßen berechnen:

Ratentilgung

$$T = \frac{K_0}{n}$$

Die jährlich zu zahlende Annuität ist am Anfang relativ hoch, da die fälligen Zinsen bei hoher Restschuld hoch sind. Sie nehmen im Laufe der Tilgung ab, da die fälligen Zinsen mit Verringerung der Restschuld immer niedriger werden.

Beispiel

Ein Immobilienkäufer nimmt einen Kredit von 200.000 € bei 7 % jährlichen Zinsen auf. Dieser Kredit soll innerhalb von vier Jahren nachschüssig getilgt werden.

Die Tilgungsrate beträgt $T = \frac{200.000}{4} = 50.000$ €

Tilgungsplan

Jahr	Restschuld (Jahresanfang)	Zinsen (Jahresende)	Tilgungsrate	Annuität
1	200.000	14.000	50.000	64.000
2	150.000	10.500	50.000	60.500
3	100.000	7.000	50.000	57.000
4	50.000	3.500	50.000	53.500
		35.000	200.000	235.000

Addiert man die Spalten Zinsen, Tilgungsrate und Annuität auf, so erhält man eine Kontrollmöglichkeit für den Tilgungsplan, denn die Summe der gezahlten Zinsen und der gezahlten Tilgungsraten muss die Gesamtannuität (bis auf Rundungsfehler) ergeben.

Anhand des Beispiels erkennt man deutlich, dass die Belastungen des Schuldners während der Tilgung sehr unterschiedlich sind.

Annuitätentilgung

Bei der zweiten hier vorgestellten Tilgungsart, der Annuitätentilgung, ist die Belastung des Schuldners während der gesamten Tilgungsdauer gleich, das heißt die jährlichen Annuitäten sind konstant. Diese Art der Tilgung ist bei Hypothekendarlehen üblich.

Annuitätentilgung

Die vom Schuldner jährlich gezahlten Annuitäten können als eine Rente aufgefasst werden, da die Annuitäten gleich hoch sind und in regelmäßigen Abständen gezahlt werden (jährlich). Der Barwert dieser Rente muss der Anfangsschuld K_0 entsprechen.

$$K_0 = R_0 = \frac{R_n}{q^n}$$

$$R_n = K_0 \cdot q^n$$

Aus der Rentenrechnung ist folgende Formel für die Berechnung einer Rentenrate bekannt:

$$A = r = R_n \frac{q-1}{q^n - 1} = K_0 \frac{q^n \cdot (q-1)}{q^n - 1}$$

Annuitätentilgung

$$A = K_0 \frac{q^n \cdot (q-1)}{q^n - 1}$$

Für das obige Beispiel erhält man:

$$A = 200.000 \frac{1{,}074^4 \cdot (1{,}07 - 1)}{1{,}074^4 - 1} = 59.045{,}62 \text{ €}$$

Die Summe der gezahlten Zinsen und der gezahlten Tilgungsraten ergibt die Gesamtannuitäten; die Summe der Tilgungsraten ist gleich der Anfangsschuld K_0.

Bei der Annuitätentilgung ist die Belastung des Schuldners konstant. Die Tilgungsraten steigen im Laufe der Tilgung an, da die Zinsen mit Sinken der Restschuld einen immer kleineren Anteil an den Annuitäten bilden.

Tilgungsplan

Jahr	Restschuld (Jahresanfang)	Zinsen (Jahresende)	Tilgungsrate	Annuität
1	200.000	14.000	45.045,62	59.045,62
2	154.954,38	10.846,81	48.198,82	59.045,62
3	106.755,56	7.472,89	51.572,73	59.045,62
4	55.182,83	3.862,80	55.182,83	59.045,62
		36.182,50	200.000	236.182,48

Bei Hypotheken sind einprozentige Anfangstilgungsraten durchaus üblich, wobei die Schuld durch den beschriebenen Effekt nicht erst nach 100 Jahren, sondern ungefähr nach 30 Jahren zurückgezahlt ist.

Aufgabe

10.2.4. Ein Kredit von 400.000 € soll nach einer tilgungsfreien Zeit von 5 Jahren in den folgenden 5 Jahren bei einem Zinssatz von 8 % nachschüssig zurückgezahlt werden. Erstellen Sie die Tilgungspläne

a) für die Ratentilgung
b) für die Annuitätentilgung.

10.2.5 Investitionsrechnung

10.2.5.1 Dynamische Verfahren der Investitionsrechnung

Die Wirtschaftlichkeit oder Vorteilhaftigkeit einer Investition lässt sich mit Hilfe der Finanzmathematik berechnen.

Die behandelten dynamischen Verfahren der Investitionsrechnung diskontieren alle durch eine Investition getätigten Zahlungen auf einen Bezugszeitpunkt (Zeitpunkt 0).

10.2.5.2 Kapitalwertmethode (NPV Net Present Value-Methode)

Die Kapitalwertmethode untersucht die Wirtschaftlichkeit oder Vorteilhaftigkeit einer Investition im Vergleich zu anderen Investitionen anhand der Bestimmung des Kapitalwertes.

Symbole

A_0 – Anschaffungsausgaben

n – Nutzungsdauer der Investition (in Jahren)

p_i – Periodenüberschuss (Einnahmen minus Ausgaben) in Periode i

C_0 – Kapitalwert; es wird auch oft das Symbol K_0 verwandt

P – Kalkulationszinsfuß; er gibt einen Vergleichszinssatz bzw. den Mindestanforderungszinssatz für das eingesetzte Kapital an

q – Zinsfaktor $q = 1 + \frac{p}{100}$

$\frac{p}{100}$ wird oft durch das Symbol i abgekürzt

Die Formel zur Berechnung des Kapitalwertes hängt von der Beschaffenheit der Periodenüberschüsse ab.

Kapitalwertmethode bei Einzeldiskontierung

Beispiel

Eine Bäckerei erwägt die Eröffnung einer Filiale mit einem auf fünf Jahre befristeten Mietvertrag. Sie kalkuliert für die Ausstattung 80.000 €. Die jährlichen Ausgaben schätzt sie für diese fünf Jahre jeweils auf 150.000 €, die Einnahmen im ersten Jahr auf 100.000 €, im zweiten Jahr auf 150.000 €, im dritten Jahr auf 200.000 €, im vierten und fünften Jahr auf 250.000 €.

Den Restwert der Ausstattung nach fünf Jahren bewertet sie mit 20.000 €.

Ist es für die Bäckerei vorteilhafter, die 80.000 € in eine Filiale zu investieren oder das Geld zu 8 % Zinsen bei einer Bank anzulegen?

Jahr	0	1	2	3	4	5
Anschaffungs-ausgaben	80.000					
Ausgaben		150.000	150.000	150.000	150.000	150.000
Einnahmen		100.000	150.000	200.000	250.000	250.000 +20.000
Perioden-überschüsse		–50.000	0	50.000	100.000	120.000

Zur Vereinfachung wird angenommen, dass die gesamten Anschaffungskosten zu Beginn und die Einnahmen und Ausgaben eines Jahres jeweils am Ende dieses Jahres anfallen.

Kann ein Investitionsobjekt am Ende der Nutzungsdauer noch verkauft werden, ist dieser Restwert im letzten Periodenüberschuss zu berücksichtigen.

Der Kapitalwert einer Investition berechnet sich aus der Summe der Periodenüberschüsse minus der Anschaffungsausgaben, wobei alle Zahlungen auf den Zeitpunkt Null bezogen bzw. abgezinst werden müssen.

Kapitalwertmethode bei Einzeldiskontierung

$$C_0 = \frac{P_1}{q^1} + \frac{P_2}{q^2} + \frac{P_3}{q^3} ... + \frac{P_n}{q^n} - A_0$$

$$= \sum_{i=1}^{n} \frac{P_i}{q^i} - A_0$$

Jahr	0	1	2	3	4	5
A_0	80.000					
P_i		–50.000	0	50.000	100.000	120.000
$\frac{P_i}{q^i}$		–46.296,30	0	39.691,61	73.502,99	81.669,98

$$C_0 = -46.296,30 + 0 + 39.691,61 + 73.502,99 + 81.669,98 - 80.000$$

$$= 68.568,28\ €$$

Um dasselbe Endkapital zu erhalten, müsste die Bäckerei entweder 148.568,28 € bei einer Bank bei einem Zinssatz von 8 % anlegen oder 80.000 € in eine Filiale investieren.

Die Bäckerei erhält also durch die Investition sowohl ihr eingesetztes Kapital zurück, als auch die Zinsen, die sich durch den Kalkulationszinssatz ergeben würden und zusätzlich noch ein auf den Zeitpunkt 0 bezogenes Kapital in Höhe von 68.568,28 €. Das Endkapital der Investition beträgt also nach 5 Jahren: $K_n = (80.000 + 68.568,28) \cdot 1,08^5 = 218.295,55$ €

Bei der Abzinsung der Periodenüberschüsse wurde ein Kalkulationszinsfuß von 8 % unterstellt, da das der Zinssatz ist, den der Unternehmer auch bei der Bank bekommen hätte (Vergleichszinssatz).

Eine Investition ist vorteilhaft, wenn ihr Kapitalwert positiv ist. Werden mehrere Investitionen miteinander verglichen, ist die Investition mit dem größten Kapitalwert optimal.

Kapitalwert bei gleich bleibenden Jahreszahlungen

Die Berechnung des Kapitalwertes bei gleich bleibenden Jahreszahlungen vereinfacht sich durch die Anwendungsmöglichkeit der Rentenrechnung.

$$R_0 = r \frac{q^n - 1}{q^n(q-1)}$$

Kapitalwert bei gleich bleibenden Jahreszahlungen

$$C_0 = -A_0 + r \frac{q^n - 1}{q^n(q-1)} + \frac{R}{q^n}$$

Beispiel

Ist der Kauf eines Grundstücks für 250.000 € bei einer jährlichen Pacht von 30.000 € netto über 15 Jahre bei einer Mindestanforderungszinssatz von 9 % vorteilhaft (danach wird dort Braunkohleabbau betrieben, ohne Entschädigung)?

$$C_0 = -250.000 + 30.000 \frac{1{,}09^{15} - 1}{1{,}09^{15}(1{,}09 - 1)} + \frac{0}{1{,}09^{15}}$$

$$= -250.000 + 30.000 \cdot 8{,}0606884$$

$$= -8179{,}35\ €$$ Die Investition ist nicht vorteilhaft.

- Kapitalwert bei unbegrenzter Laufzeit

Fragestellungen dieser Art ergeben sich beispielsweise dann, wenn obiges Beispiel ohne Zeitbegrenzung gilt. Es muss dann der Grenzwert der Formel für den Kapitalwert gebildet werden.

$$C_0 = \lim_{m \to \infty} \left(-A_0 + r \frac{q^n - 1}{q^n(q-1)}\right)$$

$$= -A_0 + r \cdot \lim_{m \to \infty} \left(\frac{(1+i)^n - 1}{(1+i)^n(i)}\right)$$

$$= -A_0 + r \cdot \lim_{m \to \infty} \left(\frac{1}{i} - \frac{-1}{(1+i)^n(i)}\right)$$

Kapitalwert bei unbegrenzter Laufzeit

$$C_0 = -A_0 + \frac{r}{i}$$

Beispiel

Ist der Kauf eines Grundstücks für 250.000 € bei einer jährlichen Pacht von 30.000 € netto bei einer Mindestanforderungszinssatz von 9 % vorteilhaft?

$$C_0 = -A_0 + \frac{r}{i}$$

$$= -250.000 + \frac{30.000}{0{,}09}$$

$$= 83.333{,}33\ €$$ Die Investition ist vorteilhaft.

10.2.5.3 Annuitätenmethode

Diese Methode ist eine Weiterführung der Kapitalwertmethode.

Es wird zunächst der Kapitalwert einer Investition bestimmt, der dann in eine jährliche konstante Annuität umgerechnet wird.

Annuitätenmethode

$$A = C_0 \cdot q^n \cdot \frac{q-1}{q^n - 1}$$

(s. Tilgungsrechnung: hier C_0 = Kapitalwert)

Beispiel

In welche jährliche konstante Annuität kann die Bäckerei aus Beispiel 10.2.5.1.a ihren Kapitalwert umrechnen?

$$C_0 = 68.568{,}28\ €$$

$$A = 68.568{,}28 \cdot 1{,}08^5 \cdot \frac{0{,}08}{1{,}08^5 - 1} = 17.173{,}37\ €$$

Der konstante jährliche Überschuss der Einnahmen über die Ausgaben beträgt 17.173,37 €. Die Investition ist vorteilhaft, da $A > 0$

10.2.5.4 Interne Zinsfußmethode

Dieses Verfahren ist international unter den Namen Discounted Cash Flow-Methode (DCF) oder Internal Rate of Return-Methode (IRR) bekannt.

Man bezeichnet die Rendite oder die Effektivverzinsung, die eine Investition erbringt, als internen Zinsfuß r. Zur Berechnung von r wird ein Vergleichszinsfuß i (i $\frac{p}{100}$) für jenen Grenzfall berechnet, bei dem die Investition weder vorteilhaft noch unvorteilhaft ist, das heißt der Kapitalwert C_0 hat den Wert Null und i ist gleich der gesuchten Rendite r. Wenn dieser errechnete Vergleichszinsfuß r größer ist als der Kalkulationszinsfuß, ist die Investition vorteilhaft.

Beispiel

Eine Investition in Höhe von 1.000 € erbringt im 1. Jahr 500 € und im 2. Jahr 600 € Überschuss. Wie hoch ist die Rendite r?

$$C_0 = -1.000 + \frac{500}{1+i} + \frac{600}{(1+i)^2} = 0$$

$$= -1.000\,(1 + 2i + i^2) + 500\,(1 + i) + 600 = 0$$

$$= -1.000\,i^2 - 1.500i + 100 = 0$$

Daraus ergibt sich für die Rendite i = r = 0,063941 oder r = 6,3941 %. Die negative Lösung ist nicht relevant.

Ist der Kalkulationszinsfuß gleich der Rendite r gleich 6,3941 %, ist der Kapitelwert $C_0 = 0$.

Ist der Kalkulationszinsfuß kleiner als 6,3941 % ist die Investition vorteilhaft.

Ist der Kalkulationszinsfuß größer als 6,3941 % ist die Investition unrentabel.

Leider lässt sich die Rendite r nur bei bis zu zweijährigen Investitionen einfach berechnen, für mehrjährige Investitionen benötigt man Näherungsverfahren, wobei folgende grafische und rechnerische (regula falsi) Methoden üblich sind.

Schema: Grafische Methode zur Bestimmung des Internen Zinsfußes

Schema

1. Berechnung der Kapitalwerte von drei Kalkulationszinssätzen, wobei ein Kapitalwert positiv und einer negativ sein sollte.
2. Eintragen der Zinssätze und entsprechenden Kapitalwerte in ein Koordinatensystem (Abzisse bzw. x-Achse Zinssatz, Ordinate bzw. y-Achse Kapitalwert) und Zeichnung der Kapitalwertkurve durch Verbinden der Punkte.
3. Die Rendite lässt sich als Nullstelle auf der Zinssatzachse ablesen.

Reicht die zeichnerische Genauigkeit noch nicht aus, wird der Vorgang als Ausschnittsvergrößerung wiederholt.

Beispiel

Bestimmen Sie die Rendite der Investition aus Beispiel 10.2.5.1.a

Die Kapitalwerte für verschiedene Kalkulationszinsfüße i lassen sich für dieses Beispiel nach folgender Formel berechnen:

$$C_0 = -\ 80.000 - \frac{50.000}{1+i} + \frac{50.000}{(1+i)^3} + \frac{100.000}{(1+i)^4} + \frac{120.000}{(1+i)^5}$$

Für i = 8 % oder i = 0,08 ergibt sich $C_0 = 68.568{,}28$

Für i = 15 % oder i = 0,15 ergibt sich $C_0 = 26.234{,}01$

Für i = 25 % oder i = 0,25 ergibt sich $C_0 = -\ 14.118{,}4$

Abbildung 10.2.5.3-1

Interner Zinsfuß

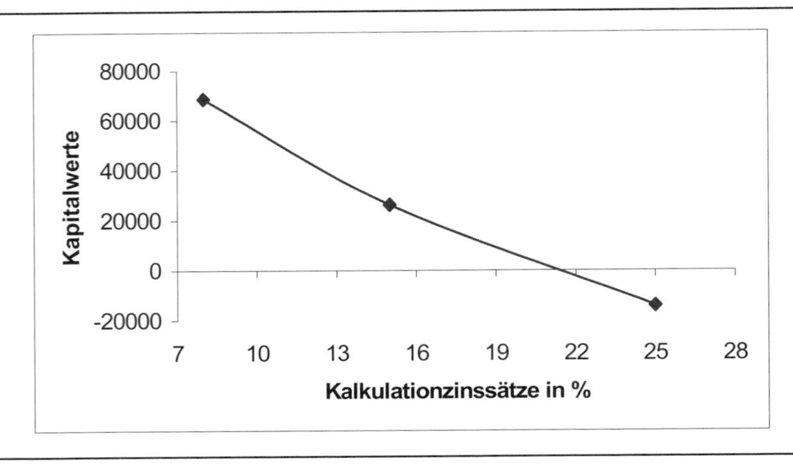

Die Grafik zeigt, dass die Rendite zwischen 20 % und 22 % liegt.

Für i = 22 % oder i = 0,22 ergibt sich C_0 = –3.908,44

Für i = 20 % oder i = 0,20 ergibt sich C_0 = 3.719,14

Für i = 21 % oder i = 0,21 ergibt sich C_0 = -182,69

Abbildung 10.2.5.3-2

Interner Zinsfuß

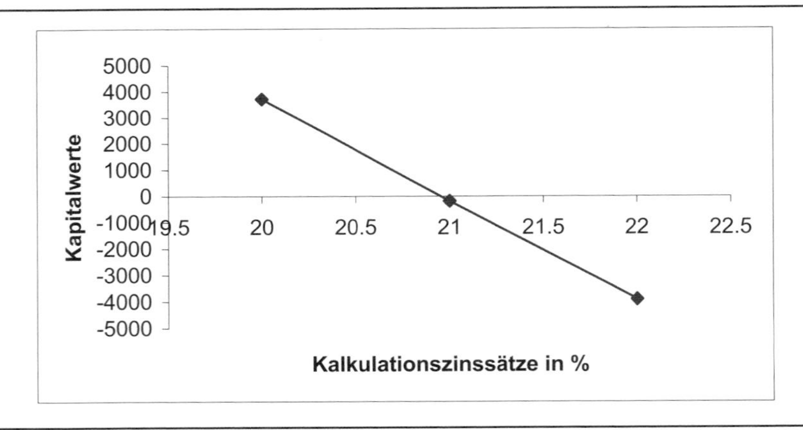

Die Grafik zeigt, dass die Rendite bei ca. 20,95 % liegt. Bei diesem Zinssatz ergibt sich ein Kapitalwert von 8,15 €. Das ist in der Regel ausreichend an 0 angenähert.

Rechnerische Methode zur Bestimmung des Internen Zinsfußes

Ein rechnerisches Näherungsverfahren zur Bestimmung des Internen Zinsfußes r ist die regula falsi. Die Ableitung der regula falsi soll anhand folgender Grafik und des Beispiels zur grafischen Methode gezeigt werden.

Interner Zinsfuß

Abbildung 10.2.5.3-3

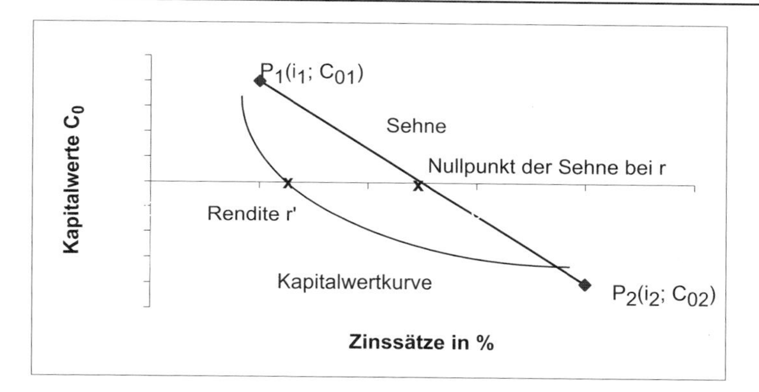

Wie bei der grafischen Methode sollten als erstes geeignete Kalkulationszinssätze mit den entsprechenden Kapitalwerten (P_1 und P_2) gewählt werden, wobei bei dieser Methode zwei Werte pro Näherungsrechnung ausreichen.

Man berechnet nun mit Hilfe der Zwei-Punkteform die Gerade, die durch diese zwei Punkte verläuft; die Nullstelle dieser Gerade ($C_0 = 0$ und $r = i$) liegt in der Nähe der tatsächlichen Nullstelle (vgl. Abbildung).

$$\frac{y_2 - y_1}{x_2 - x_1} = \frac{y_1 - y}{x_1 - x} \quad \text{bzw.} \quad \frac{C_{0,2} - C_{0,1}}{i_2 - i_1} = \frac{C_{0,1} - C_0}{i_1 - i} \qquad \text{mit } i = r \text{ und } C_0 = 0$$

Durch Auflösen nach r ergibt sich folgende Formel, die regula falsi:

Regula falsi

$$r = i_1 - C_{0,1} \cdot \frac{i_2 - i_1}{C_{0,2} - C_{0,1}}$$

Durch die Wiederholung des Verfahrens lässt sich die angenäherte Nullstelle der tatsächlichen beliebig genau approximieren.

Beispiel

Rechnerische Bestimmung des Internen Zinsfußes:

In diesem Beispiel soll dasselbe Beispiel 10.2.5.1.a zugrunde gelegt werden wie bei der grafischen Methode. Bei der rechnerischen Methode werden nur zwei Kalkulationszinssätze mit den entsprechenden Kapitalwerten benötigt, von denen einer positiv und einer negativ sein muss.

Deshalb soll hier i_1 = 8 % mit $C_{0,1}$ = 68.568,28 und i_2 = 25 % mit $C_{0,2}$ = – 14.118,4 gewählt werden.

Eingesetzt in die regula falsi ergibt sich folgende approximierte Nullstelle:

$$r = i_1 - C_{0,1} \cdot \frac{i_2 - i_1}{C_{0,2} - C_{0,1}} = 0{,}08 - 68.568{,}28 \cdot \frac{0{,}25 - 0{,}08}{-14{,}118{,}4 - 68.568{,}28} =$$

$$= 0{,}22097 \quad \text{mit } C_0 = -\,4.260{,}82$$

Für eine weitere Näherung werden der berechnete Punkt und ein Punkt in der Nähe gewählt.

i_1 = 20 % mit $C_{0,1}$ = 3.719,14 und i_2 = 22,097 % mit $C_{0,2}$ = – 4.260,82.

Mit diesen Werten ergibt sich ein in der Regel ausreichend approximierter Wert von r = 20,977 % mit C_0 = – 94,9576.

Schema

Schema zur rechnerischen Bestimmung des Internen Zinsfußes

1. Auswahl von zwei Kalkulationszinssätzen i_1 und i_2 in der Nähe der vermuteten Rendite und Bestimmung der entsprechenden Kapitelwerte $C_{0,1}$ und $C_{0,2}$, wobei ein Kapitalwert positiv und einer negativ sein muss.
2. Berechnung der angenäherten Rendite mit Hilfe der regula falsi
   $$r = i_1 - C_{0,1} \cdot \frac{i_2 - i_1}{C_{0,2} - C_{0,1}}$$
3. Wiederholung von Schritt 1 und 2, bis die Rendite ausreichend genau angenähert ist.

10.2.5.5 Kritische Werte-Rechnung (Break-Even-Analyse)

Break-even-point

In der Investitionsrechnung wird von vielen zu prognostizierenden Werten ausgegangen, z. B. den absetzbaren Produktionsmengen, den dafür zu erzielenden Preisen, den Restwert usw. Es ist deshalb sinnvoll, die Kritischen Werte (break-even-point) von verschiedenen Variablen zu bestimmen, bei denen die Investition sich gerade noch lohnt. Beispielsweise bedeutet der Begriff „Kritische Nutzungsdauer“: Wie viel Jahre muss die Investition mindestens durchgeführt werden, damit sich das Vorhaben lohnt?

Die Methoden (grafisch und rechnerisch) ähneln denen, die zur Bestimmung des internen Zinsfußes dienen. Zuerst muss allerdings eine mathematische Beziehung zwischen der zu untersuchenden Variable und dem Kapitalwert aufgestellt werden.

Beispiel

Ein Sportartikelhersteller plant die Produktion eines neuartigen Tennisschlägers. Für die notwendige Erweiterungsinvestition gilt:

Anschaffungsausgaben:	1.200.000 €
Zusätzlicher Absatz:	1.500 Stück
Preis pro Schläger	280 €
Variable Kosten pro Schläger	60 €
Fixkosten pro Jahr	30.000 €
Kalkulationszinsfuß	15 %

Im Unternehmen ist man sicher, dass man einen mehrjährigen Entwicklungsvorsprung vor den Konkurrenten besitzt. Ist dieser allerdings aufgeholt, will sich die Firma wegen des zu erwartenden Absatzrückgangs und Preisdrucks aus dem Geschäft zurückziehen. Man möchte deshalb die kritische Nutzungsdauer n_{kr} bestimmen.

$$C_0 = -1.200.000 + \frac{(1.500 \cdot 220) - 20.000}{1,15} + \frac{(1.500 \cdot 220) - 30.000}{1,15^2} + \ldots + \frac{(1.500 - 220) - 30.000}{1,15^n}$$

Da es sich hier um gleichmäßige Überschüsse handelt, vereinfacht sich die Formel zu

$$C_0 = -1.200.000 + 300.000 \frac{1,15^n - 1}{1,15^n(1,15-1)}$$

Grafische Bestimmung

Man wählt drei verschiedene Nutzungszeiten aus und bestimmt die entsprechenden Kapitalwerte mit Hilfe obiger Formel, wobei mindestens einer positiv und einer negativ sein sollte. Diese Zeiten und die Kapitalwerte trägt man in ein Koordinatensystem ein und verbindet die Punkte miteinander. Der Nullpunkt auf der Zeitachse ist die approximierte Nutzungsdauer (s. grafische Methode zur Bestimmung des Internen Zinsfußes). Die kritische Nutzungsdauer n_{kr} beträgt ca. 6,556 Jahre.

Rechnerische Bestimmung

Die regula falsi zur Bestimmung der kritischen Nutzungsdauer ändert sich in

$$n_{kr} = n_1 - C_{0,1} \cdot \frac{n_2 - n_1}{C_{0,2} - C_{0,1}}$$

Auch hier beträgt die kritische Nutzungsdauer n_{kr} ca. 6,556 Jahre.

Aufgaben

10.2.5.4.1. Die Disco-GmbH 2000 möchte in Mainz eine Diskothek eröffnen, die sich spätestens nach 5 Jahren amortisiert haben soll.

Die GmbH rechnet mit Anfangsausgaben in Höhe von 2 Mio. €. Die jährlichen Unterhaltskosten und Einnahmen werden folgendermaßen geschätzt:

	Ausgaben	Einnahmen
1. Jahr	3,0 Mio.	2,0 Mio.
2. Jahr	2,8 Mio.	3,0 Mio.
3. Jahr	2,6 Mio.	3,5 Mio.
4. Jahr	2,5 Mio.	4,0 Mio.
5. Jahr	2,5 Mio.	4,0 Mio.

Die GmbH kalkuliert mit einem Zinssatz von 8,5 %

a) Hat sich die Investition nach 5 Jahren amortisiert?
b) In welche jährliche konstante Annuität lässt sich der Kapitalwert umrechnen?
c) Bestimmen Sie grafisch und rechnerisch die Rendite der Investition.

10.2.5.4.2. Ein Spielzeughersteller erwirbt eine 10-jährige Konzession für die Produktion eines beliebten Stofftieres.

Für die notwendige Erweiterungsinvestition gilt:

Anschaffungsausgaben:	1.100.000 €
Preis pro Tier:	130 €
Variable Kosten pro Tier:	45 €
Fixkosten pro Jahr:	25.000 €
Kalkulationszinsfuß:	12 %
Nutzungsdauer:	10 Jahre

Wie hoch ist die kritische Absatzmenge, also wie hoch ist die abzusetzende Stückzahl, die jedes Jahr mindestens erreicht werden muss, damit sich das Vorhaben lohnt?

11 Kombinatorik

11.1 Grundlagen

In der Kombinatorik werden Anzahlberechnungen von möglichen Kombinationen durchgeführt.

Ein typisches Beispiel für eine solche Anzahlberechnung ist das Lotto-Spiel. Die Frage nach der Chance, 6 Richtige im Lotto zu tippen, ist die Frage nach der Anzahl der Möglichkeiten, 6 Zahlen aus 49 auszuwählen.

Die Kombinatorik gibt Regeln an, nach denen sich eine solche Anzahl von möglichen Kombinationen berechnen lässt.

Sie untersucht:

- wie viele Möglichkeiten existieren, k Elemente aus n Elementen auszuwählen (z. B. 6 aus 49)
- wie viele Möglichkeiten existieren, n Elemente anzuordnen (z. B. wie viele Möglichkeiten der Reihenfolge gibt es für einen Gastgeber, seine 20 Gäste zu begrüßen?)

Vorweg werden einige abkürzende Schreibweisen erklärt, die in der Kombinatorik benutzt werden.

- n Fakultät oder n!

n Fakultät

n Fakultät ist eine abkürzende Schreibweise für das Produkt der Natürlichen Zahlen von 1 bis n oder

$$n! = \prod_{i=1}^{n} i = 1 \cdot 2 \cdot 3 \cdot 4 \cdot \ldots \cdot (n-2) \cdot (n-1) \cdot n \quad n \in \mathbb{N}$$

Dabei ist $\prod$ das Produktzeichen, das analog dem Summenzeichen verwendet wird (vgl. Kap. 1.6).

Beispiele

$0! = 1$ Definition

$1! = 1$

$2! = 1 \cdot 2 = 2$

$3! \;= 1 \cdot 2 \cdot 3 = 6$

$4! \;= 1 \cdot 2 \cdot 3 \cdot 4 = 24$

$5! \;= 1 \cdot 2 \cdot 3 \cdot 4 \cdot 5 = 120$

$10! = 3.628.800$

$50! = 3{,}0414 \cdot 10^{64}$

$69! = 1{,}7112 \cdot 10^{98}$ ist die größte Fakultät, die sich mit einem gängigen Taschenrechner ermitteln lässt

Der Binomialkoeffizient

Der Binomialkoeffizient $\binom{n}{k}$ (lies: n über k) ist eine abkürzende Schreibweise für einen Quotienten, der in der Kombinatorik eine besondere Bedeutung hat:

Binomialkoeffizient

$$\binom{n}{k} = \frac{n!}{(n-k)!\,k!} \qquad n, k \in \mathbb{N} \qquad k \leq n$$

Beispiel

$$\binom{10}{3} = \frac{10!}{7!\,3!} = \frac{1 \cdot 2 \cdot 3 \cdot 4 \cdot 5 \cdot 6 \cdot 7 \cdot 8 \cdot 9 \cdot 10}{1 \cdot 2 \cdot 3 \cdot 4 \cdot 5 \cdot 6 \cdot 7 \cdot \; 1 \cdot 2 \cdot 3} = \frac{8 \cdot 9 \cdot 10}{2 \cdot 3} = 120$$

Der Name „Binomialkoeffizient" leitet sich aus dem Binomischen Lehrsatz ab.

$$(a+b)^n = \sum_{k=0}^{n} \binom{n}{k} \cdot a^{n-k} \cdot b^k = \binom{n}{0} \cdot a^n \cdot b^0 + \binom{n}{1} \cdot a^{n-1} \cdot b^1 + \binom{n}{2} \cdot a^{n-2} \cdot b^2 +$$

$$\ldots + \binom{n}{n-1} \cdot a^1 \cdot b^{n-1} + \binom{n}{n} \cdot a^0 \cdot b^n$$

Beispiel

$$(a+b)^3 = \sum_{k=0}^{3} \binom{3}{k} a^{3-k} \cdot b^k$$

$$= \binom{3}{0} \cdot a^3 \cdot b^0 + \binom{3}{1} \cdot a^2 \cdot b^1 + \binom{3}{2} \cdot a^1 \cdot b^2 + \binom{3}{3} \cdot a^0 \cdot b^3$$

Nebenrechnung:

$$\binom{3}{0} = \frac{3!}{3!\,0!} = 1 \qquad \binom{3}{1} = \frac{3!}{2!\,1!} = 3$$

$$\binom{3}{2} = \frac{3!}{1!\,2!} = 3 \qquad \binom{3}{3} = \frac{3!}{0!\,3!} = 1$$

$$(a+b)^3 = a^3 + 3a^2b + 3ab^2 + b^3$$

Aufgaben

11.1.1. Berechnen Sie:

$$\binom{9}{4} \qquad \binom{79}{74}$$

11.1.2. Zeigen Sie:

$$\binom{n}{n} = \binom{n}{0}$$

11.1.3. Entwickeln Sie mittels des Binomischen Lehrsatzes:

$$(s + t)^5$$

11.2 Permutationen

Unter Permutationen versteht man die verschiedenen Anordnungen von Elementen einer Grundmenge, wobei in jeder Anordnung alle Elemente der Grundmenge berücksichtigt werden müssen.

Sind alle Elemente der Grundmenge verschieden, werden die möglichen Anordnungen als Permutationen ohne Wiederholung bezeichnet.

Lassen sich mindestens zwei Elemente der Grundmenge nicht voneinander unterscheiden, handelt es sich um Permutationen mit Wiederholung.

Permutation ohne Wiederholung

Ein Beispiel für eine Permutation ohne Wiederholung ist die Frage nach der Anzahl der Anordnungsmöglichkeiten der fünf Zahlen: 1, 2, 3, 4, 5.

Für die Auswahl der ersten Zahl gibt es 5 Möglichkeiten.

Für die Auswahl der zweiten Zahl gibt es 4 Möglichkeiten, da eine Zahl schon den ersten Platz einnimmt.

Dementsprechend gibt es für die Auswahl der dritten Zahl 3 Möglichkeiten, für die vierte 2 und für die letzte eine.

Also ist die Anzahl P der Permutationen $P = 1 \cdot 2 \cdot 3 \cdot 4 \cdot 5 = 5!$

Allgemein gilt für die Permutation ohne Wiederholung bei einer Grundmenge mit n Elementen:

Permutation ohne Wiederholung

$$P = n!$$

Permutation mit Wiederholung

Wenn die Grundmenge aus obigem Beispiel so verändert wird, dass mindestens zwei Zahlen identisch sind, zum Beispiel 1, 1, 2, 3, 4, handelt es sich bei jeder Anordnung aller Zahlen um eine Permutation mit Wiederholung.

Ließen sich alle Elemente unterscheiden (Permutation ohne Wiederholung), wäre P = 5!. Bei dieser Zählweise würden jeweils 2 identische Anordnungen berücksichtigt, z. B.:

$1 \quad 1^* \quad 2 \quad 3 \quad 4$

$1^* \quad 1 \quad 2 \quad 3 \quad 4$

Also ergibt sich für P: $P = \frac{5!}{2} = \frac{5!}{2!}$

Umfasst die Grundmenge die Zahlen 1, 1, 1, 2, 3, sind jeweils 6 (3!) Anordnungen identisch:

$1 \quad 1^* \quad 1^+ \quad 2 \quad 3 \qquad 1^* \quad 1 \quad 1^+ \quad 2 \quad 3 \qquad 1^+ \quad 1 \quad 1^* \quad 2 \quad 3$

$1 \quad 1^+ \quad 1^* \quad 2 \quad 3 \qquad 1^* \quad 1^+ \quad 1 \quad 2 \quad 3 \qquad 1^+ \quad 1^* \quad 1 \quad 2 \quad 3$

Dann ergibt sich für P:

$$P = \frac{5!}{6} = \frac{5!}{3!}$$

Umfasst die Grundmenge die Zahlen 1, 1, 1, 2, 2, so gilt für P:

$$P = \frac{5!}{3!\,2!}$$

Allgemein gilt:

Werden die identischen Elemente der Grundmenge in r Teilmengen zusammengefasst und wird die Anzahl der Elemente aus der i-ten Teilmenge mit n_i bezeichnet, lässt sich die Anzahl der Permutationen folgendermaßen berechnen:

Permutation mit Wiederholung

$$P = \frac{n!}{n_1!\,n_2!\dots n_r!}$$

Aufgabe

11.2.1. An einem Pferde-Springturnier nehmen 5 Pferde aus Monaco, 6 aus Andorra, 3 aus Liechtenstein und 5 aus San Marino Teil.

a) Wie viele verschiedene Startmöglichkeiten gibt es für die Pferde?
b) Wie viele Startmöglichkeiten gibt es, wenn die Reiter eines Landes jeweils zusammen starten?
c) Wie viele Möglichkeiten des Turnierergebnisses gibt es, wenn die Pferde nur nach Ländern unterschieden werden?

11.3 Kombinationen

Unter einer Kombination k-ter Ordnung versteht man die Zusammenstellung von k Elementen aus einer Grundmenge von n Elementen.

Auch bei den Kombinationen wird wieder die Unterscheidung getroffen, ob alle Elemente der Grundmenge verschieden sind (Kombination ohne Wiederholung), oder ob mindestens zwei Elemente der Grundmenge gleich sind (Kombination mit Wiederholung).

Beispiel

a a b c   b b b c   a b c c   a c a c

sind Kombinationen 4. Ordnung mit Wiederholung.

Reihenfolge der Elemente

Weiter kann bei Kombinationen unterschieden werden, ob die Reihenfolge der Elemente eine Rolle spielen soll (Kombination mit Berücksichtigung der Anordnung) oder nicht (Kombination ohne Berücksichtigung der Anordnung).

Beispiel

Die Zahlen 1, 2, 3 sind als Kombinationen 2. Ordnung anzuordnen.

Mit Berücksichtigung der Anordnung:

12 21 13 31 23 32

Ohne Berücksichtigung der Anordnung:

12 13 23

Bei Permutationen ist diese Unterscheidung nicht relevant, da in einer Permutation alle Elemente auftreten. Wenn die Anordnung nicht zu berücksichtigen wäre - es also auf die Reihenfolge nicht ankäme - , wären alle Permutationen identisch.

Insgesamt lassen sich vier verschiedene Arten von Kombinationen k-ter Ordnung aus n Elementen unterscheiden, die im Folgenden näher erläutert werden sollen.

Übersicht

Kombination k-ter Ordnung	Mit Berücksichtigung der Anordnung	Ohne Berücksichtigung der Anordnung
Ohne Wiederholung	1.	2.
Mit Wiederholung	3.	4.

- Kombination ohne Wiederholung und mit Berücksichtigung der Anordnung

Bei dieser Art von Kombinationen tritt kein Element mehr als einmal auf, da alle Elemente der Grundmenge verschieden sind.

Bei der Auswahl der Elemente soll nach der Reihenfolge unterschieden werden also A B ≠ B A.

Beispiel

(Vgl. Beispiel zur Permutation ohne Wiederholung)

Es sollen aus fünf Büchern (1, 2, 3, 4, 5) zwei als Lektüre ausgewählt werden. Dabei ist von Bedeutung, welches von den beiden Büchern zuerst gelesen wird.

Wie viele Möglichkeiten der Auswahl gibt es?

Abbildung 11.3-1 *Kombination*

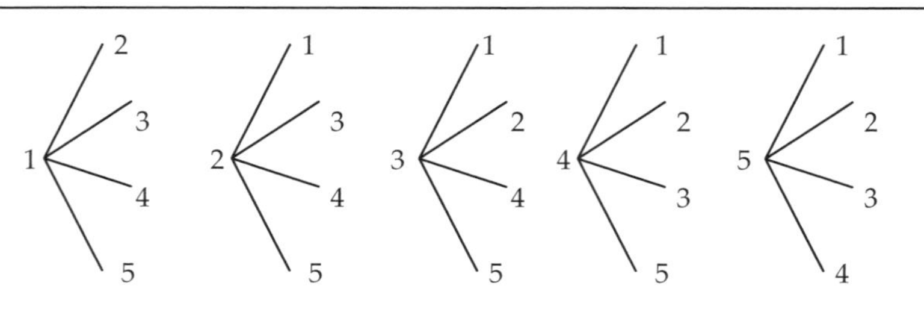

Insgesamt sind 20 Kombinationen möglich.

Allgemein gilt:

Wenn aus n verschiedenen Elementen k Elemente ausgewählt werden sollen und dabei nach der Reihenfolge dieser Elemente unterschieden werden soll, dann gibt es analog zu den Permutationen für die Wahl des ersten Elementes n Möglichkeiten, für die Wahl des zweiten (n–1) Möglichkeiten, für die Wahl des dritten (n–2) Möglichkeiten usw.

Für die Anzahl der Kombinationen der ersten zwei Elemente gilt analog zu den Permutationen $n \cdot (n-1)$. Für die Anzahl der Kombinationen der ersten drei Elemente erhält man $n \cdot (n-1) \cdot (n-2)$ usw.

Kombination k-ter Ordnung

Der Unterschied zu den Permutationen liegt darin, dass nicht alle n Elemente ausgewählt werden (Permutation), sondern nur k (Kombination k-ter Ordnung).

Für das k-te und gleichzeitig letzte Element verbleiben noch (n–k+1) Auswahlmöglichkeiten.

Damit ergibt sich für die Anzahl $K_{k(n)}$ der möglichen Kombinationen folgende Gleichung:

$$K_{k(n)} = n \cdot (n-1) \cdot (n-2) \cdot \ldots \cdot (n-k+1)$$

Um die Formel zu vereinfachen, wird erweitert mit:

$$\frac{(n-k)!}{(n-k)!} = \frac{(n-k) \cdot (n-k-1) \ldots 2 \cdot 1}{(n-k)!}$$

$$K_{k(n)} = \frac{n \cdot (n-1) \cdot (n-2) \ldots (n-k+1) \cdot (n-k) \cdot (n-k-1) \ldots 2 \cdot 1}{(n-k)!}$$

ohne Wiederholung mit Berücksichtigung der Anordnung

$$K_{k(n)} = \frac{n!}{(n-k)!}$$

Wird diese Gleichung auf das Beispiel angewandt, erhält man:

$$K_{2(5)} = \frac{5!}{(5-2)!} = \frac{5!}{3!} = 5 \cdot 4 = 20$$

Beispiel

Bei einem Preisrätsel sollen unter 200 richtigen Einsendungen die ersten drei Preise durch Losverfahren ermittelt werden.

Wie viele Kombinationen gibt es?

Es handelt sich um eine Kombination 3. Ordnung ohne Wiederholung mit Berücksichtigung der Anordnung.

$$K_{3(200)} = \frac{200!}{(200-3)!} = \frac{1 \cdot 2 \cdot 3 \cdot ... \cdot 197 \cdot 198 \cdot 199 \cdot 200}{1 \cdot 2 \cdot 3 \cdot ... \cdot 194 \cdot 195 \cdot 196 \cdot 197}$$

$$= 198 \cdot 199 \cdot 200 = 7.880.400$$

- Kombination ohne Wiederholung und ohne Berücksichtigung der Anordnung

Auch bei dieser Art von Kombinationen sollen alle Elemente der Grundmenge verschieden sein. Bei der Auswahl der k Elemente soll nur von Bedeutung sein, welche Elemente gewählt und nicht in welcher Reihenfolge sie gewählt wurden, das heißt A B = B A.

Beispiel

(Vgl. Beispiel zur Kombination ohne Wiederholung mit Berücksichtigung der Anordnung)

Bei der Auswahl von zwei Büchern aus fünf verschiedenen Büchern (1, 2, 3, 4, 5) soll es keine Rolle spielen, in welcher Reihenfolge sie gelesen werden.

Das bedeutet, von den 20 Kombinationen ohne Wiederholung und mit Berücksichtigung der Anordnung fallen jeweils zwei zusammen:

1 2 = 2 1   2 3 = 3 2   3 4 = 4 3   4 5 = 5 4

1 3 = 3 1   2 4 = 4 2   3 5 = 5 3

1 4 = 4 1   2 5 = 5 2

1 5 = 5 1

Es gibt also nur noch zehn Möglichkeiten.

Allgemein gilt für Kombinationen 2. Ordnung:

$$\frac{n \cdot (n-1)}{2} = \frac{n!}{(n-2)!\,2!} = \binom{n}{2}$$

Sollen drei aus fünf Büchern gewählt werden, fallen sogar jeweils sechs Möglichkeiten zusammen, beispielsweise bei den gewählten Büchern 1, 2, 3:

1 2 3 = 1 3 2 = 2 1 3 = 2 3 1 = 3 1 2 = 3 2 1

Allgemein gilt für Kombinationen 3. Ordnung:

$$\frac{n \cdot (n-1) \cdot (n-2)}{6} = \frac{n \cdot (n-1) \cdot (n-2)}{3!} = \frac{n!}{(n-3)!\,3!} = \binom{n}{3}$$

Verallgemeinert lässt sich für Kombinationen k-ter Ordnung folgendes feststellen:

Werden aus n Elementen k Elemente gezogen, so sind k! Möglichkeiten einander gleich, wenn die Anordnung dieser k Elemente ohne Bedeutung ist.

ohne Wiederholung ohne Berücksichtigung der Anordnung

$$K_{k(n)} = \frac{n!}{(n-k)!\,k!} = \binom{n}{k}$$

Beispiel

Wie viele Möglichkeiten gibt es beim Zahlenlotto 6 aus 49?

Es handelt sich um eine Kombination ohne Wiederholung und ohne Berücksichtigung der Anordnung.

$k = 6 \quad n = 49$

$$K_{6(49)} = \frac{49!}{(49-6)!\,6!} = \frac{44 \cdot 45 \cdot 46 \cdot 47 \cdot 48 \cdot 49}{1 \cdot 2 \cdot 3 \cdot 4 \cdot 5 \cdot 6} = 13.983.816$$

- Kombination mit Wiederholung und mit Berücksichtigung der Anordnung

Bei den Kombinationen mit Wiederholung (Punkt 3 und 4) wird die Grundmenge anders strukturiert als bei den Kombinationen ohne Wiederholung (Punkt 1 und 2).

Es wird hierbei nicht die Anzahl ihrer Elemente gezählt, sondern wie viele verschiedene Elemente existieren. Von allen Teilmengen, in denen die jeweils gleichen Elemente zusammen gefasst werden, wird vorausgesetzt, dass sie eine beliebig große Anzahl von Elementen enthalten.

Ein Beispiel hierfür ist das Würfeln mit einem sechsseitigen Würfel mit folgender Kennzeichnung der einzelnen Seiten: 1, 2, 3, 4, 5, 6.

Es wird nur danach unterschieden, welche Augenzahl gewürfelt wird, die Grundmenge besteht also aus den Teilmengen {1}, {2}, {3}, {4}, {5}, {6}.

Es ist ohne Bedeutung, wie oft gewürfelt werden soll (das bedeutet es kann auch $k \geq n$ sein), da vor jedem Würfeln alle verschiedenen Elemente wieder zu Verfügung stehen.

Beispiel

Wird beim Würfelspiel die Anordnung der Ergebnisse berücksichtigt, gilt folgendes:

Wird einmal gewürfelt ($k = 1$), gibt es sechs Auswahlmöglichkeiten.

Wird noch einmal gewürfelt (k = 2), gibt es wiederum sechs Ergebnismöglichkeiten für den zweiten Wurf, und die Kombination dieser beiden Elemente ergibt $6 \cdot 6 = 6^2$ Möglichkeiten.

Bei jedem weiteren Würfeln werden die Kombinationsmöglichkeiten mit 6 multipliziert:

$$K_{k(6)} = 6^k$$

Allgemein gilt für n verschiedene Elemente der Grundmenge und eine Kombination k-ter Ordnung die Gleichung

mit Wiederholung mit Berücksichtigung der Anordnung

$$K_{k(n)} = n^k$$

Beispiel

Wie viele Möglichkeiten gibt es, beim Toto zu tippen, wobei 0 Punkte für das Unentschieden eines Fußballspieles, 1 Punkt für einen Heimsieg und 2 Punkte für einen Gastspielsieg stehen und 11 Spiele berücksichtigt werden?

Es handelt sich um eine Kombination mit Wiederholung und mit Berücksichtigung der Anordnung mit n = 3 und k = 11.

$$K_{11(3)} = 3^{11} = 177.147$$

- Kombination mit Wiederholung und ohne Berücksichtigung der Anordnung

Bei dieser Art von Kombinationen soll mit n wieder die Anzahl der verschiedenen Elemente der Grundmenge bezeichnet werden. Außerdem soll die Reihenfolge der Elemente in einer Kombination nicht berücksichtigt werden, also A B = B A.

Die Formel zur Berechnung der Zahl der möglichen Kombinationen in Abhängigkeit von n und k lautet:

mit Wiederholung ohne Berücksichtigung der Anordnung

$$K_{k(n)} = \binom{n+k-1}{k}$$

Die Ableitung dieser Formel ist wesentlich komplizierter als derjenigen aus den Abschnitten 1 bis 3. Der Vollständigkeit halber soll sie an dieser Stelle ebenfalls aufgeführt werden.

Zunächst werden dazu zwei Rechenregeln benötigt, die hier nicht nachgewiesen werden sollen. Zum Nachweis der ersten Rechenregel siehe Kapitel 10.1.2 Reihen.

1) $n + (n - 1) + (n - 2) + \ldots + 2 + 1 = \dfrac{n \cdot (n+1)}{2} = \binom{n+1}{2}$

2) $\sum\limits_{i=1}^{n} \binom{k-1+i}{k} = \binom{n+k}{k+1}$

In einer Grundmenge mit n verschiedenen Elementen sollen die Elemente durch die Zahlen 1, 2, 3, …, n gekennzeichnet werden.

Kombinationen 1. Ordnung

Damit gibt es für die Kombinationen 1. Ordnung

1 2 3 4 5 … n   also n Möglichkeiten:

$$n = K_{1(n)} = \binom{n+1-1}{1} = \binom{n+k-1}{k} \quad \text{für } k = 1$$

Kombinationen 2. Ordnung

Für die Kombinationen 2. Ordnung ergeben sich:

							Möglichkeiten
1 1	1 2	1 3	1 4	1 5	…	1 n	n
	2 2	2 3	2 4	2 5	…	2 n	n–1
		3 3	3 4	3 5	…	3 n	n–2
			.				.
					.		.
			(n–1)	(n–1)		(n–1) n	2
						n n	1

$$n + (n-1) + (n-2) + \ldots + 2 + 1 = \binom{n+1}{2}$$

Nach Formel 1) gibt es $\binom{n+1}{2}$ Möglichkeiten.

$$K_{2(n)} = \binom{n+1}{2} = \binom{n+2-1}{2} = \binom{n+k-1}{k} \quad \text{für } k = 2$$

Kombinationen 3. Ordnung

Für die Kombinationen 3. Ordnung gibt es folgende Möglichkeiten:

```
1 1 1   1 1 2   1 1 3   1 1 4   1 1 5   ...   1 1 n        n
        1 2 2   1 2 3   1 2 4   1 2 5   ...   1 2 n        n–1
                1 3 3   1 3 4   1 3 5   ...   1 3 n        n–2
                  .                                         .
                          .                                 .
                    1 (n–1) (n–1)             1 (n–1) n    2
                                              1  n   n     1
                                                         ______
```
$\binom{n+1}{2}$

```
        2 2 2   2 2 3   2 2 4   2 2 5   ...   2 2 n        n–1
                2 3 3   2 3 4   2 3 5   ...   2 3 n        n–2
                          .                                 .
                                  .                         .
                    2 (n–1) (n–1)             2 (n–1) n    2
                                              2 n n        1
                                                         ______
```
$\binom{n}{2}$

```
                3 3 3   3 3 4   3 3 5   ...   3 3 n        n–2
                        3 4 4   3 4 5   ...   3 4 n        n–3
                          .                                 .
                                  .                         .
                    3 (n–1) (n–1)             3 (n–1) n    2
                                              3 n n        1
                                                         ______
```
$\binom{n-1}{2}$

```
                  .                                         .
          (n–1) (n–1) (n–1)       (n–1) (n–1) n            2
                                  (n–1) n n                1
                                                         ______
```
$\binom{3}{2}$

```
                                        n n n              1
                                                         ______
```
$\binom{2}{2}$

Insgesamt ergibt sich damit folgende Anzahl von Möglichkeiten:

$$\binom{2}{2}+\binom{3}{2}+\ldots+\binom{n-1}{2}+\binom{n}{2}+\binom{n+1}{2}$$

$$=\sum_{i=1}^{n}\binom{2-1+i}{2}=\sum_{i=1}^{n}\binom{1+i}{2}=\binom{n+2}{3}$$

$$K_{3(n)}=\binom{n+2}{3}=\binom{n+3-1}{3}=\binom{n+k-1}{k} \quad \text{für } k=3$$

Analog lässt sich die Formel für höhere Ordnungen von Kombinationen nachweisen.

Beispiel

E. hat seiner Freundin versprochen, auf einer Party höchstens vier Gläser Wein zu trinken. Er hat die Wahl zwischen 5 Weißweinen, 4 Rosé und 3 Rotweinen. Wie viele verschiedene Zusammenstellungen gibt es für E., wenn er tatsächlich vier Gläser trinkt?

Es handelt sich um eine Kombination mit Wiederholung und ohne Berücksichtigung der Anordnung, $n = 12$ und $k = 4$.

$$K_{4(12)}=\binom{12+4-1}{4}=\binom{15}{4}=\frac{15!}{11!\cdot 4!}=1.365$$

11.4 Die Formeln zur Kombinatorik

Permutation

Permutation	
Ohne Wiederholung (n=Anzahl der Elemente der Grundmenge)	$P = n!$
Mit Wiederholung (r Teilmengen gleichartiger Elemente)	$P=\frac{n!}{n_1!\,n_2!\ldots n_r!}$

Kombination

Kombination k-ter Ordnung	Mit Berücksichtigung der Anordnung	Ohne Berücksichtigung der Anordnung
Ohne Wiederholung (n = Anzahl der Elemente der Grundmenge)	$K_{k(n)}=\frac{n!}{(n-k)!}$	$K_{k(n)}=\binom{n}{k}$
Mit Wiederholung (n = Anzahl der verschiedenen Elemente in der Grundmenge)	$K_{k(n)}=n^k$	$K_{k(n)}=\binom{n+k-1}{k}$

Aufgaben

11.3.1. Bei einem Safeschloss können drei Zahlen von 1 bis 50 eingestellt werden, wobei jede Zahl höchstens einmal vorkommen darf.

Wie viele Safekombinationen sind möglich?

11.3.2. Vor einem Wettkampf mit 32 Teilnehmern stehen zwei Wettkampfabläufe zur Wahl.

a) Ausscheidungskämpfe, wobei jeder Teilnehmer gegen jeden anderen kämpft. Wie viele Kämpfe sind notwendig?
b) In der ersten Runde finden 16 Zweikämpfe zwischen den 32 Teilnehmern statt. Die Sieger der ersten Runde erreichen die nächste Runde usw.

Wie viele Wettkampfkombinationen gibt es in jeder Runde und wie viele Wettkämpfe finden insgesamt statt?

11.3.3. Wie viele Kombinationsmöglichkeiten gibt es bei Autokennzeichen, die neben der Kreiskennzeichnung aus zwei Buchstaben und drei Ziffern bestehen.

Folgende Annahmen sollen gelten:

- alle Buchstabenkombinationen sind erlaubt
- die Ziffernkombination 000 ist nicht erlaubt
- 003 = 3

Zusatzfrage: Wie viele Kombinationen sind es, wenn auch Kombinationen mit einem Buchstaben erlaubt sind?

11.3.4. Im Schaufenster eines Spielzeuggeschäftes sollen 3 Puppen, 5 Teddybären und 4 Affen auf einem Sofa dekoriert werden.

a) Wie viele Möglichkeiten gibt es, die Spielzeuge anzuordnen?
b) Wie viele Möglichkeiten gibt es, wenn nur nach der Art des Spielzeuges unterschieden werden soll?

11.3.5. Eine Restaurantkette bietet als Sonderaktion eine Menüwahl zu folgenden Konditionen:

Aus 20 Speisen können nacheinander 4 ausgewählt werden

a) in der ersten Woche darf der Gast beliebig aber nicht mehrfach wählen
b) in der zweiten Woche besteht freie Wahlmöglichkeit
c) in der dritten Woche darf der Gast jeweils ein Gericht aus

5 Aperitifs
4 Vorspeisen
7 Hauptspeisen
4 Nachspeisen wählen.

Wie viele Wahlmöglichkeiten hat ein Gast für eine Mahlzeit in jeder der drei Wochen?

11.3.6. Eine Klasse mit 25 Schülern wählt ihren Klassensprecher und seine zwei Stellvertreter.

Wie viele Möglichkeiten gibt es?

11.3.7. Eine Münze wird m-mal geworfen. Die Ergebnisse werden fortlaufend notiert.

Wie viele Kombinationen sind denkbar?

11.3.8. Ein Gärtner soll jeweils eine Reihe weiße, rote, gelbe und rosa Gladiolen in Dreiecksform pflanzen.

Ein Blumenversender liefert ihm dazu die bestellten 7 weißen, 5 roten, 3 gelben und 1 rosa Gladiolenzwiebeln. Leider sind die äußerlich nicht unterscheidbaren Zwiebeln in eine Tüte verpackt worden.

Der Gärtner vertraut auf sein Glück und pflanzt die Zwiebeln in Dreiecksform an.

Wie groß ist die Wahrscheinlichkeit, vorschriftsmäßig zu pflanzen?

11.3.9. In einem Krankenhaus werden in einer Nacht 8 Kinder geboren. Am Morgen soll in einer Statistik die Anzahl der Mädchen und die Anzahl der Jungen notiert werden, die in der Nacht geboren wurden.

Wie viele Notierungen sind möglich?

11.3.10. Eine Überraschungstüte enthält eins von 21 unterschiedlichen Automodellen. Ein Karton enthält die 21 unterschiedlichen Tüten. Die Automodelle „Porsche", „Ferrari" und „Ente" sind besonders beliebt.

Auf einem Kindergeburtstag darf sich jedes Kind 3 Tüten aus dem Karton wählen.

a) Wie viele Zusammenstellungen von Autos gibt es für die kleine Brigitta?
b) Wie viele Zusammenstellungen gibt es mit genau einem der drei besonders beliebten Automodelle?

11.3.11. Herr K. kann in seinem Angelclub für einen bestimmten Betrag bis zu 5 Fische fangen. In dem Teich sind 6 Sorten Fische ausgesetzt.

Wie viele verschiedene Fänge kann Herr K. mit nach Hause bringen, wenn er

a) genau 5 Fische fängt?
b) bis zu 5 Fischen fängt?

11.3.12. Immer wieder hört man es beim Skatspiel, dass ein Mitspieler behauptet, er habe dasselbe Blatt auf der Hand wie vor wenigen Spielen.

Was halten Sie von dieser Aussage?

12 Fallstudie

12.1 Unternehmenssituation

Die Pfälzische Vereinigte Pumpen- und Düsenfabrik GmbH ist ein mittelständisches Unternehmen in der Pumpenbranche, das sich in drei Produktionsbereiche gliedert:

Produktionsbereich I : Pumpen für Wohnwagen

Produktionsbereich II : Pumpen für Springbrunnen

Produktionsbereich III : Düsen

Wegen veränderter Marktbedingungen plant das Management Anpassungen innerhalb des Unternehmens.

Produktionsbereiche I und II

Die Produktionsbereiche I und II sind technologisch nicht auf dem neuesten Stand. Die Pumpen lassen sich jedoch aufgrund der hohen Produktqualität, die sich insbesondere in der langen Lebensdauer und hohen Zuverlässigkeit zeigt, gut absetzen.

Produktionsbereich III

Im Produktionsbereich III treten dagegen mehr Probleme auf. In- und ausländische Konkurrenten konnten aufgrund besseren technologischen Know-hows sowie günstigeren Kostensituationen ihre Produkte zu niedrigeren Preisen anbieten.

Das Unternehmen ist gezwungen, sich dem Markt anzupassen, um Marktanteile zu halten.

Tochterunternehmen

Zusätzlich ist ein Tochterunternehmen in Frankreich geplant. Ziel dieses Projektes ist es, auch international tätig zu werden.

Bei der dabei angestrebten Übernahme einer Armaturenfabrik, deren Anlagen zum Teil nicht den Anforderungen der Pfälzischen Vereinigten Pumpen- und Düsenfabrik GmbH entsprechen, sind Rationalisierungsmaßnahmen unerlässlich.

Aufgaben

Aufgabe der Fallstudie wird sein, die Kosten-, Umsatz- und Gewinnsituation der einzelnen Bereiche zu analysieren sowie die Vorteilhaftigkeit einzelner Investitionen zu überprüfen.

12.2 Produktionsbereich I

Folgende Probleme sind im Produktionsbereich I zu lösen.

1. Im Produktionsbereich I werden Pumpen für Wohnwagen hergestellt. Die Kapazitätsgrenze dieses Bereiches liegt bei 15.000 Mengeneinheiten (ME) im Jahr.

   Kostenfunktion

   Es ist bekannt, dass bei einer produzierten Menge von 10.000 Einheiten Kosten in Höhe von 1.102.500 € entstehen. Bei einer Zunahme des Beschäftigungsgrades auf 80 % steigen die Kosten auf 1.153.000 €.

   Bestimmen Sie die (lineare) Kostenfunktion mit der 2-Punkte-Form!

   Preisabsatzfunktion

2. Die nachgefragte Menge ist sehr stark vom Preis dieses Produktes abhängig. Bei einem angebotenen Preis von 175 € werden 12.500 ME nachgefragt. Untersuchungen zeigten, dass zu einem Preis von 250 € und mehr keine Einheit mehr abgesetzt werden kann.

   Bestimmen Sie die lineare Preisabsatzfunktion!

3. Für die zukünftige Produktions- und Absatzplanung möchte das Management mit Hilfe der oben aufgestellten Funktionen folgende Fragen beantwortet haben:

   Gewinn- und Umsatzmaximierung

   a) Zu welchem Preis ist das Produkt zu verkaufen unter dem Gesichtspunkt der

      – Gewinnmaximierung
      – Umsatzmaximierung?

   Konsumentenrente

   b) Welcher Preis sollte verlangt werden, wenn die Gesamtkosten gedeckt werden sollen, auf Gewinn jedoch vorübergehend verzichtet werden kann?

4. Welche Konsumentenrente ist zu erwarten, wenn der unter dem Gesichtspunkt der Gewinnmaximierung ermittelte Preis realisiert wird?

5. Bei einem Zinssatz von 10 % und einer Lebensdauer von 5 Jahren könnte eine Erweiterungsinvestition getätigt werden, damit eine Kapazitätsgrenze von 20.000 ME erreicht wird.

   Zusätzliche Fixkosten

   a) Wie hoch sind die zusätzlichen Fixkosten in der Kostenfunktion, die sich zusammen setzen aus dem jährlichen kalkulatorischen Abschreibungsbetrag bei einer linearen Abschreibung und den kalkulatorischen Zinsen bei einem Zinssatz von 10 %?

   Hilfestellung für die Lösung:

   Die unbekannten Anschaffungskosten werden mit A bezeichnet.

Für den kalkulatorischen Abschreibungsbetrag gilt dann: $\frac{A}{n}$.

Die kalkulatorischen Zinsen lauten: $\frac{A}{2}$ i, da durchschnittlich die Hälfte des Anschaffungspreises gebunden ist.

b) Wie hoch dürfen die Anschaffungskosten maximal sein, damit die Investition vorteilhaft ist?

Anschaffungskosten

(zusätzliche Kosten ≤ zusätzlicher Gewinn)

c) Stellen Sie eine neue Kostenfunktion auf, welche die maximal möglichen zusätzlichen Kosten beinhaltet (s. Aufgabe b).

Kostenfunktion

Welcher Gewinn ist dann beim Gewinnmaximum zu erwarten?

6. Durch die Erweiterungsinvestition würde folgende Produktionsfunktion entstehen: $f(x; y) = 2.100x + 5.280y - 240x^2 - 360y^2$

Sie gibt die Ausbringungsmenge (auf das Jahr bezogen) in Abhängigkeit von den Mengen (in kg) zweier Eisenerzgemische x und y an.

Wie hoch ist die maximale Ausbringungsmenge, wenn die Bedingung

Ausbringungsmenge

$480x + 720y = 4.230$ eingehalten werden soll?

Inwieweit lässt sich das Ziel der Gewinnmaximierung unter dieser Einschränkung realisieren?

12.3 Produktionsbereich II

1. Im Produktionsbereich II werden Pumpen für Brunnen hergestellt. Zwei Versionen, die sich gegenseitig substituieren, stehen den Interessenten zur Auswahl.

   a) Die abgesetzte Menge x der Pumpe A betrug innerhalb von sechs Monaten 500 ME, wenn Pumpe A 3.500 € und Pumpe B 2.000 € kosten.

   Bei einer Preisreduzierung der Pumpe B auf 1.825 € sank der Absatz der Pumpe A auf 400 ME.

Wird der Preis der Pumpe A reduziert auf 3.465 €, erhöht sich der Absatz der Pumpe A auf 510 ME.

Mengenfunktion

Ermitteln Sie die Mengenfunktion der Pumpe A in Abhängigkeit der Preise von Pumpe A und B!

Hilfestellung: $x = a_1 + b_1 \cdot p_x + c_1 \cdot p_y$

b) Die Absatzmenge y der Pumpe B betrug dagegen bei der ersten Preiskonstellation 1.000 ME.

Bei der Preisreduzierung der Pumpe B konnte hier eine Erhöhung der Absatzmenge auf 1.400 ME erreicht werden.

Die Preisreduzierung von A auf 3.465 € bei gleich bleibendem Preis von Pumpe B von 2.000 € führt zu einem Absatz von 995 ME.

Ermitteln Sie die Mengenfunktion der Pumpe B in Abhängigkeit der Preise von Pumpe A und B!

Hilfestellung: $y = a_2 + b_2 \cdot p_x + c_2 \cdot p_y$

Preisabsatzfunktionen

c) Bilden Sie die Umkehrfunktionen dieser Mengenfunktionen, um die jeweiligen Preisabsatzfunktionen zu erhalten!

2. Die oben aufgestellten Preisabsatzfunktionen sollen Grundlage für die Ermittlung der Gesamtumsatzfunktion sein.

   Für die Bereichsleitung ist es wichtig, folgende Informationen zu erhalten:

Umsatzmaximum

   a) Welcher Preis ist zu verlangen, so dass das Umsatzmaximum realisiert wird?

   b) Die Kostenfunktion für den Produktionsbereich II lautet:

$$K(x; y) = 1.700x + 925y + \frac{3}{4}xy + 500.000$$

Gewinnmaximum

Welcher Preis ist zu verlangen, damit das Gewinnmaximum erreicht wird?

12.4 Produktionsbereich III

1. Im Produktionsbereich III werden in einem mehrstufigen Produktionsprozess Düsen hergestellt. Im ersten Produktionsprozess werden aus Blech, das in drei verschiedenen Stärken benötigt wird (R1, R2, R3), drei unterschiedliche Rohre (H1, H2, H3) hergestellt. Diese Halbfabrikate werden zu zwei verschiedenartigen Düsen verarbeitet (D1 und D2).

   Matrix MR

   Für eine Mengeneinheit Halbfabrikate werden folgende Rohstoffmengen verbraucht:

	R1	R2	R3	
H1	3	2	4	
H2	2	5	2	Matrix MR
H3	6	3	4	(Mengen Rohstoffe)

   Matrix MH

   Für die Herstellung der Fertigfabrikate werden folgende Rohrlängen benötigt:

	H1	H2	H3	
F1	0,4871	0,3654	0,4871	Matrix MH (Mengen
F2	0,3883	0,7767	1,3592	Halbfertigfabrikate)

   Matrix PR

   Die Materialkosten einer Rohstoffeinheit lauten:

	Kosten	
R1	0,5	
R2	0,1	Matrix PR (Preise Rohstoffe)
R3	0,3	

   Matrix ZH

   Für die Herstellung der Halbfertigfabrikate benötigt man die Zeiten:

	Zeit in Min.	
H1	5	
H2	4	Matrix ZH (Zeit Halbfertigfabrikate)
H3	6	

Die Herstellung der Fertigfabrikate benötigt folgenden Zeitaufwand:

Matrix ZF

	Zeit in Min.
F1	2,4357
F2	5,0485

Matrix ZF (Zeit Fertigfabrikate)

Matrixgleichung

Für eine Minute Arbeitszeit werden pauschal 0,50 € Lohnkosten angesetzt.

Frage: Stellen Sie eine Matrixgleichung auf, welche die gesamten variablen Kosten (Material- und Lohnkosten) eines Fertigerzeugnisses angibt.

2. Die im Produktionsbereich III produzierten Düsen werden größtenteils zusammen mit den in Produktionsbereich I und II hergestellten Pumpen verkauft. Aufgrund einer besseren Kostensituation der Konkurrenz sowie Billiganbietern aus dem Ausland müssen die Preise für diese Düsen gesenkt werden, um die Marktanteile zu halten.

   Der Preis der Düse D1 wird reduziert von 29 € auf 21 €.

   Der Preis der Düse D2 wird von 35 € auf 28 € gesenkt.

   Zur Fertigung der Düsen müssen 4 Maschinen eingesetzt werden. Die zur Herstellung je einer Einheit benötigten Maschinenzeiten (in Minuten) und die maximale Nutzungsdauer pro Tag der einzelnen Maschinen sind in folgender Tabelle zusammen gestellt:

Maschinenzeiten

	D1	D2	Kapazität
M1	6	3	480
M2	2	4	280
M3	3	0	210
M4	0	5	300

Die Kostenfunktion des Produktionsbereiches lautet:

$K(x_1, x_2) = 9x_1 + 18x_2 + 1.200$

a) Die Bereichsleitung möchte erfahren, wie viele Mengen von D1 (x_1) und D2 (x_2) hergestellt werden können.

b) Bei welchen Produktionsmengen wird der Tagesumsatz aus beiden Produkten optimal?

c) Welche x_1-x_2-Kombinationen stellen eine Gewinnschwelle dar? (In Skizze eintragen!)

3. Der Produktionsbereich III macht Verluste, wie durch die vorherigen Rechnungen ermittelt wird. Die Unternehmung überlegt sich, welche Möglichkeiten bestehen, dies zu ändern. Maschine 4 kann verkauft und durch eine Maschine ersetzt werden, die geringere Fixkosten verursacht sowie die beschäftigungsabhängigen Kosten verändert. Für den Produktionsbereich III gilt dann folgende Kostenfunktion:

   $$K(x_1; x_2)_{neu1} = \frac{21}{2} x_1 + 16x_2 + 840$$

   Die Kapazität würde sich in diesem Fall auf 140 Minuten verringern, wobei ein Stück jeweils 2 Minuten bearbeitet wird. Durch eine lineare Optimierung wurde festgestellt, dass das Gewinnmaximum bei der gleichen Mengenkombination wie das Umsatzmaximum (Aufgabe 2b) liegt.

   Eine weitere Möglichkeit der Anpassung an die gegebene Marktsituation wäre, die Düsen einzukaufen. Laut Angeboten entsprechender Unternehmen würde beim Ankauf der Düsen folgende Kostenfunktion entstehen:

   $$K(x_1; x_2)_{neu2} = \frac{53}{3} x_1 + 22{,}4\, x_2$$

   Die Unternehmensleitung steht somit vor einer Make-or-Buy Entscheidung, die eventuell die Eliminierung des Produktionsbereiches III zur Folge hätte. Frage: Ermitteln Sie die gewinnmaximale Kostensituation!

   Make-or-Buy

12.5 Tochterunternehmen Frankreich

Die Unternehmensleitung möchte in Frankreich ein Unternehmen für Armaturen (Ventile, Rückschlagklappen etc.) übernehmen. Die Verhandlungen für dieses Projekt sind so gut wie abgeschlossen, es sind nur noch verschiedene Entscheidungen für Rationalisierungsmaßnahmen zu treffen. Gerade im Bereich der Ventilherstellung stehen der französischen Firma veraltete Maschinen zur Verfügung, die ersetzt werden sollen.

Nach eingehender Prüfung der technologischen Anforderungen stehen drei Anlagen zur Auswahl, die auf ihre wirtschaftliche Vorteilhaftigkeit überprüft werden sollen.

Rationalisierungsmaßnahmen

Die Nutzungsdauer wird auf 10 Jahre festgelegt. Es soll von einem Kalkulationszinsfuß von 18 % ausgegangen werden.

Die Anschaffungsausgaben und laufenden Kosten werden wie folgt geschätzt:

Jahr	Anlage I	Anlage II	Anlage III
		Anschaffungskosten :	
0	170.000	200.000	220.000
		Lfd. Ausgaben :	
Jahr	Anlage I	Anlage II	Anlage III
1	70.000	82.000	80.000
2	70.000	82.000	80.000
3	70.000	82.000	80.000
4	70.000	82.000	80.000
5	73.000	85.000	82.000
6	73.000	85.000	82.000
7	73.000	85.000	82.000
8	73.000	85.000	82.000
9	73.000	85.000	84.000
10	73.000	85.000	84.000

Für die abgesetzte Menge und den Erlös pro Ventil werden folgende Werte prognostiziert:

Geschätzte absetzbare Menge:		Erlös pro Ventil:	
1 – 3 Jahr :	300.000 Stück/Jahr	Anlage I :	0,30 €
4 – 6 Jahr :	400.000 Stück/Jahr	Anlage II :	0,40 €
7 – 10 Jahr :	450.000 Stück/Jahr	Anlage III:	0,38 €

Kapitalwert

1. Welche Anlage hat den höchsten Kapitalwert?
2. Wann hat sich die vorteilhafteste Investition amortisiert?
3. Welchen jährlichen konstanten Überschuss hat die rentabelste Anlage?
4. Da die zukünftigen Absatzmengen geschätzt sind, möchte die Geschäftsleitung eine Investitionsrechnung für die vorteilhafteste Anlage durchführen, die auch pessimistische Werte berücksichtigt.

   Man geht davon aus, dass im ungünstigsten Fall die abgesetzte Menge um 20 % geringer sein wird als oben geschätzt. Die laufenden Ausgaben werden sich in diesem Fall vermutlich um 10 % reduzieren. Für diese ungünstige Schätzung werden nur 15 % Mindestverzinsung angenommen.

13 Lösungen der Übungsaufgaben

13.1 Lösungen zu Kapitel 2

2.2.1.

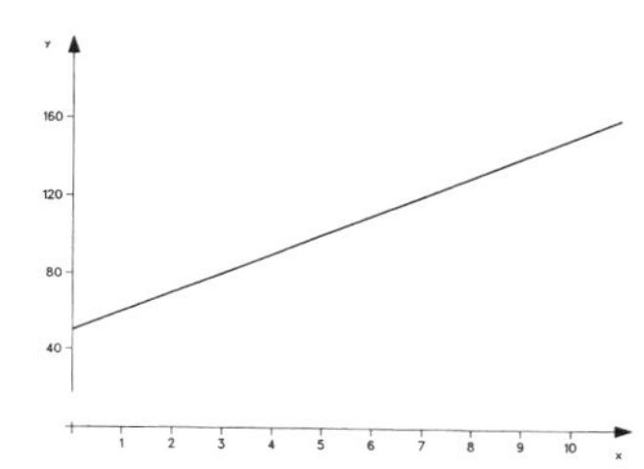

2.2.2. + 2.2.3.

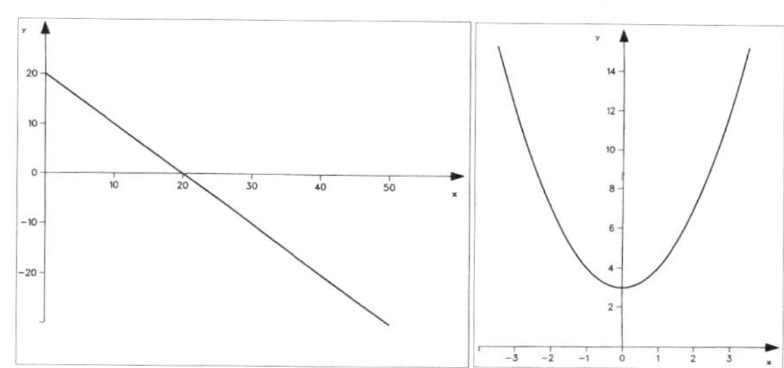

2.4.1. – 2.4.4.

1. $m = 1, b = 4$
2. $m = 2, b = -1$
3. $m = 1, b = 0$
4. $m = 0, b = 4$

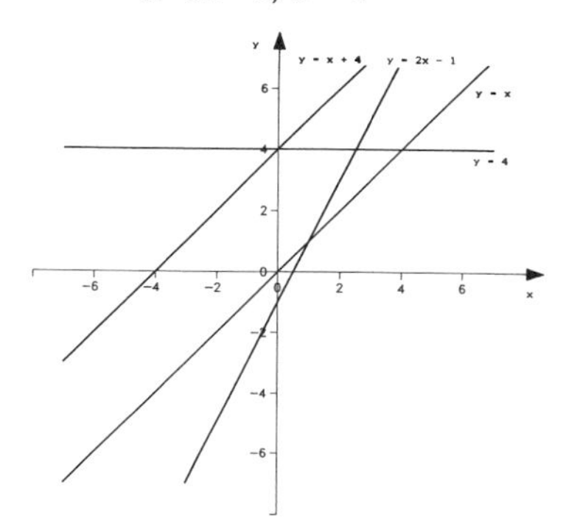

2.5.1. a) Nachfragefunktion

bekannt: Punkt 1 (0; 500) Punkt 2 (200; 0)

2-Punkteform: $\frac{0-500}{200-0} = \frac{500-p}{0-x}$ $p = 500 - 2{,}5x$

Angebotsfunktion

bekannt: Punkt (0; 100)

Steigung $m = 1{,}5$

Punktsteigungsform: $1{,}5 = \frac{100-p}{0-x}$ $p = 1{,}5x + 100$

b)

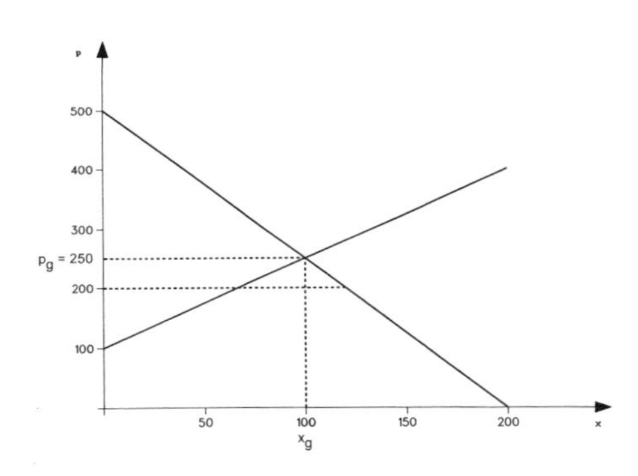

$500 - 2{,}5x = 1{,}5x + 100$

$x_g = 100$ $p_g = 250$

c) Bei einem Preis von 200 € ist die Nachfrage größer als das Angebot, wie die Abbildung zeigt.

nachgefragte Menge x_n: $200 = 500 - 2{,}5x_n$

$x_n = 120$

angebotene Menge x_a: $200 = 1{,}5x_a + 100$

$x_a = 66{,}67$

Es besteht ein Nachfrageüberhang von ca. 53 Stück.

2.5.2.

a) $K(x) = 1.000 + 1{,}5x$

$U(x) = 2{,}5x$

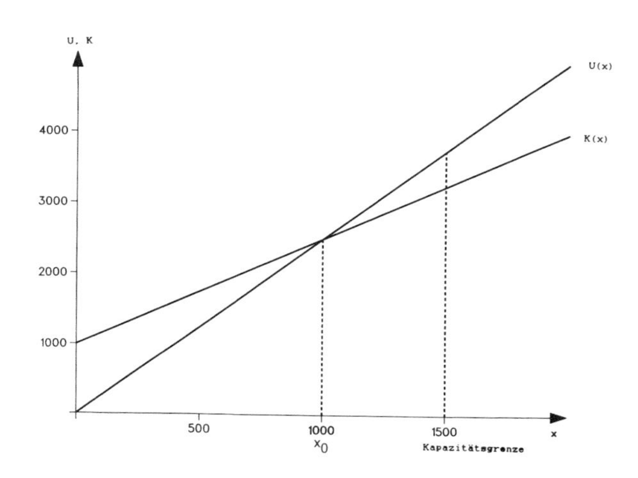

$$G(x) = U(x) - K(x) = 0$$
$$= 2{,}5x - 1.000 - 1{,}5x$$
$$x_0 = 1.000$$

b) Wenn der Preis auf 1,25 € fällt, ist der Stückdeckungsbeitrag negativ, und es kann kein Gewinn erzielt werden.

Die Steigung der Kostenfunktion ist dann größer als die der Umsatzfunktion, so dass kein Schnittpunkt existiert.

2.6.2.

a) $U(x) = 590x - 14{,}75x^2$

$G(x) = -15x^2 + 570x - 3.255$

Die Nullstellen der Umsatzfunktion begrenzen den relevanten Bereich. Sie lauten

$x_1 = 0 \quad x_2 = 40$

x	0	10	20	30	40
U	0	4.425	5.900	4.425	0
K	3.255	3.480	3.755	4.080	4.455
G	-3.255	945	2.145	345	-4.455

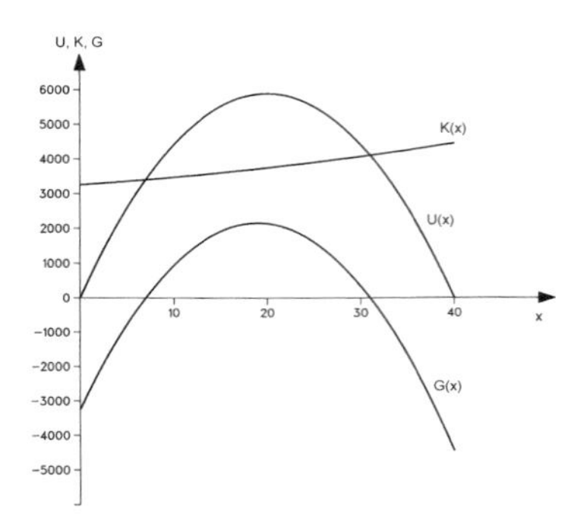

b) $G(x) = 0 \quad x_1 = 7 \quad x_2 = 31$

Bei 7 Einheiten wird die Gewinnschwelle erreicht. Der Preis, der verlangt werden muss, ist aus der Preisabsatzfunktion ablesbar. p(7) = 486,75 €

c) Die Gewinnfunktion stellt eine nach unten geöffnete Parabel dar, die ihr Maximum wegen der Symmetrie in der Mitte zwischen den beiden Nullstellen annimmt.

Der maximale Gewinn wird bei der Absatzmenge von 19 Stück erreicht und hat einen Wert von 2.160 €.

13.2 Lösungen zu Kapitel 3

3.4.3. a) Schnittpunkte mit den Koordinatenachsen
z-Achse: x = 0, y = 0, z = 20
x-Achse: y = 0, z = 0, x = 5
y-Achse: x = 0, z = 0, y = 4

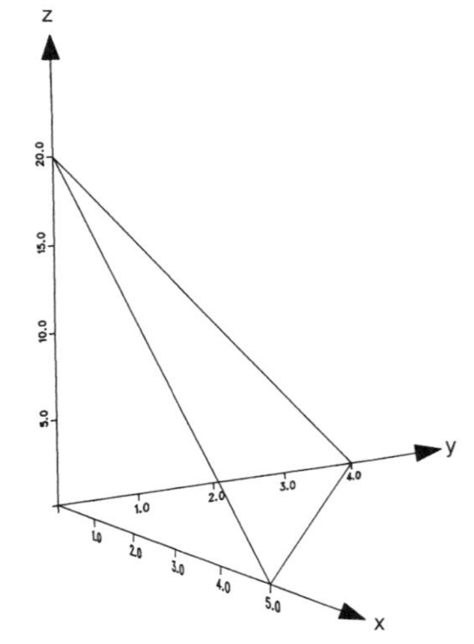

b) $z = 0$: Schnittgerade mit x-y-Ebene $y = 4 - 0{,}8x$

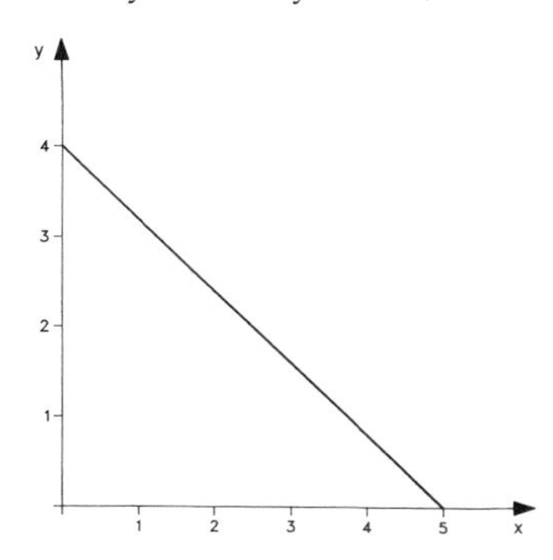

$x = 0$: Schnittgerade mit z-y-Ebene

$z = 20 - 5y$

$y = 0$: Schnittgerade mit z-x-Ebene

$z = 20 - 4x$

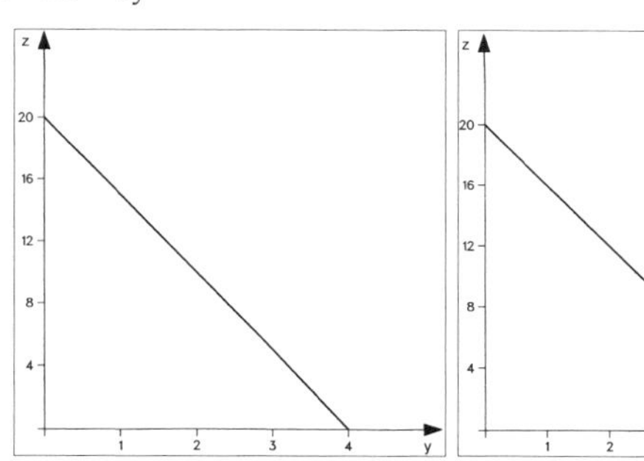

c) $z = 0,\ y = 4 - 0{,}8x$
$z = 20,\ y = -0{,}8x$
$z = 40,\ y = -4 - 0{,}8x$

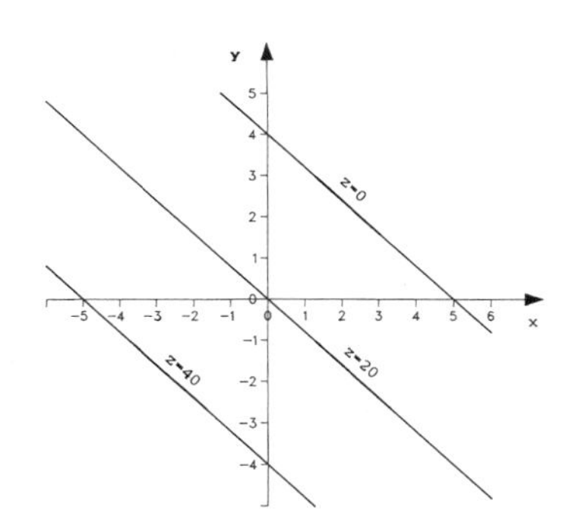

3.5.1. Grafische Ermittlung: Zeichnung des Ertragsgebirges, das durch die Produktionsfunktion aufgespannt wird. Parallel zur x_1-x_2-Ebene werden Schnittebenen durch das Ertragsgebirge gelegt, deren Höhe dem gesuchten y entspricht. Diese sich ergebenden Schnittkurven (Isohöhenlinien) werden auf die x_1-x_2-Ebene projiziert. Auf diesen Isoquanten sind alle Kombinationen der beiden Produktionsfaktoren ablesbar, die zu einer bestimmten Produktionsmenge führen.

Analytische Ermittlung: Die gesuchte Produktionsmenge y = const wird in die Produktionsfunktion eingesetzt, die dann nach x_1 oder x_2 aufgelöst wird.

3.5.2.

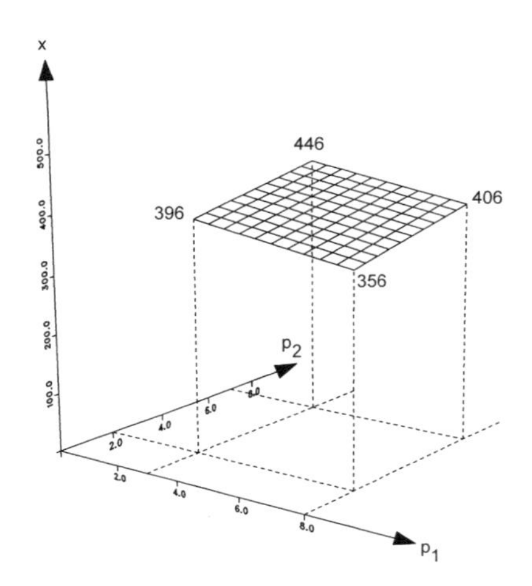

13.3 Lösungen zu Kapitel 4

4.3.1. f besitzt keine Sprungstelle, da ansonsten für verschiedene Definitionsintervalle unterschiedliche Funktionsgleichungen angegeben wären.

Andere Unstetigkeitsstellen können bei dieser Funktion nur in Definitionslücken auftreten.

Nullstellen des Nenners: $x_1 = 5 \quad x_2 = -3$

An den Stellen x_1 und x_2 ist die Funktion nicht definiert, damit liegen Unstetigkeitsstellen vor.

$$f(x) = \frac{x-5}{(x-5)(x+3)} = \frac{1}{x+3} \qquad \mathbb{D} = \mathbb{R} \setminus \{5, -3\}$$

An der Stelle $x_1 = 5$ hat die Funktion eine behebbare Lücke.

$$\lim_{x \to 5^-} f(x) = \frac{1}{8} \qquad \lim_{x \to 5^+} f(x) = \frac{1}{8}$$

Die stetige Ergänzung lautet:

$$g = \frac{1}{x+3} \qquad D,I = R,I \setminus \{-3\}$$

An der Stelle $x_2 = -3$ liegt eine Polstelle mit Vorzeichenwechsel vor, da

$$\lim_{x \to -3^-} \frac{1}{x+3} = -\infty \qquad \lim_{x \to -3^+} \frac{1}{x+3} = +\infty$$

13.4 Lösungen zu Kapitel 5

5.3.1. – 5.3.5.

5.3.1. $f(x) = 4x^{\frac{1}{2}} + 3\,e^x - 2\ln x + \frac{3}{5}$

$$f'(x) = \frac{2}{\sqrt{x}} + 3\,e^x - \frac{2}{x}$$

5.3.2. $f'(x) = (3x^2 - \frac{1}{x})\,e^x + (x^3 - \ln x + 10)\,e^x$

5.3.3. $$f'(x) = \frac{\left(2x + \frac{1}{\sqrt{x}}\right)\left(x^2+7\right) - \left(x^2 + 2\sqrt{x}\right)2x}{\left(x^2+7\right)^2}$$

$$= \frac{14x + \frac{7}{\sqrt{x}} - 3\sqrt{x^3}}{\left(x^2+7\right)^2}$$

5.3.4a. $f'(x) = 50\,(3x^2 + \frac{1}{x^2})^{49}\,(6x - \frac{2}{x^3})$

5.3.4b. $f'(x) = -50\,(3x^2 + \frac{1}{x^2})^{-51}\,(6x - \frac{2}{x^3})$

5.3.4c. $f'(x) = \frac{1}{50}\,(3x^2 + \frac{1}{x^2})^{-\frac{49}{50}}\,(6x - \frac{2}{x^3})$

5.3.4d. $f'(x) = e^{(3x^2+\frac{1}{x^2})} (6x - \frac{2}{x^3})$

5.3.4e. Potenzregel

$$f'(x) = (\ln 20)\ 20^{(3x^2+\frac{1}{x^2})} (6x - \frac{2}{x^3})$$

5.3.4f. $f'(x) = \dfrac{6x - \frac{2}{x^3}}{3x^2 + \frac{1}{x^2}}$

5.3.5a. $f(x) = \left(x \cdot x^{\frac{1}{2}}\right)^{\frac{1}{2}} = \left(x^{\frac{3}{2}}\right)^{\frac{1}{2}} = x^{\frac{3}{4}}$

$$f'(x) = \frac{3}{4\sqrt[4]{x}}$$

5.3.5b. $f'(x) = 20 \cdot z^{19} \cdot (\sqrt{x+1} + 1)$

$$= 20 \cdot z^{19} \cdot ((x+1)^{\frac{1}{2}} + 1)'$$

$$= 20\, z^{19} \left(\frac{1}{2}(x+1)^{-\frac{1}{2}}\right) \cdot 1$$

$$= 20\, (\sqrt{x+1} + 1)^{19} \cdot \frac{1}{2\sqrt{x+1}}$$

5.4.1.1. Nullstellen von f '

$x_1 = 0,\ x_2 = -3,\ x_3 = -2$

$f''(0) = 36 > 0 \rightarrow$ Minimum

$f''(-3) = 18 > 0 \rightarrow$ Minimum

$f''(-2) = -12 < 0 \rightarrow$ Maximum

5.4.1.2. Nullstellen von f '

$x_1 = 0,\ x_2 = -\frac{5}{6}$

$f'''''(0) = 120 \rightarrow$ Sattelpunkt

$f''\left(-\frac{5}{6}\right) = 2{,}89 > 0 \rightarrow$ Minimum

5.5.1.

$f(x) = x \cdot e^x$

1. Definitionsbereich unbeschränkt
2. keine Definitionslücken
3. $x \rightarrow \infty \; : f(x) \rightarrow \infty$

   $x \rightarrow -\infty : f(x) \rightarrow 0$ da $\lim\limits_{x \to -\infty} \frac{x}{e^{|x|}} = 0$
4. eine Nullstelle in $x = 0$
5. $f'(x) = e^x + x \cdot e^x = 0$ für $x = -1$

   $f''(-1) = e^x \cdot (x+2) = 0{,}3679 > 0 \quad \rightarrow$ Minimum
6. f'' hat eine Nullstelle in $x = -2$

   $f'''(-2) = e^x \cdot (x+3) = 0{,}1353 \quad \rightarrow$ Wendepunkt
7. x von $-\infty$ bis -2 : fallend, rechtsgekrümmt

   x von -2 bis -1 : fallend, linksgekrümmt

   x von -1 bis ∞ : steigend, linksgekrümmt

8.

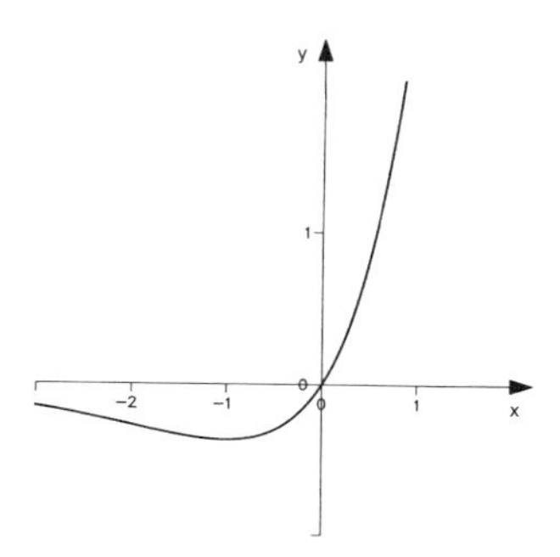

5.5.2.

Standardnormalverteilung

1. Definitionsbereich unbeschränkt

2. keine Definitionslücken

3. $x \to \infty \ : f(x) \to 0$
   $x \to -\infty : f(x) \to 0$

4. keine Nullstellen

5. $f'(x) = -\frac{x}{\sqrt{2\pi}} \cdot e^{-0,5x^2} = 0 \quad \text{für } x = 0$

   $f''(x) = -\frac{1}{\sqrt{2\pi}} \cdot e^{-0,5x^2} + \frac{x^2}{\sqrt{2\pi}} \cdot e^{-0,5x^2}$

   $= \frac{1}{\sqrt{2\pi}} \cdot e^{-0,5x^2} \quad (x^2 - 1)$

   $f''(0) = -\frac{1}{\sqrt{2\pi}} \to \text{Maximum für } x = 0$

6. f '' hat Nullstellen in x = 1 und x = - 1

   $f'''(x) = \frac{x}{\sqrt{2\pi}} \cdot e^{-0,5x^2} \quad (-x^2 + 3)$

   $f'''(-1) \neq 0, \ f'''(1) \neq 0 \to$ Wendepunkte

7. x von $-\infty$ bis -1 : steigend, linksgekrümmt
   x von -1 bis 0 : steigend, rechtsgekrümmt
   x von 0 bis 1 : fallend, rechtsgekrümmt
   x von 1 bis ∞ : fallend, linksgekrümmt

8.

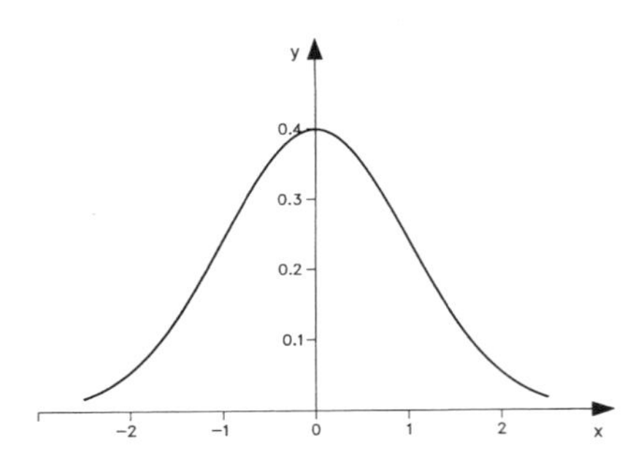

5.5.3. $f(x) = \frac{x}{x^3 - 9x}$

1. Definitionsbereich: Reelle Zahlen außer 0, 3, – 3

2. Definitionslücken

   a) $x = 0 \quad \lim\limits_{x \to 0^+} f(x) = -\frac{1}{9} \quad \lim\limits_{x \to 0^+} f(x) = -\frac{1}{9}$

Rechts- und linksseitiger Grenzwert existieren und sind gleich, d. h. an der Stelle $x = 0$ liegt eine behebbare Lücke vor; die stetige Ergänzung lautet

$$g(x) = \frac{1}{x^2 - 9}$$

b) $x = 3$ $\quad \lim\limits_{x \to 3^-} f(x) = -\infty$

$\lim\limits_{x \to 3^+} f(x) = \infty$

Polstelle mit Vorzeichenwechsel

c) $x = -3$ $\quad \lim\limits_{x \to -3^-} f(x) = \infty$

$\lim\limits_{x \to -3^+} f(x) = -\infty$

Polstelle mit Vorzeichenwechsel

3. $x \to \infty \quad : \quad f(x) \to 0$
   $x \to -\infty \quad : \quad f(x) \to 0$

4. keine Nullstellen

5. $g'(x) = \frac{-2x}{(x^2 - 9)^2} = 0 \quad$ für $x = 0$

   $g''(x) = \frac{6x^2 + 18}{(x^2 - 9)^3}$

   $g''(0) = -0{,}0247 < 0$
   Maximum an der Stelle $x = 0$ für die stetige Ergänzung; f hat keinen Extremwert, da 0 nicht im Definitionsbereich liegt.

6. g'' hat keine Nullstellen, damit haben f und g keine Wendepunkte.

7. x von $-\infty$ bis -3 : steigend, linksgekrümmt
   x von -3 bis 0 : steigend, rechtsgekrümmt
   x von 0 bis 3 : fallend, rechtsgekrümmt
   x von 3 bis ∞ : fallend, linksgekrümmt

8.

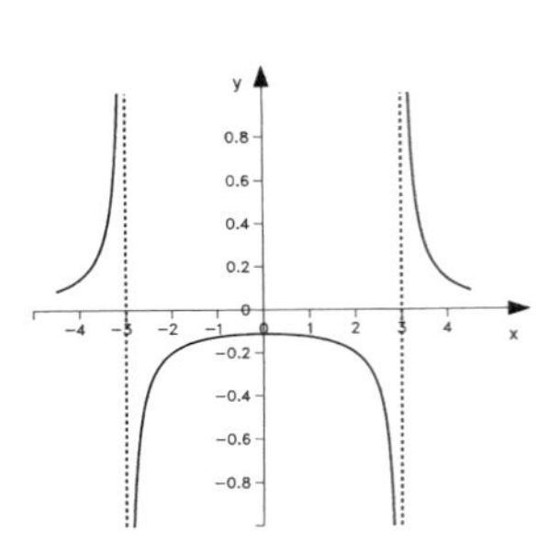

5.6.1. Eine Nullstelle liegt (gerundet) bei 0,6926419. Die zweite Nullstelle liegt bei –1,7843598

5.7.2.1.

$GK = K'(x) = 3x^2 - 50x + 250$

$K'(2) = 162$

$K'(8) = 42$

$K'(18) = 322$

$GK' = K''(x) = 6x - 50 = 0$ für $x = 8{,}3333$

$GK'' = K'''(8{,}33) = 6 > 0 \rightarrow$ Minimum

$GK(8) = 42$ und $GK(9) = 43$

Bei einer Produktion von 8 Einheiten sind die Grenzkosten minimal.

Das Minimum der Grenzkostenfunktion ist gleichzeitig der Wendepunkt der Kostenfunktion.

5.7.2.2.

a) $U(x) = 1.500x - 0{,}05x^2$

$U'(x) = 1.500 - 0{,}1x$

b) $U'(x) = 0$ für $x = 15.000$

$U''(0) = -0{,}1 \rightarrow$ Maximum $\quad p(15.000) = 750$

c)

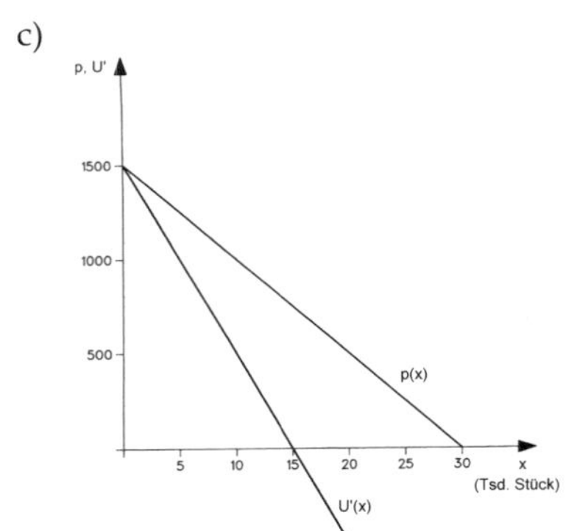

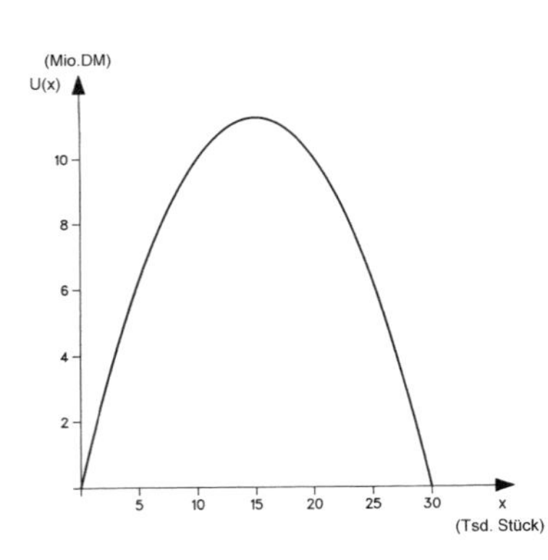

5.7.2.5.

$U(x) = 12x - 0{,}8x^2$

$$G(x) = -0{,}8x^2 + 10x - 32$$

$$G'(x) = -1{,}6x + 10 = 0 \quad \text{für } x = 6{,}25$$

$$G''(6{,}25) < 0 \;\rightarrow\; \text{Maximum}$$

$$p(6{,}25) = 7 \qquad G(6{,}25) = -0{,}75$$

Das Gewinnmaximum entspricht einem Verlustminimum.

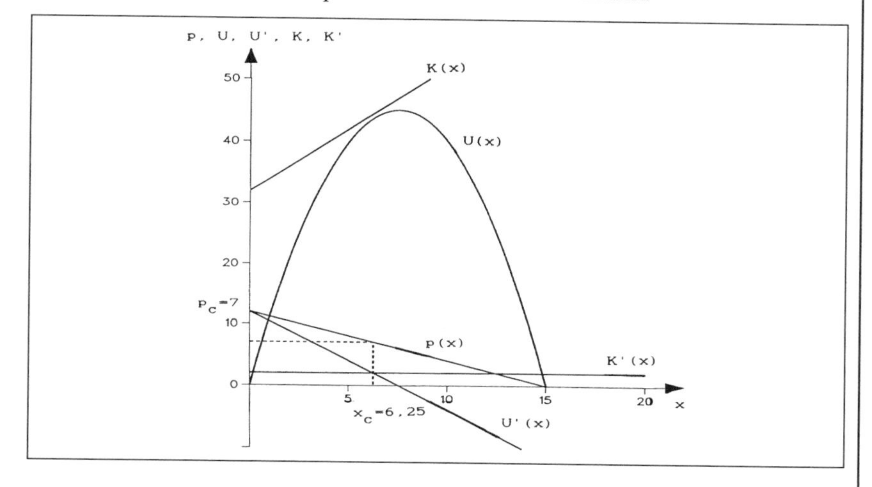

5.7.2.6.

$$x_{opt} = \sqrt{\frac{200 \cdot 2.000 \cdot 50}{8 \cdot 40}} = 250$$

Es müssen 8 Bestellungen aufgegeben werden.

5.7.2.7.1

Marktgleichgewicht in p = 70 und x = 20

Preiselastizität der Nachfrage

$$e_{x,p} = -2 \cdot \frac{70}{20} = -7$$

Preiselastizität des Angebots

$$e_{x,p} = 1 \cdot \frac{70}{20} = 3{,}5$$

5.7.2.7.2

a) $e_{x,p} = -\dfrac{1}{4} \cdot \dfrac{p}{1.250 - \frac{1}{4}p}$

b) $p = 3.000$: $e = -\frac{1}{4} \cdot \frac{3.000}{1.250 - 750} = -\frac{3}{2}$ elastisch

$p = 1.000$: $e = -\frac{1}{4}$ unelastisch

$p = 100$: $e = -0{,}0204$ unelastisch

13.5 Lösungen zu Kapitel 6

6.1.1. – 6.1.6.

1. $\frac{\partial z}{\partial x} = 6x^2 - 2xy + 4y^2 \qquad \frac{\partial z}{\partial y} = -x^2 + 8xy + 9y^2$

2. $\frac{\partial z}{\partial x} = a \qquad \frac{\partial z}{\partial y} = b$

3. $\frac{\partial z}{\partial x} = \ln y \qquad \frac{\partial z}{\partial y} = \frac{x}{y}$

4. $\frac{\partial z}{\partial x} = \frac{6x}{\sqrt{6x^2 - 2y^2}} \qquad \frac{\partial z}{\partial y} = -\frac{2y}{\sqrt{6x^2 - 2y^2}}$

5. $\frac{\partial z}{\partial x} = e^{x^2-y^2} + x \cdot 2x \cdot e^{x^2-y^2} = e^{x^2-y^2}(1 + 2x^2)$

   $\frac{\partial z}{\partial y} = -2xy \cdot e^{x^2-y^2}$

6. $\frac{\partial z}{\partial x_1} = 10x_1x_2^4x_3^3x_4 \qquad \frac{\partial z}{\partial x_2} = 20x_1^2x_2^3x_3^3x_4$

   $\frac{\partial z}{\partial x_3} = 15x_1^2x_2^4x_3^2x_4 \qquad \frac{\partial z}{\partial x_4} = 5x_1^2x_2^4x_3^3 \qquad \frac{\partial z}{\partial x_5} = 1$

6.2.1.

$\frac{\partial z}{\partial x} = 2x \qquad \frac{\partial z}{\partial y} = 3y^2 \qquad \frac{\partial^2 z}{\partial x^2} = 2 \qquad \frac{\partial^2 z}{\partial y^2} = 6y \qquad \frac{\partial^2 z}{\partial x \partial y} = 0$

6.2.2.

$\frac{\partial z}{\partial x} = 18x^2y^2 \qquad \frac{\partial z}{\partial y} = 12x^3y$

$\frac{\partial^2 z}{\partial x^2} = 36xy^2 \qquad \frac{\partial^2 z}{\partial y^2} = 12x^3 \qquad \frac{\partial^2 z}{\partial x \partial y} = 36x^2y$

6.3.

$U(x_1) = 1.800x_1 - 8x_1^2 \qquad U(x_2) = 2.000x_2 - 10x_2^2$

$G(x_1, x_2) = 850x_1 - 8x_1^2 + 950x_2 - 10x_2^2 - 15x_1x_2 - 3.000$

$\frac{\partial G}{\partial x_1} = 850 - 16x_1 - 15x_2 = 0$

$$\frac{\partial G}{\partial x2} = 950 - 20x_2 - 15x_1 = 0$$

$x_1 = 28{,}9474 \qquad x_2 = 25{,}7895$

$$\frac{\partial^2 G}{\partial x_1^2} = -16 \qquad \frac{\partial^2 G}{\partial x_2^2} = -20 \qquad \frac{\partial^2 z}{\partial x_1 \partial x_2} = -15$$

$(-16) \cdot (-20) > (-15)^2 \rightarrow$ Maximum

Der Unternehmer sollte gerundet 29 Stück von Produkt 1 zu einem Preis von 1.568 € und 26 Stück von Produkt 2 zu einem Preis von 1.740 € anbieten (G_{max} = 21.552 €).

6.4.3.1.

$$f^*(x,y,z,\lambda) = 5x + 10y + 20z - \frac{1}{2}x^2 - \frac{1}{4}y^2 - z^2 + \lambda\,(x + 2y + 4z - 17)$$

$$\frac{\partial f^*}{\partial x} = 5 - x + \lambda = 0$$

$$\frac{\partial f^*}{\partial y} = 10 - \frac{1}{2}y + 2\lambda = 0$$

$$\frac{\partial f^*}{\partial z} = 20 - 2z + 4\lambda = 0$$

$$\frac{\partial f^*}{\partial \lambda} = x + 2y + 4z - 17 = 0$$

Stationärpunkt: $x = 1 \qquad y = 4 \qquad z = 2 \qquad \lambda = -4$

$f(1, 4, 2) = 76{,}5$

Zur Kontrolle Berechnung des Nutzens an benachbarten Stellen, die ebenfalls die Nebenbedingungen erfüllen:

$f(3, 5, 1) = 73{,}25 \quad f(3, 3, 2) = 74{,}25$

Es handelt sich um das Maximum der Nutzenfunktion.

6.4.3.2.

$$f^*(x_1, x_2, x_3, \lambda) = 22 + \frac{1}{4}x_1^2 + \frac{1}{8}x_2^2 + \frac{1}{2}x_3^2 + \lambda\,(3x_1 + 2x_2 + 4x_3 - 25)$$

$$\frac{\partial f^*}{\partial x_1} = \frac{1}{2}x_1 + 3\lambda = 0$$

$$\frac{\partial f^*}{\partial x_2} = \frac{1}{4}x_2 + 2\lambda = 0$$

$$\frac{\partial f^*}{\partial x_3} = x_3 + 4\lambda = 0$$

$$\frac{\partial f^*}{\partial \lambda} = 3x_1 + 2x_2 + 4x_3 - 25 = 0$$

Stationärpunkt: $x_1 = 3 \quad x_2 = 4 \quad x_3 = 2 \quad \lambda = -0{,}5$

$f(3, 4, 2) = 28{,}25$

Benachbarte Punkte: $f(5, 3, 1) = 29{,}875$

$f(3, 2, 3) = 29{,}25$

Es handelt sich um das Minimum.

6.4.3.3. Zielfunktion:

$$G = 0{,}15 \cdot \left(\frac{40x}{2 + 0{,}002x} + \frac{30y}{3 + 0{,}0015y} \right) - x - y$$

Nebenbedingung: $x + y = 500$

Erweiterte Zielfunktion:

$$G^* = 0{,}15 \cdot \left(\frac{40x}{2 + 0{,}002x} + \frac{30y}{3 + 0{,}0015y} \right) - x - y + \lambda\,(x + y - 500)$$

$$= \left(\frac{6x}{2 + 0{,}002x} + \frac{4{,}5y}{3 + 0{,}0015y} \right) - x - y + \lambda\,(x + y - 500)$$

Partielle Ableitungen:

$$\frac{\partial G^*}{\partial x} = \frac{6(2 + 0{,}002x) - 6x \cdot 0{,}002}{(2 + 0{,}002x)^2} - 1 + \lambda = \frac{12}{(2 + 0{,}002x)^2} - 1 + \lambda = 0$$

$$\frac{\partial G^*}{\partial y} = \frac{4{,}5(3 + 0{,}0015y) - 4{,}5y \cdot 0{,}0015}{(3 + 0{,}0015y)^2} - 1 + \lambda$$

$$= \frac{13{,}5}{(3 + 0{,}0015y)^2} - 1 + \lambda = 0$$

$$\frac{\partial f^*}{\partial \lambda} = x + y - 500 = 0$$

Auflösung des Gleichungssystems:

$$\frac{12}{(2 + 0{,}002x)^2} = \frac{13{,}5}{(3 + 0{,}0015y)^2}$$

$$x = 500 - y$$

$$\frac{12}{(2+1-0{,}002y)^2} = \frac{13{,}5}{(3+0{,}0015y)^2}$$

$$\frac{12}{9-0{,}012y+0{,}000004y^2} = \frac{13{,}5}{9+0{,}009y+0{,}00000225y^2}$$

$0{,}000027y^2 - 0{,}27y + 13{,}5 = 0$

$y^2 - 10.000y + 500.000 = 0$

$y_1 = 50{,}2525 \quad x_1 = 449{,}7475$

$y_2 = 9.949{,}7475 \quad x_2 = -9.449{,}7475$ ökonomisch nicht relevant

$\lambda = -0{,}4274$

Stationärpunkt: $x_1 = 449{,}7475$ $y_1 = 50{,}2525$

Hinreichende Bedingung für Vorliegen eines Extremwertes

$$\frac{\partial^2 G^*}{\partial x^2} = -\frac{0{,}048}{(2+0{,}002x)^3}$$

$$\frac{\partial^2 G^*}{\partial y^2} = -\frac{0{,}0405}{(3+0{,}0015y)^3}$$

$$\frac{\partial^2 G^*}{\partial x \partial y} = 0$$

$f_{xx}''(x_0,y_0) \cdot f_{yy}''(x_0,y_0) > (f_{xy}''(x_0,y_0))^2$

$(-0{,}00196913)(-0{,}00139238) > 0$

$0{,}00000274 > 0$

$f_{xx}''(x_0,y_0)$ und $f_{yy}''(x_0,y_0)$ sind negativ; daraus folgt, dass an der gefundenen Stelle ein Maximum vorliegt.

13.6 Lösungen zu Kapitel 7

7.1.1. – 7.1.8.

1. $F(x) = \frac{1}{2}x^2 + C$
2. $F(x) = e^x + \frac{1}{7}x^7 + C$
3. $F(x) = 3x^2 - 3x + C$

4. $F(x) = \frac{2\sqrt{x^3}}{3} + C$

5. $F(x) = \frac{7\sqrt[7]{x^8}}{8} + 7x + C$

6. $F(x) = -\frac{1}{x} + C$

7. $F(x) = 2\sqrt{x} + C$

8. $F(x) = x^5 + x^3 - \frac{1}{2}x^2 + \frac{4}{3}\sqrt{x^3} - 9x + C$

7.2.1. – 7.2.5.

1. 71,6667
2. 102,4
3. 1,7183
4. 18
5.

a) Nullstelle $x_0 = -\frac{2}{3}$ außerhalb des Intervalls.

$A = 32$

b) Nullstellen $x_1 = 0$ und $x_2 = 2$

$F = |F_1| + |F_2| + |F_3| = |4| + |-4| + |4| = 12$

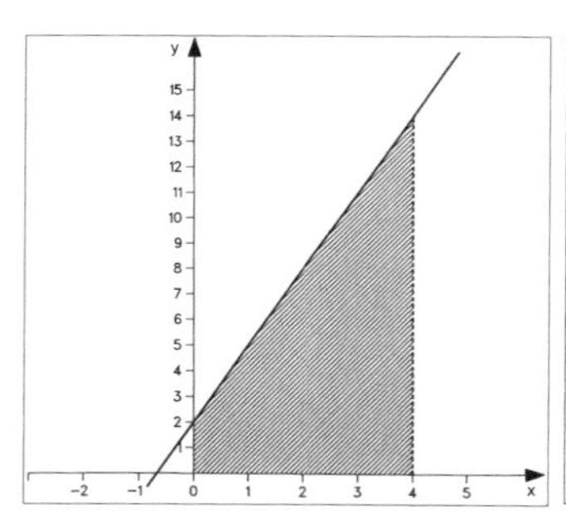

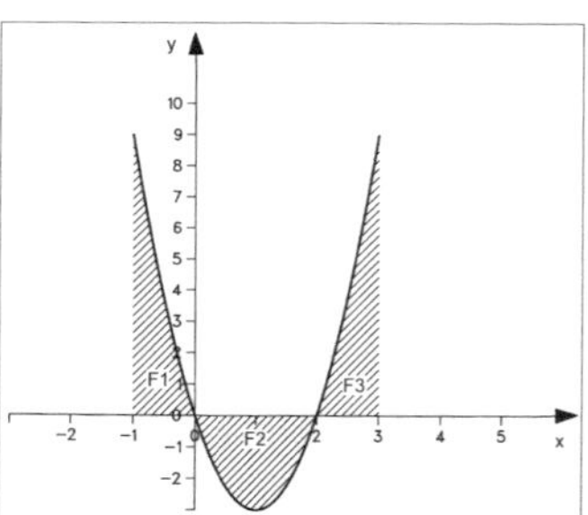

7.2.6.

$f(x) = 2x^3 - 4x^2 + 2x$

1. Definitionsbereich unbeschränkt

2. keine Definitionslücken

3. $x \to \infty \quad : \quad f(x) \to \infty$

   $x \to -\infty \quad : \quad f(x) \to -\infty$

4. Nullstellen: $x_1 = 0$, $x_2 = 1$

5. Extrema: Minimum für $x = 1$

   Maximum für $x = \frac{1}{3}$

6. Wendepunkt an der Stelle $x = \frac{2}{3}$

7. x von $-\infty$ bis $\frac{1}{3}$: rechtsgekrümmt, steigend

   x von $\frac{1}{3}$ bis $\frac{2}{3}$: rechtsgekrümmt, fallend

   x von $\frac{2}{3}$ bis 1 : linksgekrümmt, fallend

   x von 1 bis ∞ : linksgekrümmt, steigend

8. Skizze

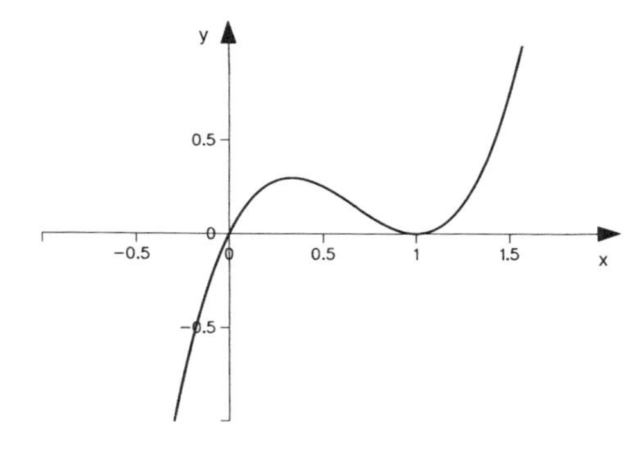

Fläche: $\frac{1}{6} = 0{,}1667$

7.3.1.

$K(x) = x^3 - 3x^2 + 3x + 3$

$U(x) = 16x - 2x^2$

$G(x) = -x^3 + x^2 + 13x - 3$

$G'(x) = -3x^2 + 2x + 13 = 0$

$x_1 = 2{,}4415$

$x_2 = -1{,}7749$ ökonomisch nicht relevant

$G''(2{,}4415) = -6x + 2 < 0 \rightarrow$ Maximum

$G(2{,}4415) = 20{,}1468 \qquad p(2{,}4415) = 11{,}1170$

7.3.2.

a) $\int_{0,7}^{5,3} n(x)\,dx = [-0{,}09x^3 + 0{,}81x^2 - x]_{0,7}^{5,3} = 4{,}38794$ (100 %)

$\int_{0,7}^{2} n(x)\,dx = 0{,}85397$ (19,461752 %)

b) $\int_{4}^{5,3} n(x)\,dx = 0{,}85397$ (19,461752 %)

c) $s \cdot \int_{0,7}^{5,3} n(x)\,dx = 2300 \Rightarrow s \cdot 4{,}38794 = 2300 \Rightarrow s = 524{,}16396$

7.3.3.

Bei $p = 8$ gilt $x = 20$.

Konsumentenrente = 186,6667 – 160 = 26,6667

13.7 Lösungen zu Kapitel 8

8.4.1.

a) Nicht möglich, da Spaltenzahl von A nicht mit der Zeilenzahl von B übereinstimmt.

b) (21 24 –9 30)

c) $\begin{pmatrix} 82 & -40 & -6 \\ 12 & -40 & 44 \\ 58 & -30 & -2 \end{pmatrix}$

d) $\begin{pmatrix} 0 & 4 & 4 \\ 0 & 0 & 4 \\ 1 & 0 & 9 \end{pmatrix}$

e) $\begin{pmatrix} 1 & 8 \\ -3 & -24 \\ 6 & 48 \end{pmatrix}$

f) 102

g) $\begin{pmatrix} -78 & -42 \\ -85 & -39 \end{pmatrix}$ $\begin{pmatrix} -27 & -51 \\ -58 & -90 \end{pmatrix}$

h) Nicht möglich, Matrizen sind nicht vom gleichen Typ.

i) $\begin{pmatrix} 1 & -6 & 2 \\ -7 & 3 & 2 \\ 8 & 0 & 6 \end{pmatrix}$ Multiplikation mit Einheitsmatrix

8.4.2.

a) $(80\ 100\ 50) \cdot \begin{pmatrix} 2 & 8 & 6 \\ 5 & 8 & 5 \\ 4 & 6 & 6 \end{pmatrix} = (860\ 1.740\ 1.280)$

b) $(40\ 60\ 70) \cdot \begin{pmatrix} 80 & 100 \\ 100 & 90 \\ 50 & 40 \end{pmatrix} = (12.700\ 12.200)$

c) Betriebskosten pro Minute bestimmen und mit Ergebnis von a) multiplizieren.

$(0{,}5\ 0{,}9\ 1{,}1) \cdot \begin{pmatrix} 860 \\ 1.740 \\ 1.280 \end{pmatrix} = 3.404\ €$

d) Kosten für Einzelteile

$(80\ 100\ 50) \cdot \begin{pmatrix} 24 \\ 28 \\ 15 \end{pmatrix} = 5.470\ €$

Gesamtkosten 3.404 + 5.470 = 8.874 €

Gewinn = Umsatz – Kosten = 12.700 – 8.874 = 3.826 €

8.4.3.

$A = \begin{pmatrix} 2 & 4 & 2 \\ 5 & 8 & 8 \\ 5 & 3 & 2 \end{pmatrix} \quad B = \begin{pmatrix} 2 & 5 & 0 \\ 7 & 5 & 4 \\ 3 & 4 & 7 \end{pmatrix} \quad C = \begin{pmatrix} 9 & 8 \\ 6 & 4 \\ 1 & 8 \end{pmatrix}$

$$A \cdot B = \begin{pmatrix} 38 & 38 & 30 \\ 90 & 97 & 88 \\ 37 & 48 & 26 \end{pmatrix}$$

$$G = A \cdot B \cdot C = \begin{pmatrix} 600 & 696 \\ 1.480 & 1.812 \\ 647 & 696 \end{pmatrix}$$

	P_1	P_2
R_1	600	696
R_2	1.480	1.812
R_3	647	696

8.5.6.1. a) $x_1 = 10 \quad x_2 = 100 \quad x_3 = 2$

b) $x_1 = -2 \quad x_2 = 4 \quad x_3 = 50 \quad x_4 = 1$

8.5.6.2.

$$\begin{aligned} 0{,}5x_1 + x_2 + 3x_3 &= 40 \\ x_1 + 3x_3 + x_4 &= 40 \\ 2x_1 + 4x_3 &= 40 \\ x_2 + x_3 + x_4 &= 40 \end{aligned}$$

$x_1 = 10 \quad x_2 = 20 \quad x_3 = 5 \quad x_4 = 15$

8.5.6.3. x_1 – Anzahl der Packungen 1, x_2 – Anzahl der Packungen 2

$4x_1 + 3x_2 = 17 \quad 2x_1 + 3x_2 = 13 \quad x_1 = 2 \quad x_2 = 3$

13.8 Lösungen zu Kapitel 9

9.2.1. x_1 – Produktionsmenge Videorecorder

x_2 – Produktionsmenge CD-Player

$$\frac{1}{4}x_1 + \frac{1}{6}x_2 \leq 120$$

$$\frac{1}{2}x_1 + \frac{1}{5}x_2 \leq 200$$

$$\frac{1}{12}x_1 + \frac{1}{20}x_2 \leq 37$$

$x_1 \geq 0 \quad x_2 \geq 0$

$G = 60x_1 + 30\,x_2$ Isogewinngerade: $G = 12.000$

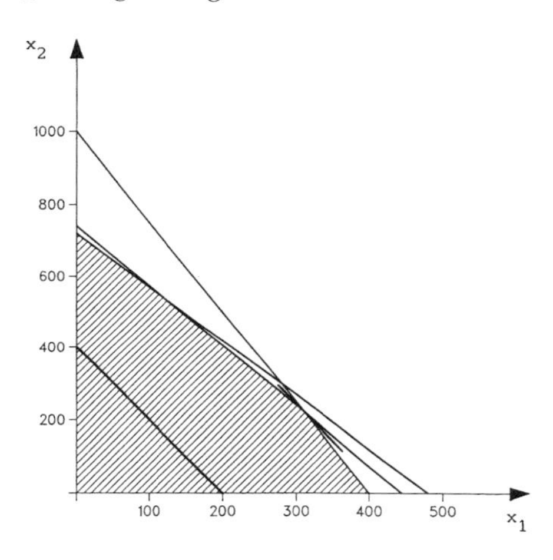

Parallelverschiebung zeigt: Gewinnmaximum liegt im Schnittpunkt der Kapazitätsgrenzen von Anlage II und Endkontrolle.

Schnittpunkt: $x_1 = 312\ x_2 = 220$

Der Gewinn beträgt dann: $G = 25.320$ €

9.2.2.

x_1 – Bestellmenge von Typ A

x_2 – Bestellmenge von Typ B

Gewinnfunktion: $G = 5.100x_1 + 6.000x_2$

Nebenbedingungen:

– Mindestabnahme:	$x_1 \geq 30$	$x_2 \geq 20$
– Lagermöglichkeit:	$x_1 \leq 65$	$x_2 \leq 45$
– Einkaufsetat:	$20.000x_1 + 25.000x_2 \leq 2.000.000$	
– Abnahmeverpflichtung:	$x_1 \leq 3x_2$	$x_1 - 3\,x_2 \leq 0$
– Nichtnegativitätsbedingungen:	$x_1 \geq 0$	$x_2 \geq 0$

Isogewinngerade für $G = 306.000$

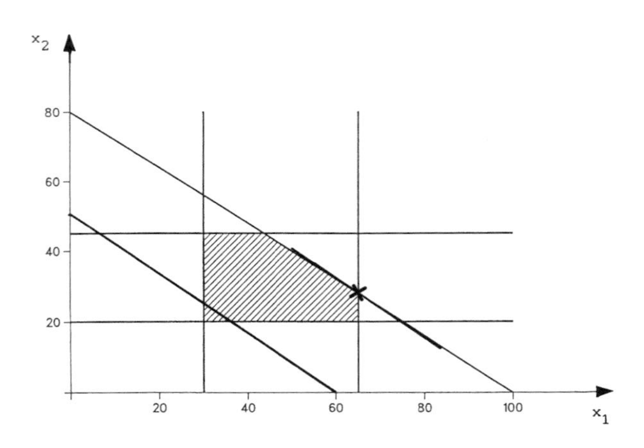

Parallelverschiebung zeigt: Gewinnmaximum liegt im Schnittpunkt von $x_1 \leq 65$ und der Begrenzung durch den Einkaufsetat.

Schnittpunkt: $x_1 = 65$ $x_2 = 28$ $G = 499.500$

9.3.1.

$x_1 + 2x_2 \leq 80$

$x_1 + 0{,}5x_2 \leq 40$

$1{,}6x_1 + 1{,}6x_2 \leq 80$

$G = 30\, x_1 + 50x_2$

Simplex-Methode

X_1	X_2	Y_1	Y_2	Y_3	G	
1	2	1	0	0	0	80
1	0,5	0	1	0	0	40
1,6	1,6	0	0	1	0	80
- 30	- 50	0	0	0	1	0

Optimallösung

X_1	X_2	Y_1	Y_2	Y_3	G	
0	1	1	0	–0,625	0	30
0	0	0,5	1	–0,9375	0	5
1	0	-1	0	1,25	0	20
0	0	20	0	6,25	1	2.100

Simplex-Methode (verkürztes Tableau)

	X_1	X_2	
Y_1	1	2	80
Y_2	1	0,5	40
Y_3	1,6	1,6	80
G	–30	–50	0

Optimallösung

	Y_3	Y_1	
X_2	–0,625	1	30
Y_2	–0,9375	0,5	5
X_1	1,25	–1	20
G	6,25	20	2.100

13.9 Lösungen zu Kapitel 10

10.1.1.

gefaltet	Dicke
0	0,001 m $=0.001 \cdot 2^0$
1	0.002 m $=0,001 \cdot 2^1$
2	0.004 m $=0,001 \cdot 2^2$
.	.
.	.
30	$0,001 \cdot 2^{30} = 1.073,7418$ km
.	.
.	.
100	$0.001 \cdot 2^{100} = 1,2677 \cdot 10^{24}$ km

1 Lichtjahr entspricht $9,4605 \cdot 10^{12}$ km

$1,2677 \cdot 10^{24}$ km entspricht $1,3399 \cdot 10^{11}$ Lichtjahren

Der Radius des Weltalls wird auf $13 \cdot 10^9$ Lichtjahre geschätzt.

Die 100-mal gefaltete Zeitung passt nicht in das Universum.

10.1.2.1.

$$\sum_{i=1}^{n} a_i = 14.000$$

$a_1 = 225 \qquad d = 50$

$$14.000 = \frac{n}{2} \cdot (2 \cdot 225 + (n-1) \cdot 50)$$

$n_1 = 20$

$n_2 = -28$ ökonomisch nicht relevant

Nach 20 Wochen ist der Auftrag erfüllt.

In der letzten Woche werden 1.175 Nähmaschinen hergestellt.

10.1.2.2.

$$\sum_{i=1}^{64} 2^{i-1} = 1 + 2 + 4 + 8 + 16 + \ldots + 2^{63}$$

$$= 1 \cdot \frac{2^{64}-1}{2-1} = 2^{64} - 1 \sim 2^{64} = 1{,}84467441 \cdot 10^{19}$$

Annahme: 1 Reiskorn wiegt 0,03 Gramm

1 Tonne entspricht 33,33 Mio. Reiskörnern.

$$\frac{2^{64}}{33.333.333} = 5{,}5340 \cdot 10^{11} \text{ Tonnen}$$

$$\frac{5{,}5340 \cdot 10^{11}}{680 \cdot 10^{6}} = 813{,}82 \text{ Welternten}$$

10.2.1.

a) $10.000 = 500.000 \cdot (1 - 0{,}25)^n$

$\log 0{,}02 = n \cdot \log 0{,}75 \qquad n = 13{,}5984$

Das Unternehmen muss 14 Jahre lang abschreiben.

b)

Jahr	Abschreibung	Restbuchwert
1	125.000	375.000
2	93.750	281.250
3	70.312,5	210.937,5
4	52.734,375	158.203,125
5	39.550,78125	118.652,3438
6	21.730,46876	96.921,87504
7	21.730,46876	75.191,40628
8	21.730,46876	53.460,93752
9	21.730,46876	31.730,46876
10	21.730,46876	10.000

10.2.2.2.1.

$$K_0 = \frac{54.000}{1+10\cdot\frac{5}{100}} = 36.000\ €$$

10.2.2.2.2.

$$K_n = 2 \cdot K_0$$

$$n = \left(\frac{2}{1}-1\right) \cdot \frac{100}{6} = 16{,}6667 \text{ Jahre}$$

10.2.2.2.3.

$$p = \left(\frac{50.000}{20.000}-1\right) \cdot \frac{100}{10} = 15\ \%$$

10.2.2.3.1.

$$n = \frac{\log\frac{2}{1}}{\log 1{,}06} = 11{,}8957 \text{ Jahre}$$

10.2.2.3.2.

a) A: $Kn = 205.512{,}9995\ €$

B: $Kn = 200.000\ €$

b) A: $K_0 = 150.000\ €$

B: $K_0 = 145.976{,}1673\ €$

c) A: $p = 6{,}5\ \%$

B: $p = 5{,}9224\%$

10.2.2.4.1.

$$2 = 1 \cdot \left(1+\frac{6}{12\cdot 100}\right)^{n\cdot 12}$$

$$\log 2 = \log 1{,}005^{12\cdot n} = 12n \cdot \log 1{,}005$$

$$n = 11{,}5813 \text{ Jahre}$$

10.2.2.4.2.

a) $K_n = 226.098{,}3442\ €$

b) $K_n = 221.964{,}0235\ €$

$p^* = 8{,}30\ \%$

10.2.2.5.1.

$$2 = 1 \cdot e^{n\cdot 0{,}06}$$

$$n = \frac{\ln 2}{0{,}06\cdot \ln e} = 11{,}5525 \text{ Jahre}$$

10.2.2.5.2.

a) $p^* = 9\ \%$

b) $p^* = 9{,}0980\ \%$

c) $p^* = 9{,}0897\ \%$

10.2.2.5.3.

a) $18 = 13 \cdot e^{0,05 \cdot p}$

$p = 6{,}5084\ \%$ pro Tag

b) $50 = 13 \cdot e^{0,065084 \cdot n}$

$n = 20{,}6975$ Tage

c) $K_n = 13 \cdot e^{0,065084 \cdot 30} = 91{,}6035\ \%$

10.2.3.1.

a) $R_n = 41.269{,}9655$ €

b) $R_0 = 41.269{,}9655$ € $\quad R_n = 67.224{,}4251$ €

$r = 5.344{,}6493$ €

10.2.3.2.

$K_n = 39.343{,}03$ €

$R_n = 29.014{,}54$ €

10.2.4.

a)

Jahr	Restschuld Jahresanfang	Zinsen Jahresende	Tilgungsrate	Annuität
1	400.000	32.000	0	32.000
2	400.000	32.000	0	32.000
3	400.000	32.000	0	32.000
4	400.000	32.000	0	32.000
5	400.000	32.000	0	32.000
6	400.000	32.000	80.000	112.000
7	320.000	25.600	80.000	105.600
8	240.000	19.200	80.000	99.200
9	160.000	12.800	80.000	92.800
10	80.000	6.400	80.000	86.400
		256.000	400.000	656.000

b)

Jahr	Restschuld Jahresanfang	Zinsen Jahresende	Tilgungsrate	Annuität
1	400.000	32.000	0	32.000
2	400.000	32.000	0	32.000
3	400.000	32.000	0	32.000
4	400.000	32.000	0	32.000
5	400.000	32.000	0	32.000
6	400.000	32.000	68.182,58	100.182,58
7	331.817,42	26.545,39	73.637,19	100.182,58
8	258.180,23	20.654,42	79.528,16	100.182,58
9	178.652,07	14.292,17	85.890,42	100.182,58
10	92.761,67	7.420,93	92.761,65	100.182,58
		260.912,91	400.000	660.912,90

10.2.5.1.

a) C_0 = –2.000.000-921.658,99+169.891,06+704.617,29+1.082.361,43+997.568,13 = 32.778,92 €

b) A = 8.318,17 €

c) Die Rendite r entspricht ca. 8,83 %. Sie ist ausreichend angenähert mit C_0 = 53,24 €

10.2.5.2.

$$C_0 = -1.100.000 + \frac{85x - 25.000}{112} + \ldots + \frac{85x - 25.000}{112^{10}}$$

$$C_0 = -1.100.000 + (85x - 25.000)\frac{1{,}12^{10} - 1}{1{,}12^{10}(1{,}12 - 1)}$$

$$C_0 = -1.100.000 + (85x - 25.000) \cdot 5{,}650223$$

Für verschiedene Stückzahlen x werden die entsprechenden C_0-Werte berechnet. Die kritische Absatzmenge beträgt 2.585 Tiere pro Jahr. Bei 2.584 Tieren ist der Kapitalwert noch negativ.

13.10 Lösungen zu Kapitel 11

11.1.1.

126 22.537.515

11.1.2.

$$\binom{n}{n} = \frac{n!}{0!\,n!} = 1 = \frac{n!}{n!\,0!} = \binom{n}{0}$$

11.1.3. $(s + t)^5 = s^5 + 5s^4t + 10s^3t^2 + 10s^2t^3 + 5st^4 + t^5$

11.2.1.
a) $P = 19! = 1{,}21645 \cdot 10^{17}$

b) $P = 4! = 24$

c) $P = \frac{19!}{5!\,6!\,3!\,5!} = 1.955.457.504$

11.3.1. Komb. o. Wdh., mit Ber. d. Anord., k = 3, n = 50

K = 117.600

11.3.2.
a) Komb. o. Wdh., o. Ber. d. Anord., k = 2, n = 32

K = 496

b) Komb. o. Wdh., o. Ber. d. Anord.

1. Runde: k = 2, n = 32, K = 496
2. Runde: k = 2, n = 16, K = 120
3. Runde: k = 2, n = 8, K = 28
4. Runde: k = 2, n = 4, K = 6
5. Runde: k = 2, n = 2, K = 1

Insgesamt 31 Wettkämpfe.

11.3.3. Komb. mit Wdh., mit Ber. d. Anord.

Buchstaben: k = 2, n = 26, K = 676

Zahlen: k = 3, n = 10, K = 1.000 - 1 = 999, da 000 nicht erlaubt

Insgesamt: 676 · 999 = 675.324 Möglichkeiten

Zusatzfrage:

Buchstaben: K = 676 + 26 = 702

Insgesamt: 701.298 Möglichkeiten

11.3.4.
a) Perm. o. Wdh. P = 12! = 479.001.600

b) Perm. mit Wdh. P = 27.720

11.3.5.
a) Komb. o. Wdh., mit Ber. d. Anord., k = 4, n = 20

K = 116.280

b) Komb. mit Wdh., mit Ber. d. Anord., k = 4, n = 20

K = 160.000

c) 1. Gang: 5

2. Gang: 4

3. Gang: 4

4. Gang: 4

Insgesamt: 560 Möglichkeiten

11.3.6.

Klassensprecher: Komb. o. Wdh., mit Ber. d. Anord.

k = 1, n = 25, K = 25

Stellvertreter: Komb. o. Wdh., o. Ber. d. Anord.

k = 2, n = 24, K = 276

Insgesamt: 6.900 Möglichkeiten

11.3.7.

Komb. mit Wdh., mit Ber. d. Anord., k = m, n = 2 $K = 2^m$

11.3.8.

Perm. mit Wdh., P = 5.765.760

Wahrscheinlichkeit: 1:5.765.760

11.3.9.

Komb. mit Wdh., o. Ber. d. Anord., k = 8, n = 2 K = 9

11.3.10.

a) Komb. o. Wdh., o. Ber. d. Anord., k = 3, n = 21

K = 1.330

b) ein beliebtes: Komb. o. Wdh., o. Ber. d. Anord.,

k = 1, n = 3, K = 3

zwei unbeliebte: Komb. o. Wdh., o. Ber. d. Anord.,

k = 2, n = 18, K = 153

Insgesamt: 459 Möglichkeiten

11.3.11.

a) Komb. mit Wdh., o. Ber. d. Anord., k = 5, n = 6 K = 252

b) Komb. mit Wdh., o. Ber. d. Anord.,

5 Fische: 252 4 Fische: 126

3 Fische: 56 2 Fische: 21

1 Fisch: 6 0 Fische: 1

Insgesamt: 462 Möglichkeiten

11.3.12.

Komb. o. Wdh., o. Ber. d. Anord., k = 10, n = 32

K = 64.512.240

14 Lösungen zur Fallstudie

14.1 Lösungen zu Produktionsbereich I

Aufgabe 1 + 2

1. $K(x) = 25{,}25 \cdot x + 850.000$

2. $p(x) = 250 - 0{,}006 \cdot x$

Aufgabe 3

3 a) Umsatzfunktion: $U(x) = p \cdot x : U(x) = 250x - 0{,}006x^2$

Bestimmung des gewinnmaximalen Preises

$G = U - K$

$G(x) = 224{,}75 \cdot x - 0{,}006 \cdot x^2 - 850.000$

$G'(x) = 224{,}75 - 0{,}012 \cdot x = 0$

$x = 18.729{,}1667 \sim 18.729$

$G''(x) = -0{,}012 \rightarrow$ Maximum $\quad G(18.729) = 1.254.690{,}10$ €

Da jedoch die Kapazitätsgrenze (15.000 ME) überschritten ist, ist der mögliche Gewinn geringer. Er beträgt bei einer produzierten Menge von 15.000 Einheiten 1.171.250 €.

Der Preis für eine Pumpe müsste folglich 160 € betragen, um diese Menge absetzen zu können.

Bestimmung des umsatzmaximalen Preises

$U'(x) = 250 - 0{,}012 \cdot x = 0$

$x = 20.833{,}33 \quad U''(x) = -0{,}012 \rightarrow$ Maximum

Auch hier liegt das Umsatzmaximum über der Kapazitätsgrenze. An der Kapazitätsgrenze (15.000 ME) könnten höchstens 2.400.000 € Umsatz erreicht werden. Somit liegt der Preis auch hier bei 160 € für eine Pumpe.

b) Bestimmung von Gewinnschwelle und Gewinngrenze

$G(x) = 224{,}75 \cdot x - 0{,}006 \cdot x^2 - 850.000 = 0$

$x_1 = 33.190 \qquad x_2 = 4.268$

Bestimmung der jeweiligen Preise

$p(x) = 250 - 0{,}006 \cdot x \qquad p_1(33.190) = 50{,}86\ € \qquad p_2(4.268) = 224{,}39\ €$

p_1 ist nicht realisierbar, da die Menge aufgrund der Kapazitätsgrenze nicht produzierbar ist.

Aufgabe 4

4. Konsumentenrente

$p(x) = 250 - 0{,}006 \cdot x$

$x(G_{max}) = 15.000\ ME \qquad p(G_{max}) = 160\ €$

$$\int_0^{15.000} (250x - 0{,}006 \cdot x)\, dx - 15.000 \cdot 160 =$$

$$\left[250x - 0{,}003 \cdot x^2\right]_0^{15.000} - 15.000 \cdot 160$$

Konsumentenrente = 675.000 €

Aufgabe 5

5 a) Ermittlung der zusätzlichen Kosten

$$K_f = \frac{A}{n} + \frac{A}{2} \cdot i \qquad K_f = \frac{A}{5} + \frac{A}{2} \cdot 0{,}1$$

$K_f = 0{,}2 \cdot A + 0{,}05 \cdot A = 0{,}25 \cdot A$

b) Höhe der Anschaffungskosten

Zusätzlicher Gewinn: $G(18.729) - G(15.000) = 83.440{,}10\ €$

Zusätzliche Kosten: $0{,}25 \cdot A$

$0{,}25 \cdot A \leq 83.440{,}10\ €$

$A = 333.760{,}40\ €$ (Zusätzliche Kosten $K_f = 83.440{,}10\ €$)

c) Aufstellen der neuen Kostenfunktion

$K(x) = 25{,}25 \cdot x + 850.000 + 83.440{,}10$

$K(x) = 25{,}25 \cdot x + 933.440{,}10$

$G(x) = 224{,}75 \cdot x - 0{,}006 \cdot x^2 - 933.440{,}10$

$G(18.729) = 1.171.250\ €$

Aufgabe 6

6. Ermittlung der maximalen Ausbringungsmenge

$f^*(x,y,\lambda) = 2.100x + 5.280y - 240x^2 - 360y^2 + \lambda \cdot (480x + 720y - 4.230)$

$$\frac{\partial f^*}{\partial x} = 2.100 - 480x + 480\,\lambda = 0$$

$$\frac{\partial f^*}{\partial y} = 5.280 - 720y + 720\,\lambda = 0$$

$$\frac{\partial f^*}{\partial \lambda} = 480x + 720y - 4.230 = 0$$

$x = 1{,}75 \qquad y = 4{,}7083 \qquad \lambda = -2{,}625$

Hinreichende Bedingung

$$\frac{\partial^2 f^*}{\partial x^2} = -480 \qquad \frac{\partial^2 f^*}{\partial y^2} = -720 \qquad \frac{\partial^2 f^*}{\partial x \partial y} = 0$$

$(-480) \cdot (-720) > (0)^2 \qquad -480 < 0$ und $-720 < 0 \rightarrow$ Maximum

$f(1{,}75; 4{,}7083) = 19.819{,}312 \sim 19.819$ maximale Ausbringungsmenge

Die gewinnmaximale Menge x = 18.729 (s. Aufgabe 3a) kann also realisiert werden.

14.2 Lösungen zu Produktionsbereich II

Aufgabe 1

a) Bestimmung der Mengenfunktion der Pumpe A

Aus den Daten lässt sich folgendes lineares Gleichungssystem aufstellen:

I. $500 = a_1 + b_1 \cdot 3.500 + c_1 \cdot 2.000$

II. $400 = a_1 + b_1 \cdot 3.500 + c_1 \cdot 1.825$

III. $510 = a_1 + b_1 \cdot 3.465 + c_1 \cdot 2.000$

$$a_1 = 357{,}143 \qquad b_1 = -\frac{2}{7} \qquad c_1 = \frac{4}{7}$$

$$x = 357{,}143 - \frac{2}{7} p_x + \frac{4}{7} p_y$$

b) Bestimmung der Mengenfunktion der Pumpe B

I. $1.000 = a_2 + b_2 \cdot 3.500 + c_2 \cdot 2.000$

II. $1.400 = a_2 + b_2 \cdot 3.500 + c_2 \cdot 1.825$

III. $995 = a_2 + b_2 \cdot 3.465 + c_2 \cdot 2.000$

$a_2 = 5.071{,}43 \quad b_2 = \frac{1}{7}$

$y = 5.071{,}43 + \frac{1}{7} p_x - \frac{16}{7} p_y$

c) Ermittlung der Umkehrfunktionen

I. $x = 357{,}143 - \frac{2}{7} p_x + \frac{4}{7} p_y$

II. $y = 5.071{,}43 + \frac{1}{7} p_x - \frac{16}{7} p_y$

$4x = 1.428{,}572 - \frac{8}{7} p_x + \frac{16}{7} p_y \quad |(I \cdot 4)|$

$y = 5.071{,}43 + \frac{1}{7} p_x - \frac{16}{7} p_y \quad |(II) \quad |(+)$

$4x + y = 6.500 - p_x$ Umkehrfunktion p_x: $p_x = 6.500 - 4x - y$

$p_y = 2.218{,}75 - \frac{7}{16} y + \frac{1}{16} p_x \quad |(II \cdot \frac{7}{16})$

$p_y = 2.218{,}75 - \frac{7}{16} y + \frac{1}{16} (6.500 - 4x - y)$

Umkehrfunktion p_y: $p_y = 2.625 - \frac{1}{4} x - \frac{1}{2} y$

Aufgabe 2

2 a) Bestimmung des umsatzmaximalen Preises

$U(x;y) = p_x \cdot x + p_y \cdot y$

$= -4x^2 - \frac{1}{2} y^2 - \frac{5}{4} xy + 6.500x + 2.625y$

$\frac{\partial U}{\partial x} = -8x - \frac{5}{4} y + 6.500 = 0$

$\frac{\partial U}{\partial y} = -y - \frac{5}{4} x + 2.625 = 0$

Kritischer Punkt: $x = 500 \quad y = 2.000$

$\frac{\partial^2 U}{\partial x^2} = -8 \quad \frac{\partial^2 U}{\partial y^2} = -1 \quad \frac{\partial^2 U}{\partial x \partial y} = -\frac{5}{4}$

$(-8) \cdot (-1) < \left(-\frac{5}{4}\right)^2 = 1{,}5625$

$-8 < 0$ und $-1 < 0 \rightarrow$ Maximum

Einsetzen in die Preisabsatzfunktionen:

$p_x(500;2.000) = 2.500$ €

$p_y(500;2.000) = 1.500$ €

b) Bestimmung des gewinnmaximalen Preises

$$G(x;y) = -4x^2 - \frac{1}{2}y^2 - 2xy + 4.800x + 1.700y - 500.000$$

$$\frac{\partial G}{\partial x} = -8x - 2y + 4.800 = 0$$

$$\frac{\partial G}{\partial y} = -y - 2x + 1.700 = 0$$

Kritischer Punkt: $x = 350 \qquad y = 1.000$

$$\frac{\partial^2 G}{\partial x^2} = -8 \qquad \frac{\partial^2 G}{\partial y^2} = -1 \qquad \frac{\partial^2 G}{\partial x \partial y} = -2$$

$(-8) \cdot (-1) < (-2)^2$

$-8 < 0$ und $-1 < 0 \rightarrow$ Maximum

Einsetzen in die Preisabsatzfunktion:

$p_x(350;1.000) = 4.100$ €

$p_y(350;1.000) = 2.037{,}50$ €

14.3 Lösungen zu Produktionsbereich III

Aufgabe 1

Ermittlung der Kosten Rohstoffe

$MR \cdot PR = KR$

$$\begin{pmatrix} 3 & 2 & 4 \\ 2 & 5 & 2 \\ 6 & 3 & 4 \end{pmatrix} \cdot \begin{pmatrix} 0{,}5 \\ 0{,}1 \\ 0{,}3 \end{pmatrix} = \begin{pmatrix} 2{,}9 \\ 2{,}1 \\ 4{,}5 \end{pmatrix} \text{ Kosten Rohstoffe}$$

Ermittlung des Lohnes Halbfertigfabrikate

ZH · Lohnkosten = LH

$$\begin{pmatrix} 5 \\ 4 \\ 6 \end{pmatrix} \cdot (\,0{,}5\,) = \begin{pmatrix} 2{,}5 \\ 2 \\ 3 \end{pmatrix}$$ Lohn Halbfertigfabrikate

Ermittlung der Kosten Halbfertigfabrikate

KR + LH = KH

$$\begin{pmatrix} 2{,}9 \\ 2{,}1 \\ 4{,}5 \end{pmatrix} + \begin{pmatrix} 2{,}5 \\ 2 \\ 3 \end{pmatrix} = \begin{pmatrix} 5{,}4 \\ 4{,}1 \\ 7{,}5 \end{pmatrix}$$ Kosten Halbfertigfabrikate

Ermittlung Materialkosten Fertigfabrikate

MH · KH = MF

$$\begin{pmatrix} 0{,}4871 & 0{,}3654 & 0{,}4871 \\ 0{,}3883 & 0{,}7767 & 1{,}3592 \end{pmatrix} \cdot \begin{pmatrix} 5{,}4 \\ 4{,}1 \\ 7{,}5 \end{pmatrix} = \begin{pmatrix} 7{,}78 \\ 15{,}48 \end{pmatrix}$$ Materialkosten Fertigfabrikate

Ermittlung Lohn Fertigfabrikate

ZF · Lohnkosten = LF

$$\begin{pmatrix} 2{,}4357 \\ 5{,}0485 \end{pmatrix} \cdot (0{,}5) = \begin{pmatrix} 1{,}22 \\ 2{,}52 \end{pmatrix}$$

Ermittlung der Kosten Fertigfabrikate

LF + MF = KF

$$\begin{pmatrix} 1{,}22 \\ 2{,}52 \end{pmatrix} + \begin{pmatrix} 7{,}78 \\ 15{,}48 \end{pmatrix} = \begin{pmatrix} 9 \\ 18 \end{pmatrix}$$ Kosten Fertigfabrikate

Variable Kosten Düse D1: 9 €

Variable Kosten Düse D2: 18 €

Aufgabe 2

Bestimmung der zulässigen Herstellungsmengen

(Skizze)

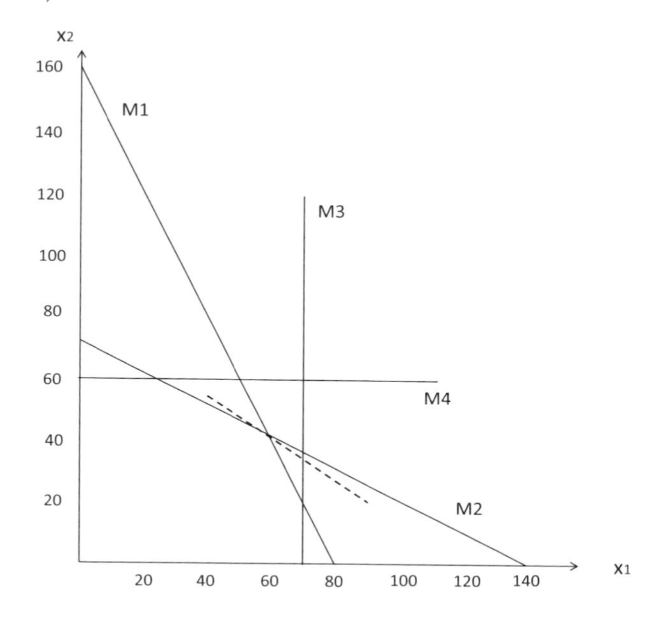

Zielfunktion: $U(x_1, x_2) = 21x_1 + 28x_2 \rightarrow$ zu maximieren

Nebenbedingungen:

M1: $6x_1 + 3x_2 \leq 480$

M2: $2x_1 + 4x_2 \leq 280$

M3: $3x_1 \leq 210$

M4: $5x_2 \leq 300$

$x_1, x_2 \geq 0$

b) Parallelverschiebung zeigt: Umsatzmaximum liegt im Schnittpunkt von M1 und M2: Schnittpunkt: $x_1 = 60$ $x_2 = 40$ $U(60, 40) = 2.380$ €/Tag

c) $G = U - K$

$G(x_1, x_2) = 12x_1 + 10x_2 - 1.200$

$x_1 = 100$ $x_2 = 120$

(Skizze)

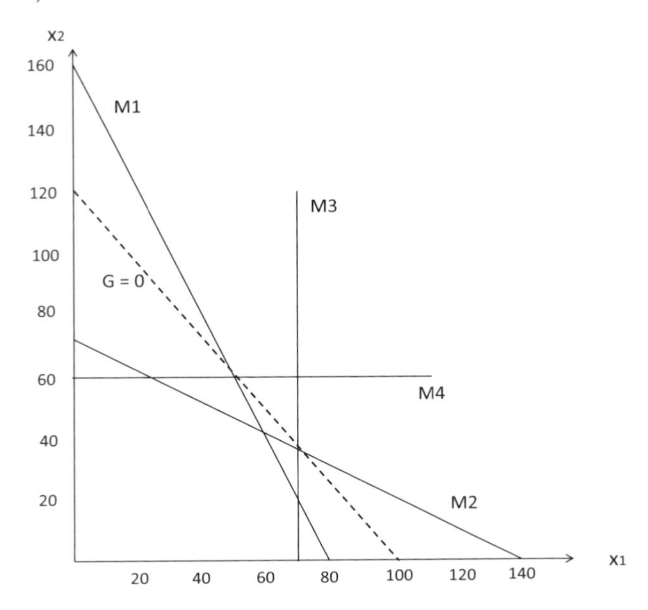

Wie ersichtlich ist, erreicht der Produktionsbereich III nicht die Gewinnzone.

Aufgabe 3

Make:

$G(x_1, x_2) = 10{,}5\ x_1 + 12x_2 - 840$

$G(60, 40) = 270$ €/Tag

Buy:

$$G(x_1, x_2) = \frac{10}{3}\ x_1 + 5{,}6\ x_2$$

$G(60, 40) = 424$ €/Tag

Bei unveränderter Produktion ist der Gewinn um 154 € höher. Bei Fremdbezug könnten auch andere Mengenkombinationen realisiert werden, da die Kapazitätsgrenzen nicht mehr gelten. Ein weiterer Vorteil wären eventuell Liquidationserlöse bei der Desinvestition der Maschinen.

14.4 Lösungen zu Tochterunternehmen Frankreich

Aufgabe 1

1. Ermittlung der Kapitalwerte

	Anlage I:		Anlage II:	
Jahr	Überschüsse	Barwert	Überschüsse	Barwert
0		–170.000,00		- 200.000,00
1	20.000	16.949,15	38.000	32.203,39
2	20.000	14.363,69	38.000	27.291,01
3	20.000	12.172,62	38.000	23.127,97
4	50.000	25.789,44	78.000	40.231,53
5	47.000	20.544,13	75.000	32.783,19
6	47.000	17.410,28	75.000	27.782,37
7	62.000	19.463,35	95.000	29.822,88
8	62.000	16.494,37	95.000	25.273,63
9	62.000	13.978,28	95.000	21.418,33
10	62.000	11.846,00	95.000	18.151,12
K_0		–988,69		78.085,42

	Anlage III:	
Jahr	Überschüsse	Barwert
0		- 220.000,00
1	34.000	28.813,56
2	34.000	24.418,27
3	34.000	20.693,45
4	72.000	37.136,80
5	70.000	30.597,65
6	70.000	25.930,21
7	89.000	27.939,33
8	89.000	23.677,40
9	87.000	19.614,68
10	87.000	16.622,61
K_0		35.443,96

Da Anlage II den höchsten Kapitalwert aufweist, ist sie die vorteilhafteste Investition.

Aufgabe 2

2. Bestimmung der Amortisationszeit

Anlage II: Jahr	Überschüsse	Barwert	kumulierte Barwerte
1	38.000	32.203,39	32.203,39
2	38.000	27.291,01	59.494,40
3	38.000	23.127,97	82.622,37
4	78.000	40.231,53	122.853,90
5	75.000	32.783,19	155.637,09
6	75.000	27.782,37	183.419,46
7	95.000	29.822,88	213.242,34
8	95.000	25.273,63	238.515,97
9	95.000	21.418,33	259.934,30
10	95.000	18.151,12	278.085,42

Die Amortisationszeit liegt bei 7 Jahren.

Aufgabe 3

3. Bestimmung der jährlichen konstanten Annuität

$$A = K_0 \cdot \frac{q^n \cdot (q-1)}{q^n - 1}$$

$$A = 78.085{,}42 \cdot 1{,}18^{10} \cdot \frac{1{,}18 - 1}{1{,}18^{10} - 1} = 17.375{,}15$$

Die konstante jährliche Annuität beträgt 17.375,15 €.

Auch hier lässt sich erkennen, dass die Investition vorteilhaft ist, da die Bedingung $A > 0$ erfüllt ist.

Aufgabe 4

4. Pessimistische Investitionsrechnung, Kapitalwertbestimmung

Veränderte Absatzerwartungen:

1 – 3 Jahr : 240.000 Stück/Jahr

4 – 6 Jahr : 320.000 Stück/Jahr

7 – 10 Jahr : 360.000 Stück/Jahr

Anlage II: Jahr	Ausgaben	Einnahmen	Überschüsse	Barwert
0	200.000			–200.000,00
1	73.800	96.000	22.200	19.304,35
2	73.800	96.000	22.200	16.786,39
3	73.800	96.000	22.200	14.596,86
4	73.800	128.000	54.200	30.989,03
5	76.500	128.000	51.500	25.604,60
6	76.500	128.000	51.500	22.264,87
7	76.500	144.000	67.500	25.375,75
8	76.500	144.000	67.500	22.065,87
9	76.500	144.000	67.500	19.187,71
10	76.500	144.000	67.500	16.684,97
K_0				12.860,40

Der Kapitalwert wird durch die pessimistische Schätzung zwar niedriger, ist jedoch noch positiv. Der ursprüngliche Zinssatz von 18 % hätte einen negativen Kapitalwert bewirkt.

15 Musterklausuren

15.1 Musterklausur 1

Klausur 120 Minuten

Aufgabe 1 (35 Minuten):

Aufgabe 1

Ein Unternehmen hat folgende Funktionen festgestellt (in Tonnen):

$K(x) = 5 \cdot x^2 + 139 \cdot x + 20$

$p(x) = 3 \cdot x + 255$

$p(x) = 260 - 5 \cdot x$

a) Zeichnen Sie die entsprechende Umsatzfunktion!

b) Bei welcher Absatzmenge wird der Maximalgewinn erreicht. Wie groß ist er?

c) Welche Koordinaten hat der Cournot`sche Punkt? (rechnerische und zeichnerische Bestimmung)

d) Interpretieren Sie die Grenzkosten bei einer Produktionsmenge von 50 Tonnen!

e) Bestimmen Sie die minimalen Stückkosten!

Aufgabe 2 (30 Minuten):

Aufgabe 2

Ein Unternehmen stellt zwei verschiedene Computertische C1 und C2 her, die drei Produktionsstufen durchlaufen: Zuschneiden der Holzteile, Montieren und Polieren.

	c_1	c_2	
y_Z	3	0,5	180
y_M	5	0,5	275
y_P	1,5	1	180
y_R	1	0	50
G	- 250	- 100	0

Wegen Rohstoffknappheit können von C1 nur höchstens 50 Stück pro Woche hergestellt werden.

a) Beschreiben Sie alle Mengenkombinationen (c1, c2) der beiden Varianten, die in einer Woche produziert werden können, durch ein System von Ungleichungen.

b) Stellen Sie den Bereich der realisierbaren Mengenkombinationen grafisch dar und bestimmen Sie die gewinnmaximale Mengenkombination mit Hilfe der grafischen Methode der linearen Optimierung.

c) Welche Nebenbedingungen müssen wie verändert werden, wenn sich alle vier Nebenbedingungen in einem Punkt schneiden sollen (es soll nur eine Produktionsausweitung möglich sein)?

d) Welcher Punkt in der Grafik stellt die Situation des Ausgangstableaus dar?

e) Was würde sich ändern, wenn der Stückgewinn von Variante 2 auf 300 € steigen würde?

Aufgabe 3 (25 Minuten):

Aufgabe 3

Ein Unternehmen, das zwei verschiedene Marmorarten (in Tonnen) M_1 und M_2 produziert, stellt folgende Gewinnfunktion fest:

$G(x, y) = 2 \cdot x \cdot y - 2 \cdot x^2 - 3 \cdot y^2$ wobei $x = 6 - 1{,}5 \cdot y$ gilt.

a) Untersuchen Sie die Gewinnfunktion auf Extremwerte nach der Methode nach Lagrange.

b) Ein Konkurrenzunternehmen besitzt folgende Kostenfunktion und Nebenbedingung:

$K(x, y) = 150 - 4 \cdot x - 8 \cdot y$ und $6 \cdot x^2 = 20 - 15 \cdot y^2$

Es wurde ein Extremwert bei (1,132277; 0,9058216) mit $\lambda = \pm 0{,}294392$ festgestellt.

Zeigen Sie mit Hilfe eines geeigneten Punktes, um welche Art von Extremwert es sich hierbei handelt.

c) Welche Konsequenzen hätte in Aufgabe b) das Weglassen der Nebenbedingung?

d) Welche Konsequenzen hätte eine Verminderung der Nebenbedingung von 20 auf 15 bei dem Konkurrenzunternehmen aus Aufgabe b)?

Aufgabe 4 (30 Minuten):

Aufgabe 4

a) Führen Sie folgende Matrizenoperationen aus oder begründen Sie, warum das nicht möglich ist.

$$A = \begin{pmatrix} 3 & 4 & 5 \\ 1 & -4 & 5 \end{pmatrix} \quad B = \begin{pmatrix} -0{,}5 & 3 \\ 5 & 1 \\ 2 & 4 \end{pmatrix} \quad C = \begin{pmatrix} 1 & 2 \\ -4 & 0 \end{pmatrix} \quad D = \begin{pmatrix} 1 & -20 \end{pmatrix}$$

1. $A^T + B =$
2. $A \cdot B =$
3. $C \cdot B =$
4. $D \cdot B =$
5. $D \cdot A =$

b) Bestimmen Sie mit Hilfe der Matrizenrechnung die Matrix X und machen Sie die Probe!

$$X \cdot \begin{pmatrix} 2 & -3 \\ 5 & 2 \end{pmatrix} = \begin{pmatrix} 0 & 1 \\ 2 & -4 \end{pmatrix}$$

c) Die Universität Mainz sucht für ihre 4 Mensen Getränkelieferanten für Cola, Wasser und Orangensaft. Durch eine Ausschreibung soll der günstigste Lieferant pro Mensa gefunden werden. Drei Firmen (G1, G2, G3) bewerben sich um die Belieferung der Mensen. Die Preise, die die Getränkelieferanten verlangen, sind in folgender Tabelle zusammen gestellt (in €/Flasche):

Die Mensen (M_1, M_2, M_3, M_4) benötigten die folgenden Mengen (Anzahl der Flaschen pro Tag)

	M_1	M_2	M_3	M_4
Cola	500	250	300	80
Wasser	400	200	300	80
O-Saft	320	150	230	80

Lieferant	G_1	G_2	G_3
Cola	0,43	0,50	0,35
Wasser	0,50	0,50	0,53
O-Saft	0,40	0,43	0,50

c1) Welche Mensa sollte von welchem Getränkelieferanten beliefert werden?

c2) Auf den Einkaufspreis wird jede Mensa 20 % Aufschlag erheben. Für Lagerhaltungskosten und Bedienungskosten rechnet die Universität mit folgenden Kosten pro Flasche

	Lagerhaltungs- und Bedienungskosten in €
Cola	0,08
Wasser	0,11
O-Saft	0,14

Wird die Universität mit dem Verkauf der Flaschen Gewinn erzielen? Wie groß ist der Gewinn oder Verlust?

Stellen Sie für jede Berechnung eine oder mehrere Matrizenoperationen auf und stellen Sie Ihr Ergebnis in einer Ergebnistabelle dar!

15.2 Musterklausur 2

Klausur 90 Minuten

Aufgabe 1 (25 Minuten):

Aufgabe 1

a) Ein Unternehmen produziert CD-Player und verkauft bei einem Preis von 63 € 700.000 Stück

Bei einer Preissenkung (Sonderangebot) von 15 % setzt es 22.500 Stück mehr ab.

Wie lautet die zugehörige lineare Preisabsatzfunktion?

b) Ein Konkurrenzunternehmen hat folgende Funktionen ermittelt:

Nachfragefunktion: $p(x) = 200 - 0{,}0002 \cdot x$

Angebotsfunktion: $p(x) = 0{,}3 \cdot x + 4$

Kostenfunktion: $K(x) = 0{,}0003 \cdot x^2 + 50 \cdot x + 10.000.000$

Stellen Sie die Umsatzfunktion grafisch dar.

Bestimmen Sie rechnerisch und zeichnerisch den Cournot´schen Punkt.

c) Wie verändert sich das Gewinnmaximum, wenn die Fixkosten um 20 % steigen?

Aufgabe 2 (20 Minuten):

Aufgabe 2

a) Frau M. möchte ihr Kapital von 80.000 € für 10 Jahre anlegen.

Es werden ihr folgende Vorschläge gemacht:

- sie kauft eine Diamanten und erhält eine Rückkaufgarantie von 115.000 € (nach 10 Jahren)
- Bank A bietet einen Zinssatz von 5,8 %
- Bank B bietet bei monatlicher Verzinsung einen Zinssatz von 5,6 %

Welches Angebot ist am günstigsten?

Begründen Sie über den Vergleich der
- Endkapitale
- Barwerte
- Zinssätze.

b) Sigrid S. steht kurz vor ihrem Examen in Betriebswirtschaftslehre. Zu ihrer Entspannung und Erbauung überlegt sie, welche Gehaltsforderung (netto) sie stellen müsste, um in zehn Jahren Millionärin zu sein. Da sie noch im Haushalt der Familie S. lebt, könnte sie das Gehalt vollständig sparen (nachschüssig, am Ende eines Jahres). Die Bank zahlt 6 % Zinsen.

c) Ein Reiseunternehmen plant die Anschaffung eines Kleinbusses zum Preis von A = 150.000 GE.

   Es wird mit jährlichen Einnahmen in Höhe von 120.000 GE und jährlichen Betriebs- und Instandhaltungsausgaben von 70.000 GE gerechnet. Der Bus soll 4 Jahre genutzt werden. Nach 4 Jahren erwartet man einen Restwert des Busses in Höhe von 20.000 GE.

   Ist die Investition vorteilhaft, wenn der Unternehmer das Geld alternativ bei einer Bank zu 6 % anlegen könnte? Begründen Sie über die Kapitalwertmethode!

Aufgabe 3 (25 Minuten):

Aufgabe 3

In einer Abteilung eines Textilunternehmens werden zwei verschiedene Strickwaren (Strickjacke und Pullover) hergestellt.

Für die notwendigen 3 Arbeitsgänge (Stricken, Zusammennähen und Applizieren) stehen folgende täglichen Arbeitsstunden zur Verfügung: 96, 120 und 78 Stunden.

Die Strickjacke lässt sich in 24 Minuten stricken, in 48 Minuten zusammennähen und in 36 Minuten applizieren.

Der Pullover braucht im Vergleich zur Strickjacke die doppelte Zeit, gestrickt zu werden, die Hälfte der Zeit zum Zusammennähen und erhält keine Applikationen.

Pro Tag können nicht mehr als 100 Pullover hergestellt werden.

a) Bei welcher Tagesproduktionsmenge der beiden Strickwaren erzielt das Unternehmen den höchsten Gewinn, wenn die Strickjacke 12 € und der Pullover 8 € Gewinn erbringt?

b) Was ändert sich, wenn der Gewinn 15 € für eine Strickjacke und 20 € für einen Pullover beträgt?

c) Das optimale Produktionsprogramm wurde mit Hilfe der verkürzten Simplex-Methode gefunden, dabei blieb das Problem der Absatzmenge von den Pullovern unberücksichtigt. Die Zeit ist in Stunden angegeben.

Leider haben sich in der letzten Spalte (hinter dem Gleichheitszeichen) Fehler eingeschlichen. Korrigieren Sie diese (mit Begründung).

	y_S	y_Z	
y_A	0,5	-1	8
x_P	1,667	-0,833	120
x_S	-0,833	1,667	50
G	3,333	13,333	1900

Aufgabe 4 (20 Minuten):

Aufgabe 4

a) Führen Sie folgende Matrizenoperationen aus oder begründen Sie, warum das nicht möglich ist.

$$A = \begin{pmatrix} 1 & 3 \\ 4 & 4 \end{pmatrix} \quad B = \begin{pmatrix} 3 & 0 \\ 2 & 3 \\ 5 & 2 \end{pmatrix} \quad C = \begin{pmatrix} 5 & 2 & 3 \\ 1 & 4 & 6 \end{pmatrix} \quad D = \begin{pmatrix} 12 & 2 & 1 \end{pmatrix}$$

$C^T + B =$ $\quad B \cdot A =$

$D \cdot B =$ $\quad D \cdot C =$

b) Wie groß ist der Rohstoffverbrauch pro Mengeneinheit der Endprodukte, wenn für eine Mengeneinheit der Zwischenprodukte Zi folgende Rohstoffmengen verbraucht werden:

	Z1	Z2	Z3
R1	3	2	8
R2	2	7	2
R3	6	3	5

für eine Mengeneinheit der Endprodukte Ei folgende Zwischenproduktmengen verbraucht werden:

	Z1	Z2	Z3
E1	2	1	4
E2	0	7	5
E3	2	3	3

Wie viel Geld muss das Unternehmen pro Endprodukt (pro Einheit) für die Rohstoffe ausgeben, wenn für eine Rohstoffeinheit die Materialkosten folgende Werte betragen:

	R1	R2	R3
Kosten	0,5	0,2	0,4

Stellen Sie hierzu Matrizengleichungen auf und erstellen Sie Ergebnistabellen!

15.3 Lösungen zu Musterklausur 1

Klausur 120 Minuten

Aufgabe 1 (35 Minuten):

Aufgabe 1

Ein Unternehmen hat folgende Funktionen festgestellt (in Tonnen):

$K(x) = 5 \cdot x^2 + 139 \cdot x + 20$

$p(x) = 3 \cdot x + 255$ (Angebotsfunktion)

$p(x) = 260 - 5 \cdot x$ (Nachfragefunktion)

a) Zeichnen Sie die entsprechende Umsatzfunktion!

$U(x) = 260 \cdot x - 5 \cdot x^2$

$U(0) = U(52) = 0 \qquad U(26) = 3.380$

b) Bei welcher Absatzmenge wird der Maximalgewinn erreicht. Wie groß ist er?

$G(x) = 260 \cdot x - 5 \cdot x^2 - 5 \cdot x^2 - 139 \cdot x - 20$

$= - 10\, x^2 + 121\, x - 20$

$G'(x) = -20 \cdot x + 121 = 0$

$x = 6{,}05$

$G''(x) = -20 < 0 \Rightarrow$ Maximum bei $x = 6{,}05$ $\quad G = 346{,}023$ GE

c) Welche Koordinaten hat der Cournot`sche Punkt? (rechnerische und zeichnerische Bestimmung)

Aus Aufgabe b) ergibt sich: $x = 6{,}05$

$p(6{,}05) = 229{,}75$

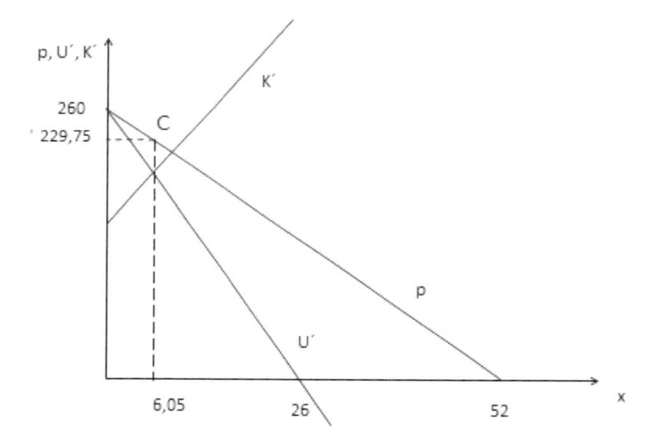

d) Interpretieren Sie die Grenzkosten bei einer Produktionsmenge von 50 Tonnen!

$K'(50) = 10 \cdot x + 139 = 639$

Die Kosten bei einer Produktion von 50 Tonnen betragen 19.470 GE.

Wenn die Produktion um 1 Tonne ausgeweitet wird, steigen die Kosten näherungsweise um 639 auf 20.109 GE.

e) Bestimmen Sie die minimalen Stückkosten!

$\frac{K(x)}{x} = k(x) = 5 \cdot x + 139 + 20/x$

$k'(x) = 5 - 20/x^2 = 0$

$x^2 = 4 \quad x = \pm 2$ nur positiver Wert ist definiert

$k''(2) = 40/x^3 > 0$ an der Stelle $x = 2$ liegt ein Minimum vor

$k(2) = 159$

Die minimalen Stückkosten betragen 159 GE.

Aufgabe 2 (30 Minuten):

Aufgabe 2

Ein Unternehmen stellt zwei verschiedene Computertische C1 und C2 her, die drei Produktionsstufen durchlaufen: Zuschneiden der Holzteile, Montieren und Polieren.

	c_1	c_2	
y_Z	3	0,5	180
y_M	5	0,5	275
y_P	1,5	1	180
y_R	1	0	50
G	- 250	- 100	0

Wegen Rohstoffknappheit können von C1 nur höchstens 50 Stück pro Woche hergestellt werden.

a) Beschreiben Sie alle Mengenkombinationen (c_1, c_2) der beiden Varianten, die in einer Woche produziert werden können, durch ein System von Ungleichungen.

Z: $3 \cdot c_1 + 0{,}5 \cdot c_2 \leq 180$

M: $5 \cdot c_1 + 0{,}5 \cdot c_2 \leq 275$

P: $1{,}5 \cdot c_1 + c_2 \leq 180$

R: $c_1 \leq 50$

$c_1 \geq 0 \quad c_2 \geq 0$

b) Stellen Sie den Bereich der realisierbaren Mengenkombinationen grafisch dar und bestimmen Sie die gewinnmaximale Mengenkombination mit Hilfe der grafischen Methode der linearen Optimierung.

$G = 250 \cdot c1 + 100 \cdot c2$

Isogewinngerade für z. B. G = 10.000

Parallelverschiebung führt zum Optimum im Schnittpunkt von Z und P.

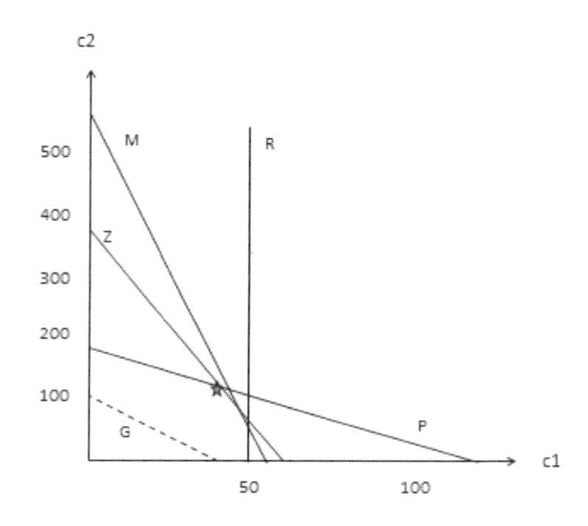

Schnittpunktbestimmung:

$P: 1{,}5 \cdot c_1 + c_2 \leq 180 \mid \cdot 2$

$Z: 3 \cdot c_1 + 0{,}5 \cdot c_2 \leq 180$

$$\left.\begin{array}{l} P: 3 \cdot c_1 + 2 \cdot c_2 = 360 \\ Z: 3 \cdot c_1 + 0{,}5 \cdot c_2 = 180 \end{array}\right\} -$$

$1{,}5 \cdot c_2 = 180 \quad c_2 = 120 \quad c_1 = 40$

Damit der Gewinn maximiert wird, müssen 40 Computertische der Variante 1 und 120 Tische der Variante 2 produziert werden.

c) Welche Nebenbedingungen müssen wie verändert werden, wenn sich alle vier Nebenbedingungen in einem Punkt schneiden sollen (es soll nur eine Produktionsausweitung möglich sein)?

Es müssen sich alle Nebenbedingungen im Schnittpunkt der Kapazitätsbeschränkungen P und R schneiden.

Schnittpunktbestimmung:

P: $1{,}5 \cdot c_1 + c_2 \leq 180 \mid \cdot 2$

R: $c_1 \leq 50$

$c_1 = 50$ und damit $c_2 = 105$

Damit ändern sich die Nebenbedingungen:

Z: $3 \cdot c_1 + 0{,}5 \cdot c_2 \leq 202{,}5$

M: $5 \cdot c_1 + 0{,}5 \cdot c_2 \leq 302{,}5$

P und R bleiben

d) Welcher Punkt in der Grafik stellt die Situation des Ausgangstableaus dar?

Im Ausgangstableau sind die Produktionsmengen Null (Nichtbasisvariable).

Damit stellt dieses Tableau in der Grafik den Koordinatenursprung dar.

e) Was würde sich ändern, wenn der Stückgewinn von Variante 2 auf 300 € steigen würde?

$G = 250 \cdot c1 + 300 \cdot c2$

Isogewinngerade für z. B. G = 18.000

Parallelverschiebung führt zum Optimum im Schnittpunkt von P mit der Ordinate.

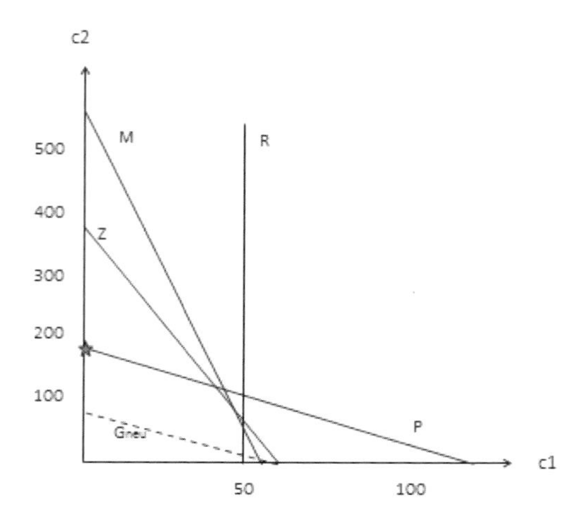

Gewinnmaximum bei c1 = 0 und c2 = 180

Aufgabe 3 (25 Minuten):

Aufgabe 3

Ein Unternehmen, das zwei verschiedene Marmorarten (in Tonnen) M_1 und M_2 produziert, stellte folgende Gewinnfunktion fest:

$G(x, y) = 2 \cdot x \cdot y - 2 \cdot x^2 - 3 \cdot y^2$ wobei $x = 6 - 1{,}5 \cdot y$ gilt.

a) Untersuchen Sie die Gewinnfunktion auf Extremwerte nach der Methode nach Lagrange.

   Erweiterte Zielfunktion:

   $G^*(x, y, \lambda) = 2 \cdot x \cdot y - 2 \cdot x^2 - 3 \cdot y^2 + \lambda \cdot (x + 1{,}5 \cdot y - 6)$

   Partielle Ableitungen 1. Ordnung:

   $G^{*\prime}_x = 2 \cdot y - 4 \cdot x + \lambda = 0$

   $G^{*\prime}_y = 2 \cdot x - 6 \cdot y + 1{,}5 \cdot \lambda = 0$

   $G^{*\prime}_\lambda = x + 1{,}5 \cdot y - 6 = 0$

   Lösung des Gleichungssystems:

   $x = 2{,}5714 \quad y = 2{,}2857 \quad \lambda = 5{,}7142$ (Stationärpunkt)

Überprüfung durch die notwendige Bedingung:

$G^{*''}_{x} \cdot G^{*''}_{y} > (G^{*''}_{\lambda})^2$

$-4 \cdot (-6) > 2^2$ die Ungleichung ist erfüllt und die beiden reinen partiellen Ableitungen 2. Ordnung sind kleiner Null. Daraus folgt, dass bei $x = 2{,}5714$ und $y = 2{,}2857$ ein maximaler Gewinn erzielt wird.

b) Ein Konkurrenzunternehmen besitzt folgende Kostenfunktion und Nebenbedingung:

$K(x, y) = 150 - 4 \cdot x - 8 \cdot y$ und $6 \cdot x^2 = 20 - 15 \cdot y^2$

Es wurde ein Extremwert bei (1,132277; 0,9058216) mit $\lambda = \pm 0{,}294392$ festgestellt.

Zeigen Sie mit Hilfe eines geeigneten Punktes, um welche Art von Extremwert es sich hierbei handelt.

Funktionswert (Kosten) des Extremwertes:
$K(1{,}132277; 0{,}9058216) = 138{,}2243192$
Geeigneter Punkt:
z. B. $y = 1$ dann ergibt sich für x unter Beachtung der Nebenbedingung:
$6 \cdot x^2 = 20 - 15 \cdot 1 \quad x = 0{,}9128709$
Kosten beim benachbarten Punkt:
$K(0{,}9128709; 1) = 138{,}3485163$
Da die Kosten beim benachbarten Punkt höher sind als beim Extremwert, handelt es sich um ein Minimum.

c) Welche Konsequenzen hätte in Aufgabe b) das Weglassen der Nebenbedingung?
Das Weglassen der Nebenbedingung würde die Lösung $x = 0$ und $y = 0$ zulassen (Nichtproduktion). Die minimalen Kosten wären dann Null.

d) Welche Konsequenzen hätte eine Verminderung der Nebenbedingung von 20 auf 15 bei dem Konkurrenzunternehmen aus Aufgabe b)?

$$K^*(1{,}132277; 0{,}9058216; \pm 0{,}294392) = 138{,}2243192 \pm 0{,}294392 \cdot \underbrace{(6 \cdot x^2 + 15 \cdot y^2 - 15)}_{5}$$

Bei geringerer Produktion sinken die minimalen Kosten.

Daher sinken die minimalen Kosten näherungsweise um 1,47196 ($5 \cdot 0{,}294392$) auf 136,7523592.

Aufgabe 4 (30 Minuten):

Aufgabe 4

a) Führen Sie folgende Matrizenoperationen aus oder begründen Sie, warum das nicht möglich ist.

1. $A^T + B = \begin{pmatrix} 2{,}5 & 4 \\ 9 & -3 \\ 7 & 9 \end{pmatrix}$

2. $A \cdot B = \begin{pmatrix} 28{,}5 & 33 \\ -10{,}5 & 19 \end{pmatrix}$

3. $C \cdot B =$ nicht möglich, da die Spaltenzahl von C ungleich der Zeilenzahl von B ist

4. $D \cdot B =$ nicht möglich, da die Spaltenzahl von D ungleich der Zeilenzahl von B ist

5. $D \cdot A = \begin{pmatrix} -17 & 84 & -95 \end{pmatrix}$

b) Bestimmen Sie mit Hilfe der Matrizenrechnung die Matrix X und machen Sie die Probe!

$$X \cdot \begin{pmatrix} 2 & -3 \\ 5 & 2 \end{pmatrix} = \begin{pmatrix} 0 & 1 \\ 2 & -4 \end{pmatrix}$$

$$X = \begin{pmatrix} 0 & 1 \\ 2 & -4 \end{pmatrix} \cdot \begin{pmatrix} 2 & -3 \\ 5 & 2 \end{pmatrix}^{-1}$$

$$\left\langle \begin{array}{cc|cc} 2 & -3 & 1 & 0 \\ 5 & 2 & 0 & 1 \end{array} \right\rangle \xrightarrow{\textit{Umformungen}} \left\langle \begin{array}{cc|cc} 1 & 0 & \frac{2}{19} & \frac{3}{19} \\ 0 & 1 & \frac{-5}{19} & \frac{2}{19} \end{array} \right\rangle$$

$$\begin{pmatrix} 2 & -3 \\ 5 & 2 \end{pmatrix}^{-1} = \begin{pmatrix} \frac{2}{19} & \frac{3}{19} \\ \frac{-5}{19} & \frac{2}{19} \end{pmatrix}$$

$$X = \begin{pmatrix} 0 & 1 \\ 2 & -4 \end{pmatrix} \cdot \begin{pmatrix} \frac{2}{19} & \frac{3}{19} \\ \frac{-5}{19} & \frac{2}{19} \end{pmatrix} = \begin{pmatrix} \frac{-5}{19} & \frac{2}{19} \\ \frac{24}{19} & \frac{-2}{19} \end{pmatrix}$$

Probe: $X \cdot \begin{pmatrix} 2 & -3 \\ 5 & 2 \end{pmatrix} = \begin{pmatrix} 0 & 1 \\ 2 & -4 \end{pmatrix}$

$$\begin{pmatrix} \frac{-5}{19} & \frac{2}{19} \\ \frac{24}{19} & \frac{-2}{19} \end{pmatrix} \cdot \begin{pmatrix} 2 & -3 \\ 5 & 2 \end{pmatrix} = \begin{pmatrix} 0 & 1 \\ 2 & -4 \end{pmatrix} \text{ q.e.d.}$$

c) Die Universität Mainz sucht für ihre 4 Mensen Getränkelieferanten für Cola, Wasser und Orangensaft. Durch eine Ausschreibung soll der günstigste Lieferant pro Mensa gefunden werden. Drei Firmen (G1, G2, G3) bewerben sich um die Belieferung der Mensen. Die Preise, die die Getränkelieferanten verlangen, sind in folgender Tabelle zusammen gestellt (in €/Flasche):

Die Mensen (M_1, M_2, M_3, M_4) benötigten die folgenden Mengen (Anzahl der Flaschen pro Tag)

	M_1	M_2	M_3	M_4
Cola	500	250	300	80
Wasser	400	200	300	80
O-Saft	320	150	230	80

Lieferant	G_1	G_2	G_3
Cola	0,43	0,50	0,35
Wasser	0,50	0,50	0,53
O-Saft	0,40	0,43	0,50

c1) Welche Mensa sollte von welchem Getränkelieferanten beliefert werden?

Die erste Matrix soll mit A und die 2. Matrix mit B bezeichnet werden. Die Ergebnismatrix wird mit C bezeichnet.
Die zugehörige Matrizenoperation lautet dann:

$A^T \cdot B = C$ (oder $B^T \cdot A = C^T$)

$$C = \begin{pmatrix} 500 & 400 & 320 \\ 250 & 200 & 150 \\ 300 & 300 & 230 \\ 80 & 80 & 80 \end{pmatrix} \cdot \begin{pmatrix} 0{,}43 & 0{,}50 & 0{,}35 \\ 0.50 & 0{,}50 & 0{,}53 \\ 0{,}40 & 0{,}43 & 0{,}50 \end{pmatrix} = \begin{pmatrix} 543 & 587{,}6 & 547 \\ 267{,}5 & 289{,}5 & 268{,}5 \\ 371 & 398{,}9 & 379 \\ 106{,}4 & 114{,}4 & 110{,}4 \end{pmatrix}$$

Ergebnistabelle:

Lieferant	G_1	G_2	G_3
M_1	543	587,6	547
M_2	267,5	289,5	268,5
M_3	371	398,9	379
M_4	106,4	114,4	110,4

Alle Mensen sollten Getränkelieferant 1 wählen.

c2) Auf den Einkaufspreis wird jede Mensa 20% Aufschlag erheben. Für Lagerhaltungskosten und Bedienungskosten rechnet die Universität mit folgenden Kosten pro Flasche

	Lagerhaltungs- und Bedienungskosten in €
Cola	0,08
Wasser	0,11
O-Saft	0,14

Wird die Universität mit dem Verkauf der Flaschen Gewinn erzielen? Wie groß ist der Gewinn oder Verlust?

Stellen Sie für jede Berechnung eine oder mehrere Matrizenoperationen auf und stellen Sie Ihr Ergebnis in einer Ergebnistabelle dar!

Umsatz: $1{,}2 \cdot \begin{pmatrix} 543 \\ 267{,}5 \\ 371 \\ 106{,}4 \end{pmatrix} = \begin{pmatrix} 651{,}6 \\ 321 \\ 445{,}2 \\ 127{,}68 \end{pmatrix}$

Kosten: $A^T \cdot \begin{pmatrix} 0{,}08 \\ 0{,}11 \\ 0{,}14 \end{pmatrix} = \begin{pmatrix} 128{,}8 \\ 63 \\ 89{,}2 \\ 26{,}4 \end{pmatrix}$ und Einkauf: $\begin{pmatrix} 543 \\ 267{,}5 \\ 371 \\ 106{,}4 \end{pmatrix}$

Gewinn/Verlust: $\begin{pmatrix} 651{,}6 \\ 321 \\ 445{,}2 \\ 127{,}68 \end{pmatrix} - \begin{pmatrix} 128{,}8 \\ 63 \\ 89{,}2 \\ 26{,}4 \end{pmatrix} - \begin{pmatrix} 543 \\ 267{,}5 \\ 371 \\ 106{,}4 \end{pmatrix} = \begin{pmatrix} -20{,}2 \\ -9{,}5 \\ -15 \\ -5{,}12 \end{pmatrix}$

Ergebnistabelle:

	Gewinn/Verlust in €
M_1	-20,2
M_2	-9,5
M_3	-15
M_4	-5,12

15.4 Lösungen zu Musterklausur 2

Klausur 90 Minuten

Aufgabe 1 (25 Minuten):

Aufgabe 1

a) Ein Unternehmen produziert CD-Player und verkauft bei einem Preis von 63 € 700.000 Stück.

Bei einer Preissenkung (Sonderangebot) von 15 % setzt es 22.500 Stück mehr ab.

Wie lautet die zugehörige lineare Preisabsatzfunktion?

$p_1 = 63 \quad x_1 = 700.000$

$p_2 = 53{,}55 \quad x_2 = 722.500$

Lösung z. B. mit der Zwei-Punkte-Form

$p(x) = 357 - 0{,}00042 \cdot x$

b) Ein Konkurrenzunternehmen hat folgende Funktionen ermittelt:

Nachfragefunktion: $p(x) = 200 - 0{,}0002 \cdot x$

Angebotsfunktion: $p(x) = 0{,}3 \cdot x + 4$

Kostenfunktion: $K(x) = 0{,}0003 \cdot x^2 + 50 \cdot x + 10.000.000$
Stellen Sie die Umsatzfunktion grafisch dar.

Bestimmen Sie rechnerisch und zeichnerisch den Cournot´schen Punkt.

$U(x) = 200 \cdot x - 0{,}0002 \cdot x^2$

$p = 0 \rightarrow x = 1.000.000$

$x = 500.000 \rightarrow U = 50$ Mio.

$x = 300.000 \rightarrow U = 42$ Mio.

$x = 400.000 \rightarrow U = 48$ Mio.

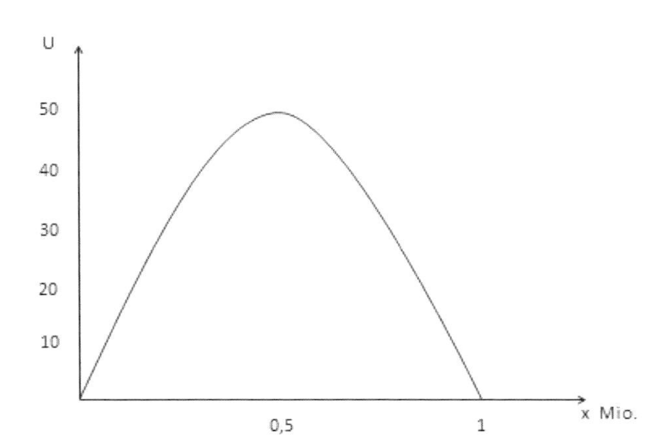

$G(x) = U(x) - K(x) = 200 \cdot x - 0{,}0002 \cdot x^2 - 0{,}0003 \cdot x^2 - 50 \cdot x - 10.000.000$

$= - 0{,}0005 \cdot x^2 + 150 \cdot x - 10.000.000$

$G'(x) = - 0{,}001 \cdot x + 150 = 0 \quad x = 150.000$

$G''(x) = - 0{,}001 < 0 \quad \rightarrow$ Maximum

$p(150.000) = 170 \quad G(150.000) = 1{,}25$ Mio.

Cournot´scher Punkt: $x = 150.000 \quad p = 170$

Skizze:

$p(x) = 200 - 0{,}0002 \cdot x$

$U'(x) = 200 - 0{,}0004 \cdot x$

$K'(x) = 0{,}0006 \cdot x + 50$

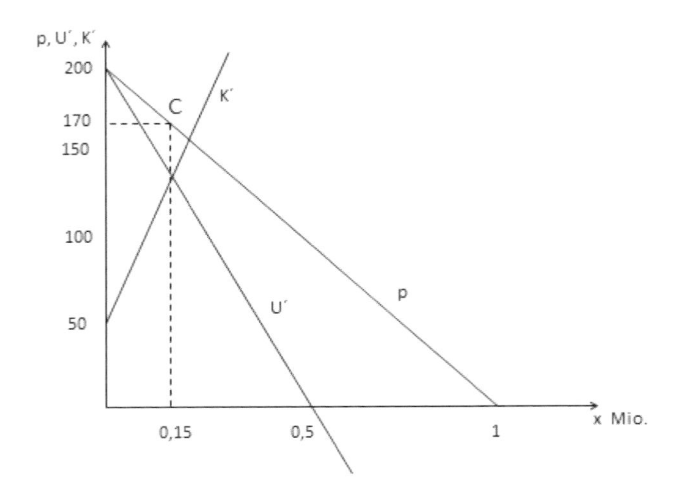

c) Wie verändert sich das Gewinnmaximum, wenn die Fixkosten um 20 % steigen?

   Das Optimum bleibt, der Gewinn fällt um 2 Mio. auf – 750.000.

Aufgabe 2 (20 Minuten):

Aufgabe 2

a) Frau M. möchte ihr Kapital von 80.000 € für 10 Jahre anlegen.

   Es werden ihr folgende Vorschläge gemacht:

   - sie kauft eine Diamanten und erhält eine Rückkaufgarantie von 115.000 € (nach 10 Jahren)
   - Bank A bietet einen Zinssatz von 5,8 %
   - Bank B bietet bei monatlicher Verzinsung einen Zinssatz von 5,6 %

   Welches Angebot ist am günstigsten?

   Begründen Sie über den Vergleich der
   - Endkapitale
   - Barwerte
   - Zinssätze.

	Endkapital	Barwert	Zinssatz
Diamant	115.000	65.439,68	3,6957
Bank A	140.587,49	80.000	5,8
Bank B	139.871,48	79.592,56	5,746

b) Sigrid S. steht kurz vor ihrem Examen in Betriebswirtschaftslehre. Zu ihrer Entspannung und Erbauung überlegt sie, welche Gehaltsforderung (netto) sie stellen müsste, um in zehn Jahren Millionärin zu sein. Da sie noch im Haushalt der Familie S. lebt, könnte sie das Gehalt vollständig sparen (nachschüssig, am Ende eines Jahres). Die Bank zahlt 6 % Zinsen.

$R_n = 1.000.000$

$R_n = r \cdot \frac{q^n - 1}{q - 1}$ $\quad r = R_n \cdot \frac{q-1}{q^n - 1} = 1.000.000 \cdot \frac{1{,}06 - 1}{1{,}06^{10} - 1}$

$r = 75.867{,}96$

c) Ein Reiseunternehmen plant die Anschaffung eines Kleinbusses zum Preis von A = 150.000 GE.

Es wird mit jährlichen Einnahmen in Höhe von 120.000 GE und jährlichen Betriebs- und Instandhaltungsausgaben von 70.000 GE gerechnet. Der Bus soll 4 Jahre genutzt werden. Nach 4 Jahren erwartet man einen Restwert des Busses in Höhe von 20.000 GE.

Ist die Investition vorteilhaft, wenn der Unternehmer das Geld alternativ bei einer Bank zu 6 % anlegen könnte? Begründen Sie über die Kapitalwertmethode!

$C_0 = -150.000 + 50.000/1{,}06 + 50.000/1{,}06^2 + 50.000/1{,}06^3 + 70.000/1{,}06^4$

$= 39.097{,}15 > 0$

Die Investition ist vorteilhaft.

Aufgabe 3 (25 Minuten):

Aufgabe 3

In einer Abteilung eines Textilunternehmens werden zwei verschiedene Strickwaren (Strickjacke und Pullover) hergestellt.

Für die notwendigen 3 Arbeitsgänge (Stricken, Zusammennähen und Applizieren) stehen folgende täglichen Arbeitsstunden zur Verfügung: 96, 120 und 78 Stunden.

Die Strickjacke lässt sich in 24 Minuten stricken, in 48 Minuten zusammennähen und in 36 Minuten applizieren.

Der Pullover braucht im Vergleich zur Strickjacke die doppelte Zeit, gestrickt zu werden, die Hälfte der Zeit zum Zusammennähen und erhält keine Applikationen.

Pro Tag können nicht mehr als 100 Pullover hergestellt werden.

a) Bei welcher Tagesproduktionsmenge der beiden Strickwaren erzielt das Unternehmen den höchsten Gewinn, wenn die Strickjacke 12 € und der Pullover 8 € Gewinn erbringt?

Stricken:	$24 \cdot S + 48 \cdot P \leq 96 \cdot 60$
Zusammennähen:	$48 \cdot S + 24 \cdot P \leq 120 \cdot 60$
Applizieren:	$36 \cdot S \leq 78 \cdot 60$
Produktion:	$P \leq 100$
	$S \geq 0 \quad P \geq 0$
Gewinnfunktion:	$G = 12 \cdot S + 8 \cdot P$

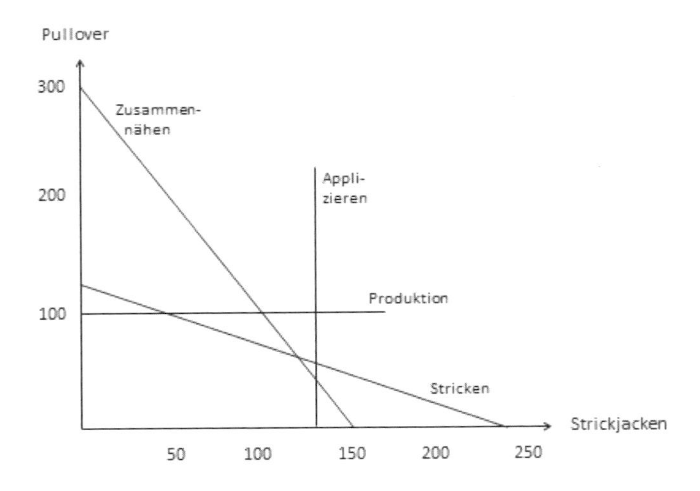

Einzeichnen einer Iso-Gewinngeraden beispielsweise für G = 1.200

$1.200 = 12 \cdot S + 8 \cdot P$

Parallelverschiebung → Optimum liegt im Schnittpunkt von „Stricken“ und „Zusammennähen“

Schnittpunktbestimmung führt zu: Pullover = 60 und Strickjacken = 120

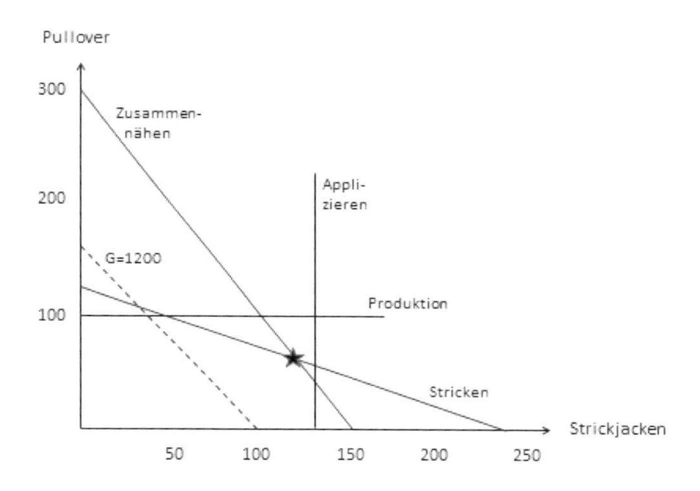

b) Was ändert sich, wenn der Gewinn 15 € für eine Strickjacke und 20 € für einen Pullover beträgt?

$G_{neu} = 15 \cdot S + 20 \cdot P$

Einzeichnen einer Iso-Gewinngeraden beispielsweise für G = 1.800

$1.800 = 15 \cdot S + 20 \cdot P$

Parallelverschiebung → Optimum liegt im Schnittpunkt von „Stricken“ und „Zusammennähen“, gleiches Optimum

Der Gewinn beträgt: G = 3.000

Bei Aufgabe a) beträgt er nur G = 1.920

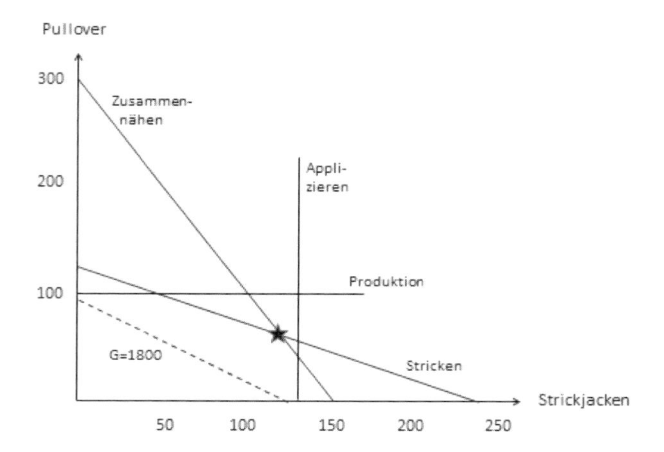

c) Das optimale Produktionsprogramm wurde mit Hilfe der verkürzten Simplex-Methode gefunden, dabei blieb das Problem der Absatzmenge von den Pullovern unberücksichtigt. Die Zeit ist in Stunden angegeben.

Leider haben sich in der letzten Zeile (hinter dem Gleichheitszeichen) Fehler eingeschlichen. Korrigieren Sie diese (mit Begründung).

	y_S	y_Z	
y_A	0,5	-1	8
x_P	1,667	-0,833	120
x_S	-0,833	1,667	50
G	3,333	13,333	1900

Aus der Lösung der Aufgabe a) ergab sich das optimale Produktionsprogramm bei 60 Pullovern (und nicht 50!) und 120 Strickjacken.

Der Gewinn beträgt dann G = 1.920 (und nicht 1900!).

Für das Applizieren stehen 78 Stunden zur Verfügung. Wenn 120 Strickjacken á 36 Minuten gefertigt werden, entspricht dies 72 Stunden. Damit ergeben sich 6 Stunden Leerzeit (und nicht 8 Stunden!).

Aufgabe 4

Aufgabe 4 (20 Minuten):

a) Führen Sie folgende Matrizenoperationen aus oder begründen Sie, warum das nicht möglich ist.

$$A = \begin{pmatrix} 1 & 3 \\ 4 & 4 \end{pmatrix} \quad B = \begin{pmatrix} 3 & 0 \\ 2 & 3 \\ 5 & 2 \end{pmatrix} \quad C = \begin{pmatrix} 5 & 2 & 3 \\ 1 & 4 & 6 \end{pmatrix} \quad D = \begin{pmatrix} 12 & 2 & 1 \end{pmatrix}$$

$$C^T + B = \begin{pmatrix} 8 & 1 \\ 4 & 7 \\ 8 & 8 \end{pmatrix} \qquad B \cdot A = \begin{pmatrix} 3 & 9 \\ 14 & 18 \\ 13 & 23 \end{pmatrix}$$

$$D \cdot B = \begin{pmatrix} 45 & 8 \end{pmatrix}$$

$D \cdot C$ = nicht möglich, da die Spaltenzahl von D ungleich der Zeilenzahl von C ist

b) Wie groß ist der Rohstoffverbrauch pro Mengeneinheit der Endprodukte, wenn für eine Mengeneinheit der Zwischenprodukte Zi folgende Rohstoffmengen verbraucht werden:

	Z1	Z2	Z3
R1	3	2	8
R2	2	7	2
R3	6	3	5

für eine Mengeneinheit der Endprodukte Ei folgende Zwischenproduktmengen verbraucht werden:

	Z1	Z2	Z3
E1	2	1	4
E2	0	7	5
E3	2	3	3

Wie viel Geld muss das Unternehmen pro Endprodukt (pro Einheit) für die Rohstoffe ausgeben, wenn für eine Rohstoffeinheit die Materialkosten folgende Werte betragen:

	R1	R2	R3
Kosten	0,5	0,2	0,4

Stellen Sie hierzu Matrizengleichungen auf und erstellen Sie Ergebnistabellen!

Die 1. Matrix soll mit dem Buchstaben R (Rohstoffe) und die 2. Matrix mit dem Buchstaben Z (Zwischenprodukte) bezeichnet werden, die Ergebnismatrix mit EN (Endprodukte).

Die zugehörige Matrizenoperation lautet dann:

$R \cdot Z^T = EN$ (oder $Z \cdot R^T = EN^T$)

$$\begin{pmatrix} 3 & 2 & 8 \\ 2 & 7 & 2 \\ 6 & 3 & 5 \end{pmatrix} \cdot \begin{pmatrix} 2 & 0 & 2 \\ 1 & 7 & 3 \\ 4 & 5 & 3 \end{pmatrix} = \begin{pmatrix} 40 & 54 & 36 \\ 19 & 59 & 31 \\ 35 & 46 & 36 \end{pmatrix}$$

Die Ergebnistabelle lautet:

	E1	E2	E3
R1	40	54	36
R2	19	59	31
R3	35	46	36

Um die Kosten pro Endprodukt (pro Einheit auszurechnen), muss die Matrix EN mit der Materialkostenmatrix MK (3. Tabelle in der Aufgabenstellung) multipliziert werden.

Matrizenoperation:

$MK \cdot EN = K$ (Kostenmatrix)

$$\begin{pmatrix}0{,}5 & 0{,}2 & 0{,}4\end{pmatrix} \cdot \begin{pmatrix}40 & 54 & 36\\ 19 & 59 & 31\\ 35 & 46 & 36\end{pmatrix} = \begin{pmatrix}37{,}8\\ 57{,}2\\ 38{,}6\end{pmatrix}$$

Ergebnistabelle:

	Materialkosten
E1	37,8
E2	57,2
E3	38,6

Stichwortverzeichnis

A

ABC-Formel 6
Ableitung 85 ff.
-, elementare Funktionen 85 f.
-, erste 85 ff.
-, Exponentialfunktion 90
-, höhere 91
-, logarithmierte Funktionen 90 f.
-, partielle 131 ff.
-, partielle gemischte 134
-, verkettete Funktionen 88 ff.
-, verknüpfte Funktionen 86 ff.
-, zweite 91
Abschreibung 252 ff.
-, arithmetisch-degressive 253 ff.
-, digitale 255 f.
-, geometrisch-degressive 256 ff.
-, lineare 253 f.
Abszisse 19
Abzinsung 261
Abzinsungsfaktor 261
Analysis 15
Anfangskapital 259
Angebotsfunktion 30 f.
Annuität 272, 278
Annuitätenmethode 278
Annuitätentilgung 273 f.
Arithmetische Folge 240 ff.
-, Bildungsgesetz 240 f.
Arithmetische Reihe 244 ff.
-, Summenformel 245 ff.
Asymptote 77

B

Barwert 261
Basis 2
Basislösung 222 f., 230
Basisvariable 229 f.
Behebbare Lücke 78 f., 102
Bestellmenge, optimale 121 ff.
Binomialkoeffizient 286 f.
Binomischer Lehrsatz 286
Break-even-Analyse 282 f.

C

Ceteris-paribus-Bedingung 27
Cournotscher Punkt 117 ff.

D

Definitionsbereich 16, 28, 66, 102
Definitionslücke 78, 102
Diagonalmatrix 164 f.
Differentialquotient 83 f.
-, partiell 132
Differentialrechnung 81 ff.
-, mehrere Variablen 131 ff.
-, ökonomische Anwendung 109 ff.
-, zwei Variablen 131 ff.
Differenzierbarkeit 83 ff.
Differenzierungsregeln 85 ff.
-, Exponentialfunktion 90
-, logarithmierte Funktionen 90 f.
-, partielle Ableitung 134 ff.

-, verkettete Funktionen 88 ff.
-, verknüpfte Funktionen 86 ff.
Diskontierung 261 f., 275 f.
Divergenz 251
Doppelsummen 12 f.
Dreiecksmatrix 165

E

Effektiver Jahreszins 264f., 267
Einfache Verzinsung 259 f.
Einheitsmatrix 165
Elastizität 125 ff.
-, Funktion 128 f.
Endkapital 259
Eulersche Zahl 7, 252
Exponent 2
Exponentialfunktion 46 f., 86, 90
Exponentialgleichung 8 f.
Extrema 67 f., 93 ff., 103
-, Bestimmungsschema 97
-, hinreichende Bedingung 93 ff.
-, mehrere Variablen 142 ff.
-, notwendige Bedingung 93 ff.
Extremwertbestimmung 135 ff.
-, unter Nebenbedingungen 138 ff.
Extremwerte 67 f., 93 ff.
-, absolute 67 f., 93
-, relative 67 f., 93 ff.

F

Fakultät 285 f.
Falksches Schema 172 f.
Fallstudie 301 ff.
-, Lösung 341 ff.
Finanzmathematik 239 ff.
-, Verfahren 252 ff.
Fixkosten 34 f.
Folge 239 ff.
-, arithmetische 240 f., 244
-, geometrische 242 ff., 247
-, Grenzwert 248 ff.
Funktion 15 ff.
-, äußere 88
-, analytische Darstellung 21, 50
-, Begriff 15 ff., 49
-, Darstellungsformen 17 ff., 50 ff.
-, Definition 16
-, Eigenschaften 65 ff.
-, eineindeutige 16, 20
-, Exponentialfunktion 46 f.
-, Gleichung 17 ff., 49
-, grafische Darstellung 19 f., 51 f.
-, innere 88
-, inverse 21 ff.
-, lineare 23 ff.
-, lineare mit zwei Variablen 53 f.
-, lineare ökonomische 27 ff.
-, Logarithmusfunktion 47 f.
-, mehrdimensionale ökonomische 59 ff.
-, mit mehreren Variablen 49 ff.
-, nichtlineare 38 ff., 55 ff.
-, nichtlineare mit zwei Variablen 55 ff.
-, tabellarische Darstellung 18, 50 f.
-, Umkehrfunktion 20 ff.
-, Wurzelfunktion 44 f.

G

Ganze Zahlen 1
Geometrische Folge 242 f., 247
-, Bildungsgesetz 242 f.
Geometrische Reihe 247 f., 251 f.
-, Summenformel 247 f.
Gerade 23 ff.
-, Steigung 24
Geradengleichung 23, 25 f.
Gewinnfunktion 36 ff., 114 ff.
-, grafische Darstellung 37
-, Grenzgewinn 114
-, lineare 36 ff.
Gewinnmaximierung 115 ff.

Gewinnschwelle 38
Gleichgewichtsmenge 31
Gleichgewichtspreis 31
Gleichungssystem 186 f.
-, homogen 188
-, inhomogen 189
-, lineares 186 ff.
-, Lösbarkeit 197 ff.
-, Matrizenschreibweise 187 ff.
Gozintograf 174
Grenzgewinn 114
-, Funktion 114 ff.
Grenzkosten 35
-, Funktion 110 ff., 154
Grenzumsatz 113 f.
-, Funktion 113 f., 154 f.
Grenzwert 71 ff., 77 ff.
-, Folge 248 ff.
-, linksseitig 74 f., 77
-, rechtsseitig 74 f., 77
-, Reihe 251 ff.
-, sätze 73

H

Häufungspunkt 250
Hyperbel 43 f.

I

Imaginäre Zahlen 2
Indifferenzkurve 60 f.
Innerbetriebliche Leistungsverrechnung 200 ff.
Input, endogener 177
Input, exogener 177
Input-Output-Analyse 177 ff.
Integral 147 ff.
-, bestimmtes 150 ff.
-, ökonomische Anwendung 154 ff.
-, unbestimmtes 147 ff.
Integralrechnung 147 ff.
-, Summenregel 149
Integralzeichen 148
Integrand 148
Integrationsgrenze 150
Integrationskonstante 148
Integrationsvariable 148
Internal Rate of Return 278 ff.
Interner Zinsfuß 278 ff.
-, grafische Bestimmung 279 f.
-, rechnerische Bestimmung 281 f.
Inverse 21 ff., 176 ff.
Inverse einer Matrix 176 ff.
-, Berechnung 176
Investitionsrechnung 274 ff.
-, Annuitätenmethode 278
-, dynamische Verfahren 274 ff.
-, interner Zinsfuß 278 ff.
-, Kapitalwertmethode 274 ff.
-, Break-even-Analyse 282 f.
Irrationale Zahlen 2
Isogewinngerade 213 ff.
Isohöhenlinie 58 ff.
Isoquante 62 f.

J

Jahreszins, effektiver 264 f., 267

K

Kalkulationszinsfuß 275, 278
Kapazitätsbeschränkung 209 ff.
Kapitalwert 274 ff.
Kapitalwertmethode 274 ff.
-, Einzeldiskontierung 275 f.
-, gleich bleibende Jahreszahlungen 276
-, unbegrenzte Laufzeit 277 f.
Kettenregel 88
Koeffizientenmatrix 187
-, erweiterte 193
Kombination 289 ff.
-, Formeln 297
-, k-ter Ordnung 291

-, mit Berücksichtigung der Anordnung 290 ff, 293 f.
-, mit Wiederholung 293 ff.
-, ohne Berücksichtigung der Anordnung 292 f., 294 ff.
-, ohne Wiederholung 290 ff.
Kombinatorik 285 ff.
-, Formeln 297
Komplexe Zahlen 2
Konkav 70 f., 101
Konstante 15
Konstantenregel 85 f.
Konsumentenrente 156 ff.
Konsumfunktion 62 f.
Konvergenz 72, 249 ff.
Konvex 70 f., 101
Koordinatenebenen 54
Koordinatensystem 19, 52 f.
Kostenfunktion 32 ff., 111 ff., 154
-, degressive 33
-, Funktionsgleichung 34
-, Grenzkosten 111 ff.
-, lineare 32 ff.
-, nichtlineare 32 f., 41 f., 45
-, progressive 32
-, S-förmige 33, 41 f.
Kritischer Punkt 136 f.
Kritische-Werte-Rechnung 282 f.
Krümmung 69 f., 100 ff.
Kurvendiskussion 102 ff.
-, Schema 102

L

Lagrangescher Multiplikator 142 ff.
Leistungsverrechnung, innerbetriebliche 200 ff.
Lineare Optimierung 205 ff.
-, allgemeine Vorgehensweise 215
-, analytische Methode 219 ff.
-, grafische Methode 209 ff.
Lineares Gleichungssystem 186 ff.
Linearkombination 190 f.
Logarithmus 7 f.
-, dekadischer 7
-, funktion 47 f., 86, 90
-, natürlicher 7

M

Marginalanalyse 110
Marktgleichgewicht 31 f.
Matrix 161 ff.
-, Diagonalmatrix 164 f.
-, Dreiecksmatrix 165
-, Einheitsmatrix 165
-, Element 161
-, erweiterte 192
-, Koeffizienten 187
-, Nullmatrix 165
-, quadratische 164
-, Rang 197 ff.
-, Spaltenmatrix 162
-, spezielle 163 ff.
-, Zeilenmatrix 162
Matrizenoperationen 165 ff.
-, Addition 166 f.
-, äquivalente Umformungen 192
-, Gleichheit 165
-, Inverse 176 ff.
-, Multiplikation 169 ff.
-, skalare Multiplikation 167
-, Skalarprodukt 168 f.
-, Transponierte 165
-, Zeilenoperationen 193
Matrizenrechnung 161 ff.
Maximum 67 f., 93
-, absolutes 67 f., 93
-, relatives 67 f., 93 ff.
Mengenanpasser 36
Minimum 67 f., 93
-, absolutes 67 f., 93
-, relatives 67 f., 93 ff.
Monoton fallend 68

Monoton steigend 68
Multiplikatorregel nach Lagrange 141 ff.

N

Nachfragefunktion 28 ff., 63
Näherungsverfahren, Newtonsches 106 ff.
Natürliche Zahlen 1
Nebenbedingung 139 ff.
Net Present Value 274 ff.
Newtonsches Näherungsverfahren 106 ff.
-, Schema 108
Nichtbasisvariable 229 ff.
Nichtnegativitätsbedingung 208
Nullstelle 26, 65 f., 103, 106 ff.
-, Bestimmungsgleichung 65
Nutzenfunktion 59 ff.

O

Optimale Bestellmenge 121 ff.
Ordinate 19
Ordinatenabschnitt 29 f.

P

Parabel 38 ff.
-, dritten Grades 39
-, höherer Ordnung 40
-, zweiten Grades 38 f.
Partialsumme 244, 251
-, Folge der 251
Partielle Ableitung 131 ff.
Periodenüberschuss 274 f.
Permutation 287 ff.
-, Formeln 297
-, mit Wiederholung 288 f.
-, ohne Wiederholung 287 f.
Pivot-Element 224 f., 228, 230 f.
Pivot-Spalte 223, 228, 230 f.
Pivot-Zeile 224, 228, 231 f.
Polstelle 77 f.
Potenzen 2 ff.
Potenzregel 85

P-Q-Formel 6
Preisabsatzfunktion 28 ff.
Preiselastizität 126
Produktionsfunktion 62 f.
Produktionskoeffizientenmatrix 179
Produktregel 86
Produktzeichen 285
Produzentenrente 156 ff.
Punktelastizität 126
Punktsteigungsform 25

Q

Quadratische Gleichungen 5 f.
Quotientenregel 87

R

Rang 197 ff.
Rate 268
Ratentilgung 272
Rationale Zahlen 1
Reelle Zahlen 2
Regressionsanalyse 49
Regula falsi 281 f.
Reihe 244 ff.
-, arithmetische 244 ff., 251
-, endliche 244
-, geometrische 247 f., 251 f.
-, Partialsumme 244, 21
-, Summe der unendlichen 251
-, unendliche 244, 251
Relation 16
Rente 268 ff.
-, nachschüssig 268 f.
-, vorschüssig 269 f.
Rentenbarwert 268
Rentenendwert 268 ff.
Rentenrechnung 268 ff.
Restwert 253 ff.

Rohstoffverbrauchskoeffizienten-Matrix 180

S

Sättigungsmenge 29
Sattelpunkt 94, 102
Schattenpreis 227
Schlupfvariable 221
Schnittgerade 54 f.
Schnittkurve 55 ff.
Schnittpunktbestimmung 26 f.
Simplex-Methode 222 ff.
-, Basislösung 222, 230
-, Basisvariable 229 f.
-, Nichtbasisvariable 229 f.
-, Pivot-Element 224 f., 230 ff.
-, Pivot-Spalte 223, 230 ff.
-, Pivot-Zeile 234, 231 f.
-, Schattenpreis 227
-, Schema 228, 234
-, Schlupfvariable 221
-, Steepest-Unit-Ascent-Version 223, 230
Simplex-Tableau 222 f.
-, Schema 228
-, verkürztes 228
-, verkürztes, Rechenregeln 231
-, verkürztes, Schema 234
Skalarprodukt 168 f.
Spaltensumme 13
Sprungstelle 76, 102
Stammfunktion 147 ff.
Stationärpunkt 142 f.
Steepest-Unit-Ascent-Version 223, 230
Steigung 24, 68 f., 81 ff., 98 ff., 103
Stetige Ergänzung 78 ff.
Stetige Verzinsung 265 ff.
Stetigkeit 75 ff.
Stückdeckungsbeitrag 37
Stückkosten 43
-, fixe 44
-, funktion 44
-, variable 44
Summationsgrenze 9
Summationsindex 9
Summenregel 86, 149
Summenzeichen 9 ff.
-, Rechenregeln 10 ff.
Symmetrie 70
-, Punktsymmetrie 70
-, Spiegelsymmetrie 70

T

Tangentensteigung 83
Tilgung 271 ff.
-, Annuitäten 273 f.
-, Raten 272
Tilgungsplan 272 ff.
Tilgungsrechnung 271 ff.
Transponierte Matrix 165

U

Umgebung 249
Umkehrfunktion 20 ff., 29
-, grafische Bestimmung 22
Umsatzfunktion 36, 113 f., 154
-, Grenzumsatz 113 f.
-, lineare 36
-, nichtlineare 40 f.
Ungleichung 208 f.
-, grafische Darstellung 205 f.
-, Rechenregeln 205 f.
Unterjährige Verzinsung 263 ff.

V

Variable 15
-, abhängige 16
-, unabhängige 16
Variable Kosten 34 f.
Variablensubstitution 140 f.
Variable Stückkosten 35
Vektor 163 f.

-, Nullvektor 165
-, Spaltenvektor 164
-, Zeilenvektor 164
Verrechnungspreise 201
Verzinsung 259
-, einfache 259 f.
-, stetige 265 ff.
-, unterjährige 263 ff.
-, Zinseszins 260 ff.

W

Wachstumsfunktion 47
Wendepunkt 101 ff.
-, Bestimmungsschema 102
Wertebereich 16 f., 28
Wertetabelle 18, 50 f.
Wurzelfunktion 44 f.
Wurzeln 5 ff.

Z

Zahlenfolge 239
Zeilensumme 13
Zielfunktion 139
-, erweiterte 141 f.
Zinsen 258
-, nachschüssig 258
-, vorschüssig 258
Zinseszinsrechnung 260
Zinsrechnung 258 ff.
Zinssatz 259
Zuordnung 16
-, eindeutige 16
-, eineindeutige 16, 20
Zwei-Punkteform 25 f.